U0179907

非定常流动及流动控制基础

张伟伟　贡伊明　寇家庆　编著

科学出版社

北　京

内 容 简 介

　　本书主要介绍非定常流动及流动控制的研究方法和进展，包括非定常流动数值方法、经典非定常气动力模型、非定常流场降阶和气动力建模、非定常空气动力学试验、生物运动中的非定常流动和流动控制基础等。本书从理论分析、数值仿真与模型试验三个方面介绍非定常流动的先进研究手段，全面阐述非定常流动在实际工程中的应用，具有前沿性、精细性、全面性和严谨性。

　　本书可作为航空航天、海洋、力学、土木等领域高年级本科生及研究生教材或参考书，也可供广大科技工作者和工程技术人员参考。

图书在版编目(CIP)数据

　　非定常流动及流动控制基础/张伟伟，贡伊明，寇家庆编著. —北京：科学出版社，2021.10
　　ISBN 978-7-03-067188-2

　　Ⅰ.①非… Ⅱ.①张… ②贡… ③寇… Ⅲ.①非定常流动-研究 Ⅳ.①O357.1

　　中国版本图书馆 CIP 数据核字（2020）第 246800 号

责任编辑：宋无汗 / 责任校对：杨　赛
责任印制：张　伟 / 封面设计：陈　敬

科学出版社 出版
北京东黄城根北街 16 号
邮政编码：100717
http://www.sciencep.com
北京市金木堂数码科技有限公司印刷
科学出版社发行　各地新华书店经销

*

2021 年 10 月第 一 版　　开本：720×1000　B5
2024 年 1 月第三次印刷　　印张：17 3/4
字数：358 000

定价：145.00 元
（如有印装质量问题，我社负责调换）

前　　言

红旗的随风飘扬、蝴蝶的飞舞、鱼儿的嬉戏，以及飞行器的机动飞行、弹性机翼的振荡、高楼和大跨度桥梁的摇晃，这些常见的自然现象和重要的工程问题都与非定常流动密不可分。为解释自然现象、解决工程问题，非定常流体力学应运而生。

从学科角度，非定常流体力学是流体力学的一个子学科。流体力学旨在研究流体在力的作用下的宏观、微观行为，从而揭示力学过程及其与物理、化学、生物等过程的相互作用规律。随着经典静态、定常流体力学研究的发展成熟，非定常流动的机理、建模及控制研究成为流体力学的发展重点。非定常流体力学研究与时间相关的流动问题，依赖流体动力学演化历程，比定常流动具有更大的复杂性及研究价值。非定常流体力学常包含流动分离、剪切层失稳，以及旋涡和湍流相关结构的产生、演化及相互作用，不仅具有强非线性特征，而且需要考虑不同流体系统及多物理场的耦合作用。建立在对非定常流动问题理解基础上的流动控制技术，为工程中的流体力学及流固耦合问题提供了多种解决方法和途径。

为帮助流体力学研究者理解非定常流动，发展高效的流动控制手段，本书从控制方程、数学模型、试验技术和控制方法等角度，讨论并解释非定常流动机理及控制中的基本问题。本书内容紧密结合工程研究需要，重点突出非定常流体动力学模拟中工程数学方法的应用和面向工程问题的试验及控制技术的发展。作者在非定常空气动力学、气动弹性力学领域有近二十年的研究工作经验，研究成果丰富，为本书的撰写打下坚实基础。

已出版的流体力学和空气动力学的专著虽然很多，但未能全面覆盖理论分析、数值仿真和模型试验三个方面。本书不仅跟踪了近些年非定常流动的相关研究进展，对一些新发展的方法进行全面介绍和细致分析，而且结合作者课题组多年来的研究和实践经验，从理论分析、数值仿真和模型试验三个方面对非定常流动的研究进行全面的阐述。在撰写本书过程中坚持重基础、重应用、少而精和严谨的基本原则，针对空气动力学中普遍且复杂的非定常流动进行全面的论述,对概念和论证进行反复地推敲和修改,尽力做到概念准确,论述严谨。

　　本书由张伟伟组织撰写并统稿,具体内容及写作分工:第1章由张伟伟负责,主要介绍非定常流动的相关概念、工程应用及研究手段;第2、3章由贡伊明和张伟伟负责,分别介绍非定常流动的数值求解方法、动导数的求解及其在非定常流动相关问题中的应用;第4章由寇家庆和张伟伟负责,主要介绍非定常流场降价和气动力建模及其在非定常流动领域的应用;第5章由第五强强负责,主要介绍非定常流动的试验测量手段;第6章由李新涛负责,介绍多种生物运动中存在的非定常流动现象及机理;第7章由高传强和任凯等负责,简要介绍非定常流动的主动与被动控制手段。另外,豆子皓和王旭等博士研究生也参与了书稿的整理工作。

　　衷心感谢国家自然科学基金项目(11622220、11572252)和西北工业大学专著出版基金资助项目对本书相关研究及出版的支持。另外,在撰写本书过程中参考了许多国内外文献,这里向所有参考文献的作者表示诚挚的谢意。

　　由于作者水平有限,书中难免存在疏漏,敬请广大读者和专家批评指正,不胜感谢。

目　　录

前言
第1章　绪论 ………………………………………………………………… 1
  1.1　非定常流动的相关概念 …………………………………………… 1
    1.1.1　非定常流动的定义和内涵 …………………………………… 1
    1.1.2　非定常流动的无因次量 ……………………………………… 2
  1.2　自然界和工程领域的非定常流动 ………………………………… 3
    1.2.1　俯仰振荡时翼型上的气动力 ………………………………… 4
    1.2.2　绕钝体形成的卡门涡街 ……………………………………… 5
    1.2.3　机翼的颤振 …………………………………………………… 6
    1.2.4　机翼的跨声速抖振 …………………………………………… 7
  1.3　非定常流体力学研究的总体思路 ………………………………… 10
  参考文献 …………………………………………………………………… 12
第2章　流体力学控制方程与非定常流动数值方法 …………………… 14
  2.1　流体力学控制方程及其简化方程 ………………………………… 14
  2.2　基于势流理论的非定常流动数值求解 …………………………… 19
    2.2.1　控制方程简化与非定常势流计算 …………………………… 19
    2.2.2　二维非定常涡板块法 ………………………………………… 23
    2.2.3　三维小扰动数值方程的数值方法 …………………………… 26
  2.3　基于CFD的非定常流动数值求解 ………………………………… 35
    2.3.1　拉格朗日坐标系与欧拉坐标系 ……………………………… 35
    2.3.2　网格变形方法 ………………………………………………… 38
    2.3.3　几何守恒律 …………………………………………………… 41
    2.3.4　时域推进方法 ………………………………………………… 43
    2.3.5　频域谐波方法 ………………………………………………… 47
    2.3.6　时域配点方法 ………………………………………………… 51
  2.4　全局稳定性分析方法及应用 ……………………………………… 57
    2.4.1　全局线性不稳定理论 ………………………………………… 58
    2.4.2　全局稳定性分析算法 ………………………………………… 59
    2.4.3　基于CFD的全局稳定性分析应用 …………………………… 61
  2.5　二维离散涡方法 …………………………………………………… 64
    2.5.1　二维离散涡的算法实现 ……………………………………… 65

2.5.2　二维离散涡方法的工程应用 ……………………………………………… 69
　　参考文献 ………………………………………………………………………… 71
第3章　经典非定常气动力模型 ……………………………………………………… 75
　3.1　动导数 ……………………………………………………………………… 75
　　3.1.1　动导数概述 …………………………………………………………… 75
　　3.1.2　动导数的计算和试验方法 …………………………………………… 77
　　3.1.3　动导数相关问题的物理解释 ………………………………………… 86
　　3.1.4　动导数模型的应用范畴 ……………………………………………… 90
　3.2　经典二维非定常气动力模型 ……………………………………………… 98
　　3.2.1　格罗斯曼准定常模型 ………………………………………………… 98
　　3.2.2　西奥道森非定常模型 ………………………………………………… 102
　　3.2.3　阶跃响应模型 ………………………………………………………… 107
　　3.2.4　活塞理论 ……………………………………………………………… 110
　　3.2.5　二维气动力模型的总结 ……………………………………………… 113
　3.3　频域非定常气动力的状态空间拟合 ……………………………………… 117
　　3.3.1　状态空间概述 ………………………………………………………… 117
　　3.3.2　非定常气动力拟合方法 ……………………………………………… 117
　　参考文献 ………………………………………………………………………… 119
第4章　非定常流场降阶和气动力建模 …………………………………………… 122
　4.1　非定常流场降阶与气动力建模的意义 …………………………………… 122
　4.2　基于系统辨识方法的气动力建模技术 …………………………………… 125
　　4.2.1　一阶 Volterra 级数模型 ……………………………………………… 125
　　4.2.2　ARX 模型 …………………………………………………………… 129
　　4.2.3　RBF 神经网络模型 …………………………………………………… 132
　　4.2.4　其他模型 ……………………………………………………………… 140
　4.3　基于流场特征提取的非定常流场降阶 …………………………………… 141
　　4.3.1　POD 方法 ……………………………………………………………… 141
　　4.3.2　DMD 方法 …………………………………………………………… 143
　　4.3.3　POD 方法和 DMD 方法的对比 ……………………………………… 149
　　4.3.4　改进模态选择准则的 DMD 方法及其应用 ………………………… 155
　　参考文献 ………………………………………………………………………… 167
第5章　非定常空气动力学试验 …………………………………………………… 174
　5.1　动态响应的测量 …………………………………………………………… 174
　5.2　动态压力测压 ……………………………………………………………… 180
　5.3　流动显示技术 ……………………………………………………………… 187

参考文献 ……………………………………………………………… 192

第 6 章　生物运动中的非定常流动 …………………………………… 194

6.1　昆虫飞行的非定常流体力学问题 …………………………… 194

6.1.1　昆虫的运动形式与相似参数 ……………………… 195

6.1.2　昆虫飞行高升力的产生机理 ……………………… 196

6.1.3　机动飞行 ……………………………………… 199

6.2　鸟类飞行的非定常流体力学问题 …………………………… 199

6.2.1　鸟类的主要飞行模式 ………………………………… 200

6.2.2　鸟类飞行的主要研究方法 …………………………… 201

6.2.3　鸟类飞行的非定常流动机理 ………………………… 202

6.3　鱼类游动的非定常流体力学问题 …………………………… 204

6.3.1　鱼类的主要游动模式 ………………………………… 204

6.3.2　鱼类游动的主要研究方法 …………………………… 205

6.3.3　鱼类游动的非定常流动机理 ………………………… 207

参考文献 ……………………………………………………………… 211

第 7 章　流动控制基础 ………………………………………………… 213

7.1　流动控制概述 …………………………………………………… 213

7.2　被动流动控制手段 ……………………………………………… 215

7.3　主动流动控制手段 ……………………………………………… 220

7.4　开环流动控制 …………………………………………………… 236

7.5　闭环流动控制 …………………………………………………… 248

7.5.1　基于 CFD 仿真的闭环控制 ………………………… 250

7.5.2　基于 ROM 的闭环控制律设计 ……………………… 257

参考文献 ……………………………………………………………… 268

第1章 绪 论

1.1 非定常流动的相关概念

1.1.1 非定常流动的定义和内涵

非定常流体力学研究与时间相关的流动问题。其比定常问题多了一个自变量,因此流场不仅依赖当前的流动状态和边界条件,还依赖前一段时间的流动变化历程。

给定坐标系下,若空间中每个位置的流动参数都不随时间变化,也就是说,流场仅仅是空间坐标的函数,而与时间无关,这种流动被称为定常流动,对应的流场被称为定常流场。反之,则为非定常流动和非定常流场。设流动参数为 $B(x,y,z,t)$,对于非定常流动,$\partial B(x,y,z,t)/\partial t$ 不等于零。如果 B 是矢量,其大小或方向随时间变化,流动就是非定常的。

然而,流动的定常和非定常属性并不完全由流动的自身特点决定,还和所选的坐标系相关。选择合适的坐标系可以将一些简单的非定常流动转化为定常流动,进而降低流场分析的难度。因此,只要有可能,就应当将非定常问题转化为定常问题来研究。例如,以地面为参照系,飞机平直飞行扫略后的流场显然是一个非定常流场。但当坐标系固联于飞机时,上述非定常流动将变成均匀来流绕过静止的飞行器,飞行器周围的流动因受到扰动而发生变化。当迎角不大时,在随体坐标系下,流动仅与空间坐标(与飞行器的相对位置)相关,与时间无关,这样流动又转化为一个定常问题。其实,风洞试验就是通过这样的坐标变换来模拟和简化真实飞行器的绕流。另外一个典型的例子是旋转机械的绕流问题。例如,在地面坐标系下观察悬停的直升机桨叶、定速旋转的风扇/叶片,流动是非定常的,而选择固联于桨叶/风扇/叶片的旋转坐标系时,观察到的流动又变为定常流动。但由于旋转坐标系为非惯性坐标系,在方程的推导和受力分析中会多出额外的惯性力。上述两个转化的例子仅对较简单的非定常问题可行,对于飞机机动飞行的流场、直升机桨叶前飞的绕流、考虑机身干扰效应的桨叶绕流、风扇/叶片的加速旋转绕流等非定常问题,无法通过坐标系的变换实现非定常流场向定常流场的变换。

非定常流动,顾名思义,指空间中的流场随时间发生变化。那么,哪些因素会导致这种非定常效应呢？任一流动都是由控制方程、边界条件和初始条件决定的。因此，非定常流动的第一个诱因就是时变的边界条件。例如，飞行器的机动飞行、鸟类的飞行、弹性机翼的振荡、舵面运动、喷流控制、来流的突风、外挂物分离等问题。另外，很多定常流动建立初期的过程仍然是非定常的，如绕翼型流动的启动涡问题。显然，若研究启动涡的发展过程，研究对象必然是非定常的，这种非定常流动是初始效应造成的。但当时间足够长时，绕翼型的流动又会趋于稳定。是不是在时不变的边界条件下和足够消除初始效应的时间历程之后，非定常流动就能够变为定常流动呢？回答是否定的。造成流动非定常的另外一个因素就是流动本身的稳定性。也就是说在固定的边界条件下，流动本身是不稳定的(流动的稳定性与边界条件和流动参数相关)，如绕静止圆柱的卡门涡街、跨声速抖振、大迎角三角翼绕流的涡核破裂、从层流到湍流的转捩等现象，都是流动失稳造成的。当然，存在外体力，如等离子体、磁流体等流动控制问题，或存在能量的注入，如加热的锅炉，一样会导致流动的非定常现象。可以说自然界中和工程问题中绝对的定常流动是极少的案例，涉及湍流层面，在微观尺度就不存在绝对的定常问题。另外，实际工程中的很多非定常问题通常还是由多种因素共同作用的结果，如弹性飞行器大迎角/跨声速飞行中面临的非定常问题，风工程中大跨度桥梁和高层建筑振动的非定常绕流问题，鸟类/昆虫/鱼类的机动过程等。这些问题中的非定常流动通常还与结构/控制等问题耦合，加剧了研究的复杂性。

正如上文所述，流动失稳是造成非定常现象的重要因素。流动的稳定性问题是流体力学中非常经典而且热门的研究课题，按照现象的差别和诱发机理的不同有多种分类方法。根据扰动的发展情况，流动的稳定性可分为渐进稳定、中性稳定和不稳定。流动的不稳定根据诱发机理的不同可分为 Rayleight-Taylor(R-T)不稳定和 Kelvin-Helmholtz(K-H)不稳定；根据扰动的时空演化特性不同，可分为对流不稳定和绝对不稳定。对流不稳定表现为扰动的增长只向下游传播，而绝对不稳定表现为扰动的增长既向下游又向上游传播。关于流动稳定性的详细研究可参考尹协远和孙德军著的《旋涡流动的稳定性》[1]。

1.1.2 非定常流动的无因次量

无因次量也称无量纲量，是流体力学中的一类重要参量，深刻反映了流动现象的本质特征。在定常空气动力学中有一些大家熟悉的无量纲量，如表征流动压缩性的马赫数 Ma，表征流体黏性力与惯性力之比的雷诺数 Re，升阻力及力矩系数等在学习和理解定常空气动力学时发挥着巨大作用。特别是在空气动力学试验中，一般要求流动的相似参数保持一致，从而将风洞试验与真实流动相统一，其中相似参数就是上述的无量纲量。

非定常流动相对定常流动更加生动复杂，为总结其规律，非定常流动中也出现了许多重要的无量纲量，这里简要介绍以下几种：无因次时间、减缩频率、折减风速、斯特劳哈尔数。

(1) 无因次时间，一般用 τ 表示，$\tau = V \cdot t / b$，其中，V 为来流速度；t 为物理时间；b 为特征长度的一半。无因次时间 τ 代表单位时间内流体以来流速度流过的距离与结构半特征长度的比值。

(2) 减缩频率，也称无因次频率或折减频率，一般用 k 表示，$k = \omega \cdot b / V$，其中，ω 为物体振动的圆频率。在非定常流动中，减缩频率是一个很重要的无量纲量，标志了非定常动力过程的强度，减缩频率越大，则非定常效应越明显，反之越弱。

(3) 折减风速，一般用 U_k 表示，$U_k = U / \omega \cdot B = 1/2k$，其中，$U$ 为来流速度；B 为特征长度。从定义式可以看出，折减风速与减缩频率呈倒数关系，物理含义在本质上是相同的，折减风速在风工程领域的应用较多。

(4) 斯特劳哈尔数，又称无量纲频率，一般用 Sr 表示，$Sr = f \cdot l / V$，其中，f 为有量纲的运动频率，对于流动失稳问题，对应失稳的流动频率；对于强迫运动问题，则对应运动频率。l 为特征长度，有时对应结构的特征尺度，如直径或弦长等，有时也对应结构运动的幅度等。在非定常空气动力试验中，斯特劳哈尔数是表征流动非定常性的相似准则。

应当注意，在航空、风工程和虫鸟鱼类运动等不同领域的具体问题中，非定常无量纲量的定义与选取可能各有不同。为了方便读者理解和学习，本书中涉及的无量纲量将在具体的地方单独定义。

1.2 自然界和工程领域的非定常流动

自然界中很多现象涉及非定常流动，如红旗的随风飘扬、风吹空穴发出的呜呜声、鸟儿的翱翔、蝴蝶的飞舞和鱼儿的嬉戏等，这些自然现象都与非定常流动密不可分。生活中，人们利用簧片的振动使口琴发音，利用空气柱共鸣使笛子发音，这些流固声耦合问题也与非定常流动密不可分。另外，航空工程中涉及很多非定常流动问题，如流动的动态分离、失速，漩涡的脱落或破裂，还有流固耦合的颤振、阵风响应和抖振等问题。风工程领域中，很多建筑和桥梁是非流线型的，流动的分离造成的非定常现象司空见惯，流固耦合导致的很多风致振动显然与流动的非定常特性密不可分。海洋工程中，深海钻井平台在洋流的作用下会发生涡致振动，与此同时，液体在管道内的输运也会发生管道激振，这些现象的背后有着复杂的非定常流动与流固耦合机理。下面以工程中典型的非定常流动为例，简要介绍非定常流动。

1.2.1　俯仰振荡时翼型上的气动力

在定常势流理论下，作用于翼型上的气动载荷与迎角成正比，即当翼型作缓慢俯仰运动时(可视为定常扰流)，翼型的升力系数与力矩系数将与迎角呈线性关系，也就是说，迎角-升力和迎角-力矩曲线将是一条直线段。当考虑俯仰运动的非定常效应时，这条曲线就不是一条直线段，而是如图 1.2.1 所示的时滞曲线(线性动力学系统中呈椭圆形)。当考虑流动的时滞效应后，翼型抬头通过角度 α 和低头通过角度 α 时，虽然瞬时迎角相同，但是与之前运动的历程不同，翼面上和尾流中的涡量分布不同，从而导致气动力分布、升力及力矩不同。这一现象就是经典的非定常时滞效应。显然，描述翼型做非定常运动的气动力模型比定常气动力模型复杂得多，由于与时间相关，此运动需要采用动力学的模型描述。

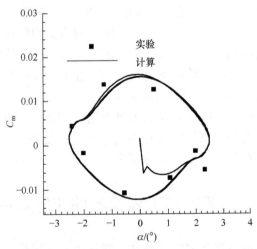

图 1.2.1　俯仰振荡的力矩时滞曲线

对于亚、超声速流动，翼型的俯仰运动产生的气动力矩一般定义为俯仰阻尼力矩。一般来说，图 1.2.1 中的时滞曲线通常是逆时针方向。但是在一些特殊的流动状态下，如在跨声速流动状态的某些频率下，时滞曲线会变成顺时针方向。在这种状态下的一个运动周期，气流将对翼型做正功，翼型若是弹性支撑下的自由运动，而不是强迫的简谐运动，那么翼型运动的振幅将越来越大，最终可能产生结构的破坏。这种现象在气动弹性力学中称为跨声速嗡鸣现象，是一种常见的、非常严重的跨声速气动弹性问题，经常导致型号设计的周期延误。跨声速嗡鸣现象的早期研究可参考文献[2]和[3]，对该现象诱发机理的最新解释可参考文献[4]。

1.2.2 绕钝体形成的卡门涡街

绕圆柱所形成的卡门涡街流态是一种典型的绕钝体流态，经典的流体力学教科书中都有介绍。绕静止圆柱的流动从极小 Re 时的 Stokes 流动，到 Foppl 涡对的定常流动，再到卡门涡街这种典型的不稳定流动，针对圆柱绕流的问题层出不穷，可以称为流体力学研究中的一个万花筒。图 1.2.2 给出了 $Re=100$ 时圆柱绕流出现的瞬时二维流场涡量分布图。数值模拟所得的升力、阻力以及频率和试验结果吻合较好。随着 Re 的进一步增加，还会出现三维流向涡这类复杂的非定常流动。如图 1.2.3 所示，$Re=3900$ 时展向失稳后的圆柱绕流瞬时 Q 等值面云图。

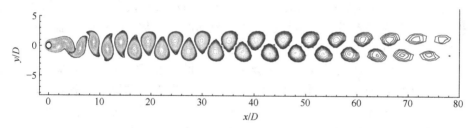

图 1.2.2　$Re=100$ 时圆柱绕流出现的瞬时二维流场涡量分布图

图 1.2.3　$Re=3900$ 时展向失稳后的圆柱绕流瞬时 Q 等值面云图

有关卡门涡街的诱发机理曾出现多种解释。崔尔杰院士将其总结为四种脱涡机理模式：①上下剪切层相互作用模式；②尾迹开放模式；③二次涡振荡模式；④近尾迹绝对不稳定模式。复杂问题的机理解释有时出现分歧的原因在于未能区分哪些是表象，哪些是根源，如盲人摸象。对于上述机理的解释，本书支持尹协远等的论点[1]，即前三种模式都存在局限性。前两种模式仅仅交代了上下剪切层存在的动量交换，而对于回流区中对称的 Foppl 涡对的流动失稳因素并未提及。第三种模式无法解释卡门涡街在临界雷诺数附近的流动失稳机理，这是由于卡门涡街在 $Re=47$ 附近就形成，而二次涡对到 $Re=500$ 以上才能出现。只有第四种模式从根本上反映了卡门涡街形成的物理本质。

1.2.3 机翼的颤振

颤振是指弹性结构在气流中运动时，在弹性力、惯性力和气动力三者相互作用下，发生持续的、不衰减的运动。它是一种典型的气动弹性动力学失稳现象，也是气动弹性力学研究中最引人关注的课题。这种气动不稳定会很快造成结构的破坏。航空航天工程中，因为气动载荷大，对结构的质量设计要求极高，所以结构的弹性特征相比其他工程中的结构更为明显，发生气动弹性问题的可能性更大。因此，包含颤振在内的很多气动弹性问题在航空航天工程中关注程度极高。

在经典的气动弹性教科书中，对于机翼颤振诱发机理的解释，有时为了便于读者理解，采用定常的气动力理论来阐述弯曲和扭转模态的耦合是如何促发颤振的。但是在颤振发生的实际过程中，流动的非定常时滞效应明显，对绝大部分问题，采用定常的气动力理论计算颤振边界会产生很大的偏差。实际上，正是以颤振为代表的气动弹性问题吸引了 20 世纪很多空气动力学家开展非定常空气动力学的研究，推动了非定常流体力学的发展。例如，本书第 3 章中的非定常气动力模型和理论在很大程度上也是为了解决气动弹性动力学问题。

颤振不同于一般的强迫运动。飞行器发生颤振，是由结构在气流中运动时引起的附加气动力的激励而引发的，结构运动一旦停止，附加气动力也就消失了，因此颤振是一种结构和气流相互耦合作用下的自激振动，这也是颤振区别于一般振动的独特性质。通常情况下，当飞行速度达到某一值时，扰动所引起的飞机振动刚好维持飞机的等幅简谐振动，这一速度在颤振分析中被称为颤振临界速度，简称颤振速度。若飞行速度继续增大，由扰动引起的振动就会发散而发生颤振。计算飞机颤振临界速度是飞机颤振分析的主要任务。

动气动弹性问题的本质就是结构和流场的动态反馈作用问题，颤振是振动的结构和非定常流场反馈作用时出现的不稳定现象。振动的结构诱发流场做非定常运动，流场又对结构施加非定常气动载荷，是一个典型的反馈过程，如图 1.2.4 所示。在这个反馈过程中，来流的动压可视为系统的一个增益，当动压大于颤振临界动压后，该反馈系统将由稳定变为不稳定，颤振就发生了。图 1.2.5 给出了一个典型两自由度弹性支撑翼型在小于、等于和大于颤振速度下的沉浮、俯仰位移响应历程。

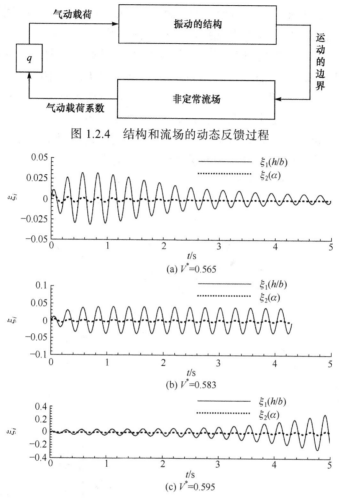

图 1.2.4　结构和流场的动态反馈过程

(a) V^{*}=0.565

(b) V^{*}=0.583

(c) V^{*}=0.595

图 1.2.5　不同无因次速度下翼型的沉浮和俯仰位移响应

1.2.4　机翼的跨声速抖振

跨声速飞行中，激波-附面层干扰会引起激波周期性自激振荡，这种现象称为跨声速抖振。跨声速抖振引起的脉动载荷有可能引发飞行事故或造成结构疲劳，该问题一直是航空工程领域的研究难点和热点。跨声速翼型的抖振主要表现为激波的往复移动以及激波后分离泡的伴随运动，该运动使得作用在翼面上的载荷出现大幅、高频的变化，这是一种典型的流动失稳造成的非定常流动现象。关于抖振的诱发机理目前仍然存在争议，一种观点认为激波运动形成的压力波向激波下游的分离区传播，并在尾缘处诱导产生向上游逆流的库塔波，推动激波回到初始位置，如此反复形成激波和尾缘声波的反馈，从而产生了跨声速抖振现象，如图 1.2.6 所示。另一种观点认为跨声速抖振的诱发是流动的全局稳定性问题，本书作者也支持该观点。流动失稳是导致跨声速抖振形成的根本原因，失稳后形成的自激荡源于各种非线性因素，所谓的库塔波反馈实际是流动失稳后的表象，而不是诱导抖振的根源。图 1.2.7 给出了 NACA0012 翼型绕流的主特征根随迎角变化的根轨迹图，可见当迎角在 4.7°左右时，特征根穿越虚轴，系统将由稳定变为不稳定，抖振触发。图 1.2.8 给出了运用大涡模拟(large eddy simulation，LES)仿真捕捉的某一瞬时跨声速抖振的流场结构图，也显示了激波后方的流动分离呈现复杂的涡系结构。

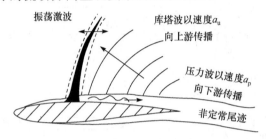

图 1.2.6　激波自维持反馈振荡模型[5]

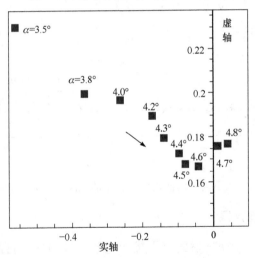

图 1.2.7　NACA0012 翼型绕流的主特征根随迎角变化的根轨迹图(Ma=0.7, Re=3×10^6)

　　虽然学术界对跨声速抖振的诱发机理存在争议，但航空工程师更关注跨声速抖振边界的判定、抖振载荷分析和抖振抑制等方面的内容。所谓抖振边界的判定是从试验或计算的信息中判别抖振的起始边界，并进一步明确飞行器在哪些马赫数、雷诺数和迎角的组合范围下会发生抖振。图 1.2.9 给出了一个典型翼型在跨声速区域的两个不同雷诺数下抖振起始迎角随马赫数的变化趋势，该

图 1.2.8　LES 仿真捕捉的某一瞬时跨声速抖振的流场结构图[6]

边界下不发生抖振。抖振边界的判定在风洞试验中主要有尾缘压力发散、非定常压力脉动和激波的位置变化等方法，而数值模拟中主要有基于定常手段的气动力系数曲线、激波运动位置反转和压力中心曲线等方法，以及基于非定常手段的压力和力系数脉动等方法。抖振载荷分析主要是对抖振发生以后的气动载荷脉动的强度和频率特征以及在气动力作用下机翼响应特性进行分析。图 1.2.10 给出了沿弦向脉动压力均方根若干计算结果和风洞试验结果的对比，包括二维的非定常雷诺平均方法(2D UNRANS)、脱体涡模拟(detached eddy simulation，DES)方法、实验方法(experiment，exp.)。显然，在激波晃动的范围内脉动载荷强度最大。

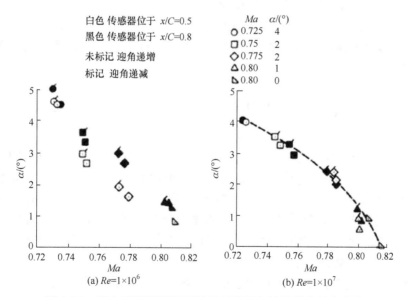

图 1.2.9　两个不同雷诺数下抖振起始迎角随马赫数的变化[7]

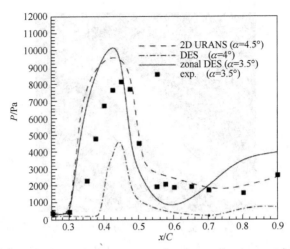

图 1.2.10　沿弦向脉动压力均方根若干计算结果和风洞试验结果的对比[8]

目前，大部分抖振载荷研究是基于单向耦合思路(实际上是解耦的策略)，即先获得刚性机翼的非定常气动载荷分布，再求解弹性机翼的响应。这是由于无论在试验环境中，还是在计算环境中，耦合研究的成本和难度都比解耦方法高得多。然而，作者团队近期的一些研究表明[9]，对于机翼抖振这种自诱型抖振(由抖振部件自身绕流的分离所引起的脉动载荷，作者定义其为自诱型抖振)，结构会出现大幅振动并伴随频率锁定与结构固有频率，而不跟随原有的流动脉动频率这一锁频现象。该现象本质上是分离流中的单自由度颤振，流固耦合效应起到主导作用，解耦方法会存在极大的偏差。

抖振控制研究主要是通过某些被动和主动控制方法，推迟或减缓激波的自激振荡，以达到减小机翼表面脉动压力的目的，同时尽量不影响其他方面的气动特性。

1.3　非定常流体力学研究的总体思路

相对于定常问题，非定常流体力学由于引入时间项，变成了真正的动力学问题。同时，由于时间项的引入，问题变得更加复杂。除空间上的间断和流动分离等静态非线性因素外，非定常问题还经常伴随着时间上的动态非线性效应，并与其他系统耦合，形成复杂的非线性动力学问题。正是由于非定常流动的这些复杂特征，研究非定常流体力学时，在满足精度要求的条件下，需要遵循化繁就简的总体思路，具体思路有以下几条。

(1) 可以通过坐标变换化为定常的问题，一定不按非定常问题处理。前面的论述中已经提及，如直升机旋翼悬停绕流、风机/风扇匀速旋转绕流、风力机无侧滑工作状态等，通过选择恰当的旋转坐标系，就可将非定常问题转化为定常问题，研究对象得以简化。如何理解通过坐标变换将非定常流动转化为定常流动的问题呢？假设存在一个微小的对流动无干扰的虫子，趴在旋转的叶片上，若从其视角观测流动是定常的，那么通过选择旋转坐标系，就可将该非定常流动转化为定常流动。这种转化的先决条件包括：①流动在空间上的分布是均匀对称的；②时间上转速是定常的。

(2) 非定常效应较弱的问题，在保证精度要求的情况下适当简化问题，可简化为准定常或定常来处理。例如，外挂物的投放、飞行器在中等迎角下的机动飞行等绕流问题，由于边界运动引起的扰动量相对于定常基本流动是个小量，并且决定飞行器运动趋势的不是扰动量而是总体载荷，总体载荷的时变效应又较弱。这种情况下，可以将物体的运动速度冻结，用每个位置下的定常气动力替代实际运动过程中的非定常气动力求解刚体运动方程，获得下一时刻的运动轨迹。再精确一步，可以将飞行器法向运动的速度分量叠加到下洗条件中，对迎角/侧滑角进行修正，进而求解该状态下的气动力，计算下一步运动轨迹，这种思路可称为准定常方法。显然准定常方法的精度较高，但复杂程度也高。针对高超声速问题，扰动只会向下游传播，记录非定常过程的尾迹不会影响翼面上的下洗。又由于来流速度极大，飞行器或结构的运动速度相对于来流量值很小，很多高超声速非定常问题中采用定常或准定常的气动力计算模型也能够获得很好的数值精度。本书第3章中介绍的活塞理论就是一种典型的准定常气动力模型。

(3) 对于周期性非定常流动，频域计算或周期性方式求解是一个捷径，能够减少计算量。工程中涉及的很多非定常流动是周期性的，如气动弹性问题中的颤振临界特性分析、叶轮机械的非定常绕流、直升机旋翼绕流等领域所涉及的流动问题，设计师们关心典型频率或转速下流动特征的描述方法。通过事先确定频率或转速，非定常方程的求解可转化为类似定常方程的求解，提高计算效率。如果这种周期性流动还近似简谐，那么其描述方式可更加简便，一组复数向量就可描述给定频率下的非定常流动特征。在小扰动势流模型下的很多非定常计算是在频域内开展的，最经典的莫过于西奥道森模型。而且，基于升力面理论的复杂飞行器非定常气动力计算也是在频域内开展的。在2.2节中，除了介绍经典的时域向后差分格式，主要还介绍以时间谱方法为代表的周期性流动的时/频域高效求解方法。在获得频域流动特征之后，如果流动的动力学特征满足线性动力学假设，那么很容易通过频域拟合方法获得任意运动的时域非定常特性，基于频域线化模型的状态空间拟合就是一种典型的技术途径。

(4) 能够建立线性模型解决的动态线化问题，不必引入非线性。在很多涉及稳定性问题的非定常绕流分析中，可以在小扰动的前提下，将非定常动力学问题线化，进而得到线化的流体力学方程或模型。这种处理方式不仅能够减少计算量，而且十分便于系统的特征分析，获取特征模态，以及建立低阶的动力学模型，开展流体力学与结构/控制等子系统的耦合。本书在第 4 章中介绍非定常流场的降阶，其中就有一类线化的流动降阶方法。引入非线性之后，虽然系统的描述更为准确，但是在很多领域研究中，非线性给方程的收敛性和多系统的耦合分析都会带来困难。因此，对于工程中的很多非定常扰流问题，应当事先研究流体动力学非线性的强弱，若所研究的系统本质上是稳定性问题，那么很多情况下不必引入复杂的非线性项。

(5) 多物理场耦合下的非定常流动问题，若能够视为单自由度问题，对系统进行解耦计算，最终简化为非定常问题的求解，这种简化方法则是捷径。非定常流动通常涉及多物理场的耦合，如结构与流动耦合作用的气动弹性问题。当这类动力学系统在本质上为一种单自由度运动模式时，如操纵面的嗡鸣、叶轮机叶片的行波颤振，可忽略流动和结构之间的耦合影响，研究中通常对系统进行解耦，将流固耦合稳定性问题(如颤振)简化为非定常周期性流动的数值求解，然后通过能量法获取系统随参数变化的稳定性。另外一种涉及非定常流动的解耦分析思路是抖振这类动力学响应问题。抖振通常是指动态分离流作用下的结构响应问题，当结构的振幅不大，结构运动对流动的反馈效应可以被忽略时，研究者会事先获取刚性结构下的非定常气动载荷，再将获得的气动载荷施加到弹性结构上，求解结构的响应。在试验或计算中这种思路会被使用，但其前提是结构的运动对非定常流动的反馈效应不强，否则不能忽略流固之间的耦合效应[9]。这种耦合效应通常在剧烈振动状态下很强，而且也是工程中最关注的问题之一。

参 考 文 献

[1] 尹协远, 孙德军. 旋涡流动的稳定性[M]. 北京: 国防工业出版社, 2003.

[2] ERICKSON A L, STEPHENSON J D. A suggested method of analyzing for transonic flutter of control surfaces based on available experimental evidence: NACA-RM-A7F30[R]. Technical Report Archive & Image Library, 1947.

[3] LAMBOURNE N C. Control-surface Buzz[M]. London: HM Stationery Office, 1964.

[4] GAO C Q, ZHANG W W, YE Z Y. A new viewpoint on the mechanism of transonic single-degree-of-freedom flutter[J]. Aerospace Science and Technology, 2016, 52: 144-156.

[5] LEE B H K, MURTY H, JIANG H. Role of Kutta waves on oscillatory shock motion on an airfoil[J]. AIAA Journal, 1994, 32(4): 789-796.

[6] GARNIER E, DECK S. Large-eddy Simulation of Transonic Buffet Over a Supercritical Airfoil[M]// DEVILLE M, LÊ T H, SAGAUT P. Turbulence and Interactions. Heidelberg: Springer, 2009.

[7] MCDEVITT J B, OKUNO A F. Static and dynamic pressure measurements on a NACA 0012 airfoil in the ames high Reynolds number facility, NASA TP-2485[R]. Washington DC: NASA, 1985.

[8] JACQUIN L, MOLTON P, DECK S, et al. Experimental study of shock oscillation over a transonic supercritical profile[J]. AIAA Journal, 2009, 47(9): 1985-1994.

[9] GAO C Q, ZHANG W W, LI X T, et al. Mechanism of frequency lock-in in transonic buffeting flow[J]. Journal of Fluid Mechanics, 2017, 818: 528-561.

第2章 流体力学控制方程
与非定常流动数值方法

流体力学的基本理论和方程的推导在很多流体力学的著作中有详细的介绍。然而，多数著作中的论述以定常流动为主，本书则以动力学问题为主。因此，本章的重点不仅是加深读者对空气动力学基本方程推导过程及假设条件的理解，更重要的是流体力学基本方程的演化思路和处理非定常流动时的注意事项。2.1 节介绍流体力学控制方程及其简化方程；2.2 节以小扰动速度势方程为例，介绍非定常势流的求解方法；2.3 节简要介绍计算流体力学(computational fluid dynamics, CFD)方法中的非定常数值离散的格式及各种方法的特点；2.4 节对流动稳定性分析方法进行简要介绍；2.5 节对二维非定常流动离散涡方法进行相关介绍。

2.1 流体力学控制方程及其简化方程

本节重点介绍不同层次空气动力学基本方程在推导和演化过程中使用的假设条件和演化思路。

对航空航天领域的空气动力学问题而言，除外层空间环境和低密度的接近真空环境外，在建立通常的空气动力学基本方程的过程中，由于要使用数学中的极限概念，需要对所研究的空气对象进行模型化处理，该处理就是假设空气为连续介质。另外，为了得到流体变形与流体应力之间的关系，采用牛顿流体假设，即流体变形率与流体应力为线性关系。在此过程中，还引入了 Stokes 假设，这方面详细的推导过程可参见其他的流体力学教材。

在上述假设条件下，运用控制体内的质量守恒原理(对应空气动力学中的连续方程)、牛顿第二定律(对应空气动力学中的动量方程)、能量守恒原理(对应空气动力学中的能量方程)和完全气体的状态方程，可以得到经典流体力学中的 Navier-Stokes(N-S)方程，如果使用积分形式，进一步忽略体积力，方程可表示为

$$\frac{\partial}{\partial t}\iiint_{\Omega} \boldsymbol{U}\mathrm{d}V + \iint_{\partial\Omega} \boldsymbol{F}(\boldsymbol{U})\cdot\boldsymbol{n}\mathrm{d}S + \iint_{\partial\Omega} \boldsymbol{G}(\boldsymbol{U})\cdot\boldsymbol{n}\mathrm{d}S = 0 \qquad (2.1.1)$$

$$P = (\gamma - 1)\left[e_0 - \frac{1}{2}\rho\left(u^2 + v^2 + w^2\right)\right] \tag{2.1.2}$$

其中,

$$U = \begin{Bmatrix} \rho \\ \rho u \\ \rho v \\ \rho w \\ e_0 \end{Bmatrix}, \boldsymbol{F}(\boldsymbol{U}) \cdot \boldsymbol{n} = (\boldsymbol{V} \cdot \boldsymbol{n}) \begin{Bmatrix} \rho \\ \rho u \\ \rho v \\ \rho w \\ e_0 + P \end{Bmatrix} + P \begin{Bmatrix} 0 \\ n_x \\ n_y \\ n_z \\ 0 \end{Bmatrix}$$

$$\boldsymbol{G}(\boldsymbol{U}) \cdot \boldsymbol{n} = \frac{M_\infty}{Re}\left(n_x \boldsymbol{G}_1 + n_y \boldsymbol{G}_2 + n_z \boldsymbol{G}_3\right)$$

$$\boldsymbol{G}_1 = \begin{Bmatrix} 0 \\ \tau_{xx} \\ \tau_{xy} \\ \tau_{xz} \\ u\tau_{xx} + v\tau_{xy} + w\tau_{xz} - \hat{q}_x \end{Bmatrix}, \boldsymbol{G}_2 = \begin{Bmatrix} 0 \\ \tau_{yx} \\ \tau_{yy} \\ \tau_{yz} \\ u\tau_{xy} + v\tau_{yy} + w\tau_{yz} - \hat{q}_y \end{Bmatrix}$$

$$\boldsymbol{G}_3 = \begin{Bmatrix} 0 \\ \tau_{zx} \\ \tau_{zy} \\ \tau_{zz} \\ u\tau_{zx} + v\tau_{zy} + w\tau_{zz} - \hat{q}_z \end{Bmatrix}$$

其中,

$$\tau_{xx} = 2\mu u_x - \frac{2}{3}\mu\left(u_x + v_y + w_z\right), \tau_{yy} = 2\mu v_y - \frac{2}{3}\mu\left(u_x + v_y + w_z\right)$$

$$\tau_{zz} = 2\mu w_z - \frac{2}{3}\mu\left(u_x + v_y + w_z\right)$$

$$\tau_{xy} = \mu\left(u_y + v_x\right), \quad \tau_{xz} = \mu\left(u_z + w_x\right), \quad \tau_{yz} = \mu\left(v_z + w_y\right)$$

$$\hat{q}_x = -k\frac{\partial T}{\partial x}, \quad \hat{q}_y = -k\frac{\partial T}{\partial y}, \quad \hat{q}_z = -k\frac{\partial T}{\partial z}$$

$$e_0 = \rho\left(e + \frac{V^2}{2}\right), \quad e = C_v T, \quad T = \frac{P}{R\rho}$$

其中, ρ 为流体密度; u、v 和 w 分别为直角坐标系(x,y,z)中各坐标轴正向的速度分量; P 为流体压强; μ 为运动黏性系数; k 为热传导系数; C_v 为定容比热容；e 为内能；$V^2 = u^2 + v^2 + w^2$；T 为流体的温度；e_0 为流体的总内能；t 为时间；R 为理想气体常数；τ 为应力项；q 为传热率；Re 为雷诺数；γ 为比热比；下标为坐标的分量。航空航天空气动力学中运用上述 N-S 方程时，通常包括下列假设：

(1) 连续介质(在不涉及稀薄流的情况下，该空气模型没有问题)；

(2) 牛顿流体(对于航空航天领域而言，一般认为空气服从此条件)；

(3) 完全气体(在常温和常压下，空气满足此状态方程条件)；

(4) 忽略体积力(在没有电磁力场的环境中，空气的重力相对惯性力等也很小，故一般可忽略)。

由于 N-S 方程在理论上属于强非线性方程，无论是理论分析还是数值计算，都存在很大困难。为了简化 N-S 方程，最方便的是根据空气对象的特点将空气假设为没有黏性的流体。此外，一般还引入绝热假设，就得到了通常所述的欧拉(Euler)方程，同样写成积分形式：

$$\frac{\partial}{\partial t} \iiint_{\Omega} \boldsymbol{U} \mathrm{d}V + \iint_{\partial \Omega} \boldsymbol{F}(\boldsymbol{U}) \cdot \boldsymbol{n} \mathrm{d}S = 0 \tag{2.1.3}$$

从上述 N-S 方程简化到欧拉方程的过程中，使用了两项假设：无黏和绝热。

根据上述假设，欧拉方程适用于有旋的流动，但与 N-S 方程相比，其得到了很大程度的简化。更重要的是，欧拉方程在数学上是拟线性方程，而且非定常的欧拉方程对于亚声速、跨声速和超声速流动均为双曲型偏微分方程，这为构造数值计算方法提供了极大的方便。目前，数值求解欧拉方程的软件已经得到了广泛的应用。

然而，从理论空气动力学方面，求解含五个偏微分方程和一个代数方程的欧拉方程仍然是一个复杂的数学问题，要得到数学上更简洁的定性分析方法，人们不能停留在欧拉方程的层次上。从数值计算的实际应用方面，虽然欧拉方程数值计算已经取得了巨大的成功，但是对于计算长时间历程的非定常空气动力学问题而言，数值求解欧拉方程的计算量有时在工程应用中还是无法承受的。因此，还希望对欧拉方程做进一步简化。

为了简化欧拉方程，经典空气动力学引入了势流假设，即速度矢量场满足无旋条件。在无旋条件下，由数学知识可知存在速度势函数 ϕ，它和速度有下列关系：

$$\begin{cases} u = \dfrac{\partial \phi}{\partial x} \\[2mm] v = \dfrac{\partial \phi}{\partial y} \\[2mm] w = \dfrac{\partial \phi}{\partial z} \end{cases} \tag{2.1.4}$$

通过简化连续方程和动量方程，在此过程中引入正压流体假设，即压强与空气密度之间存在某种对应的关系 $p = p(\rho)$，可以得到全速势方程：

$$\left[a^2 - \left(\frac{\partial\phi}{\partial x}\right)^2\right]\cdot\frac{\partial^2\phi}{\partial x^2} + \left[a^2 - \left(\frac{\partial\phi}{\partial y}\right)^2\right]\cdot\frac{\partial^2\phi}{\partial y^2} + \left[a^2 - \left(\frac{\partial\phi}{\partial z}\right)^2\right]\cdot\frac{\partial^2\phi}{\partial z^2}$$

$$-2\frac{\partial\phi}{\partial x}\cdot\frac{\partial\phi}{\partial y}\cdot\frac{\partial^2\phi}{\partial x\partial y} - 2\frac{\partial\phi}{\partial y}\cdot\frac{\partial\phi}{\partial z}\cdot\frac{\partial^2\phi}{\partial y\partial z} - 2\frac{\partial\phi}{\partial z}\cdot\frac{\partial\phi}{\partial x}\cdot\frac{\partial^2\phi}{\partial z\partial x} \qquad (2.1.5)$$

$$-2\frac{\partial\phi}{\partial x}\cdot\frac{\partial^2\phi}{\partial x\partial t} - 2\frac{\partial\phi}{\partial y}\cdot\frac{\partial^2\phi}{\partial y\partial t} - 2\frac{\partial\phi}{\partial z}\cdot\frac{\partial^2\phi}{\partial z\partial t} - \frac{\partial^2\phi}{\partial t^2} = 0$$

需要指出的是，在连续方程和动量方程到全速势方程的推导过程中，还可以得到非定常的伯努利(Bernoulli)方程：

$$\frac{\partial\phi}{\partial t} + \frac{1}{2}\left[\left(\frac{\partial\phi}{\partial x}\right)^2 + \left(\frac{\partial\phi}{\partial y}\right)^2 + \left(\frac{\partial\phi}{\partial z}\right)^2\right] + \int\frac{\mathrm{d}p}{\rho} = 0 \qquad (2.1.6)$$

定常流动的伯努利方程给人们一个非常有意义的定性规律，即在亚声速流动条件下，每条流线上的流体速度与压强呈相反的规律，速度快的地方压强小，而速度慢的地方压强大。此定性结论对人们理解低速流动有非常重要的价值。

在上述全速势方程中，除速度势函数外，还有一个声速为未知量。为了消除该未知量，运用等熵关系式 $p/\rho^\gamma = C$，即将该关系式代入前文所述的正压流体假设，则由伯努利方程式(2.1.6)可得

$$\frac{\partial\phi}{\partial t} + \frac{1}{2}\left[\left(\frac{\partial\phi}{\partial x}\right)^2 + \left(\frac{\partial\phi}{\partial y}\right)^2 + \left(\frac{\partial\phi}{\partial z}\right)^2\right] + \frac{1}{\gamma-1}a^2 = \frac{1}{2}U_\infty^2 + \frac{1}{\gamma-1}a_\infty^2 \qquad (2.1.7)$$

将式(2.1.7)中的声速与速势的关系代入式(2.1.4)中，可以得到以速度势函数为唯一未知量的全速势方程。

从欧拉方程到全速势方程，增加了两项假设：

(1) 速度场满足无旋条件 $\nabla \times V = 0$；

(2) 空气的压强与密度之间满足等熵关系。

从数学角度，在无旋和等熵假设条件下，由欧拉方程简化得到的全速势方程将一个由五个偏微分方程构成的数学问题简化为求解一个偏微分方程，是一个成功的重大简化步骤。从数值计算的计算量角度，求解一个偏微分的计算量也会大幅度减小，在 20 世纪 80 年代，针对全速势方程开展了很多的研究工作。

为了更清楚地展示求解全速势方程的意义，将非定常伯努利方程式(2.1.6)改写为

$$\frac{\partial \phi}{\partial t} + \frac{1}{2}\left[\left(\frac{\partial \phi}{\partial x}\right)^2 + \left(\frac{\partial \phi}{\partial y}\right)^2 + \left(\frac{\partial \phi}{\partial z}\right)^2\right] + \frac{\gamma}{\gamma-1}\frac{p}{\rho} = \frac{1}{2}U_\infty^2 + \frac{1}{\gamma-1}\frac{p_\infty}{\rho_\infty} \qquad (2.1.8)$$

从式(2.1.8)可以看出,如果由全速势方程求得速度势函数,就可以运用此式得到航空航天工程中最关心的压力分布 p(实际上为压强分布,但实际工程中习惯称为压力分布)。

式(2.1.8)中包含密度参数,为了得到压力参数,可以进一步使用等熵关系式。因此,要获得飞行器的气动力参数,空气动力学的基本问题需转化为求解全速势方程以获得速度势函数。

然而,全速势方程是复杂的非线性方程,对其进行理论分析也很困难,即使采用数值方法求解,也会由于方程性质在不同流动中的差别而很难构造稳定的数值计算方法。此外,由于全速势方程中有无旋和等熵假设,求解全速势方程也不能自动捕捉到流场中的激波,在求解全速势方程的数值方法中,捕捉激波成为一个重要的问题。

为了进一步简化全速势方程,空气动力学理论研究者根据飞行器流线型好的特点,引入了小扰动假设,即当飞行器以一定速度穿过静止的空气时,从固定于飞行器的坐标系看,飞行器不动,空气以一定速度迎面吹过来,认为飞行器对来流空气只是产生了一定速度上的扰动量,该扰动量相对来流速度的值而言只是一个小量。这样,将全速势函数写成来流速度势和飞行器产生的扰动速度势的相加:

$$\phi = U_\infty x + \varphi \qquad (2.1.9)$$

将此关系代入全速势方程(2.1.5)中,并去掉所有的高阶项,可以得到小扰动速势方程:

$$\left(1-M_\infty^2\right)\frac{\partial^2 \varphi}{\partial x^2} + \frac{\partial^2 \varphi}{\partial y^2} + \frac{\partial^2 \varphi}{\partial z^2} - 2\frac{M_\infty}{a_\infty}\frac{\partial^2 \varphi}{\partial x \partial t} - \frac{1}{a_\infty^2}\frac{\partial^2 \varphi}{\partial t^2} = 0 \qquad (2.1.10)$$

在简化全速势方程从而得到上述小扰动速势方程的过程中,如果来流速度在声速左右,式(2.1.10)的第一项会很小,此时,忽略的高阶项可能与式(2.1.10)的第一项相当。因此,在忽略高阶项时需要具体分析和适当保留,这就产生了跨声速小扰动速势方程。由于本书不涉及速势方程的跨声速问题,这里就不介绍该方面的内容。

还需说明的是,在引入上述小扰动假设的过程中,假定扰动速度远小于来流速度,因此,不仅要求飞行器外形具有很好的流线型形状,而且要求飞行器的迎角也很小。一方面大迎角产生的扰动速度相对来流速度可能不是小量;另一方面大迎角还存在实际流动的分离现象,偏离了无旋流动和势流理论的基本假设条件。

值得指出的是，在不可压缩条件下，小扰动速势方程(2.1.10)可变为拉普拉斯方程：

$$\frac{\partial^2 \varphi}{\partial x^2} + \frac{\partial^2 \varphi}{\partial y^2} + \frac{\partial^2 \varphi}{\partial z^2} = 0 \tag{2.1.11}$$

这说明在不可压缩条件下，拉普拉斯方程既适用于定常流动，也适用于非定常流动。因此，在经典定常流动求解拉普拉斯方程过程中的思路和基本解的结果在非定常流动条件下也可以借鉴使用。从物理方面，不可压缩条件对应于扰动传播速度为无穷大的流体，即如果流场中某一点出现扰动(如源、偶极子等基本解强度改变而引起的扰动速势变化)，那么该扰动会在出现的同时传遍整个流场。

在航空航天领域，对于研究飞行器非定常空气动力学问题而言，最希望得到飞行器表面的非定常压力分布。从上述简化过程中可以看到，如果求解的是N-S 方程或欧拉方程，则可以直接获得所有流场信息，包括压强分布；如果求解的是全速势方程或小扰动速势方程，那么得到的是速度势或扰动速势，一旦获得全速势函数或扰动速势函数，再运用非定常伯努利方程就可以求出压强分布，继而得到期望的非定常气动力性质。

2.2　基于势流理论的非定常流动数值求解

2.2.1　控制方程简化与非定常势流计算

在计算非定常流动的过程中，对于 N-S 方程和欧拉方程的数值求解方法，一般只需要在非定常边界条件上嵌入非定常条件，而且加入非定常边界条件也很容易，在本书的后续章节中将有详细介绍。但对于速势方程，尤其是小扰动速势方程，非定常方程与定常方程的计算方法有很大区别，非定常方程的求解过程复杂得多。下面列出使用势流理论计算非定常流动时需要强调的几个方面。

1. 非定常边界条件

在非定常流动计算中，求解 N-S 方程的物面边界条件是无滑移条件，即物面空气的运动速度与物面运动速度相等。求解欧拉方程时需要加入物面切向流条件，即物面空气的法向运动速度与物面的法向运动速度相等。如果求解速势方程，那么同样要采用切向流条件。下面给出速度势函数应该满足的非定常边界条件形式。

设物体表面由函数 S 表示，则对于 t 时刻的任意点 (x,y,z) 有

$$S(x,y,z,t)=0 \tag{2.2.1}$$

在 $t+\Delta t$ 时刻，上述点 (x,y,z) 移至 $(x+\Delta x,y+\Delta y,z+\Delta z)$ 处，物面函数变为

$$S'(x+\Delta x,y+\Delta y,z+\Delta z,t+\Delta t)=0 \tag{2.2.2}$$

用式(2.2.2)减式(2.2.1)，并进行泰勒级数展开：

$$S'-S=S(x,y,z)+\frac{\partial S}{\partial x}\Delta x+\frac{\partial S}{\partial y}\Delta y+\frac{\partial S}{\partial z}\Delta z+\frac{\partial S}{\partial t}\Delta t+\cdots-S(x,y,z)=0 \tag{2.2.3}$$

保留一阶项，在方程两边除以 Δt，则有

$$\frac{\partial S}{\partial x}\cdot\frac{\Delta x}{\Delta t}+\frac{\partial S}{\partial y}\cdot\frac{\Delta y}{\Delta t}+\frac{\partial S}{\partial z}\cdot\frac{\Delta z}{\Delta t}+\frac{\partial S}{\partial t}=0 \tag{2.2.4}$$

取极限 $\Delta t\to0$，并注意到：

$$u|_{\mathrm{B}}=\lim_{\Delta t\to0}\frac{\Delta x}{\Delta t}, \quad v|_{\mathrm{B}}=\lim_{\Delta t\to0}\frac{\Delta y}{\Delta t}, \quad w|_{\mathrm{B}}=\lim_{\Delta t\to0}\frac{\Delta z}{\Delta t} \tag{2.2.5}$$

其中，$u|_{\mathrm{B}}$、$v|_{\mathrm{B}}$、$w|_{\mathrm{B}}$ 为物面上 (x,y,z) 点的运动速度，则有

$$\frac{\partial S}{\partial x}\cdot u|_{\mathrm{B}}+\frac{\partial S}{\partial y}\cdot v|_{\mathrm{B}}+\frac{\partial S}{\partial z}\cdot w|_{\mathrm{B}}=-\frac{\partial S}{\partial t} \tag{2.2.6}$$

对于物面上点 (x,y,z) 的法向导数，存在下列关系：

$$V_{n\mathrm{B}}=\cos(\boldsymbol{n},x)\cdot u|_{\mathrm{B}}+\cos(\boldsymbol{n},y)\cdot v|_{\mathrm{B}}+\cos(\boldsymbol{n},z)\cdot w|_{\mathrm{B}} \tag{2.2.7}$$

其中，下标 B 为物面；$\boldsymbol{n}$ 为物面法向单位向量。根据数学关系：

$$\begin{cases} \cos(\boldsymbol{n},x)=\dfrac{\dfrac{\partial S}{\partial x}}{\sqrt{\left(\dfrac{\partial S}{\partial x}\right)^2+\left(\dfrac{\partial S}{\partial y}\right)^2+\left(\dfrac{\partial S}{\partial z}\right)^2}} \\[4mm] \cos(\boldsymbol{n},y)=\dfrac{\dfrac{\partial S}{\partial y}}{\sqrt{\left(\dfrac{\partial S}{\partial x}\right)^2+\left(\dfrac{\partial S}{\partial y}\right)^2+\left(\dfrac{\partial S}{\partial z}\right)^2}} \\[4mm] \cos(\boldsymbol{n},z)=\dfrac{\dfrac{\partial S}{\partial z}}{\sqrt{\left(\dfrac{\partial S}{\partial x}\right)^2+\left(\dfrac{\partial S}{\partial y}\right)^2+\left(\dfrac{\partial S}{\partial z}\right)^2}} \end{cases} \tag{2.2.8}$$

在不影响一般性的情况下，设法向向量为单位向量，则

$$V_{nB} = \frac{\partial S}{\partial x} \cdot u\big|_B + \frac{\partial S}{\partial y} \cdot v\big|_B + \frac{\partial S}{\partial z} \cdot w\big|_B = -\frac{\partial S}{\partial t} \quad (2.2.9)$$

再考虑流场中任意点 (x, y, z) 处沿 n 方向的方向导数，同样 n 为单位向量，有

$$V_{nF} = \frac{\partial S}{\partial x} \cdot u\big|_F + \frac{\partial S}{\partial y} \cdot v\big|_F + \frac{\partial S}{\partial z} \cdot w\big|_F \quad (2.2.10)$$

其中，下标 F 为流体，则由速度势函数定义有

$$V_{nF} = \frac{\partial \phi}{\partial x} \cdot \frac{\partial S}{\partial x} + \frac{\partial \phi}{\partial y} \cdot \frac{\partial S}{\partial y} + \frac{\partial \phi}{\partial z} \cdot \frac{\partial S}{\partial z} \quad (2.2.11)$$

由于在物面上存在流体法向速度等于物面法向运动速度：$V_{nF} = V_{nB}$，则

$$-\frac{\partial S}{\partial t} = V_{nB} = V_{nF} = \frac{\partial \phi}{\partial x} \cdot \frac{\partial S}{\partial x} + \frac{\partial \phi}{\partial y} \cdot \frac{\partial S}{\partial y} + \frac{\partial \phi}{\partial z} \cdot \frac{\partial S}{\partial z} \quad (2.2.12)$$

即

$$\frac{\partial S}{\partial t} + \frac{\partial \phi}{\partial x} \cdot \frac{\partial S}{\partial x} + \frac{\partial \phi}{\partial y} \cdot \frac{\partial S}{\partial y} + \frac{\partial \phi}{\partial z} \cdot \frac{\partial S}{\partial z} = 0 \quad (2.2.13)$$

这就是势流理论中非定常物面边界条件的一般形式。

对于工程问题中以机翼为代表的升力面而言，描述机翼非定常运动的形式一般为 $z = f(x, y, t)$，则上述非定常物面边界条件在小扰动速势方程情况下可变为

$$\frac{\partial f}{\partial t} + \left(U_\infty + \frac{\partial \varphi}{\partial x} \right) \cdot \frac{\partial f}{\partial x} + \frac{\partial \varphi}{\partial y} \cdot \frac{\partial f}{\partial y} + \frac{\partial \varphi}{\partial z} \cdot (-1) = 0 \quad (2.2.14)$$

根据实际机翼的非定常运动情况，在小扰动假设条件下，为了进一步简化非定常物面边界条件，假设 $\partial \varphi / \partial y \approx 0$（即展向流动速度是更小的量）。此外，还认为 x 方向的扰动速度也远比来流速度小，则式(2.2.14)可写为

$$\frac{\partial \varphi}{\partial z} = \frac{\partial f}{\partial t} + U_\infty \cdot \frac{\partial f}{\partial x} \quad (2.2.15)$$

在传统线性升力面理论中，为了进一步便于物面边界条件的数值处理，将机翼看作是 (x, y) 平面无厚度翼面，z 方向的扰动速度不是在真正运动机翼上满足式(2.2.15)非定常边界条件，而是在 (x, y) 平面上满足非定常边界条件，式(2.2.15)非定常边界条件简化为

$$w\big|_{z=0} = \frac{\partial \varphi}{\partial z}\bigg|_{z=0} = \frac{\partial f}{\partial t} + U_\infty \cdot \frac{\partial f}{\partial x} \quad (2.2.16)$$

这便是传统升力面理论数值计算中使用的非定常物面边界条件。

2. 非定常压力系数计算公式

在航空航天领域中，人们关心的飞行器表面压强一般表示为压力系数形式，即

$$c_p = \frac{p - p_\infty}{\frac{1}{2}\rho_\infty U_\infty^2} \tag{2.2.17}$$

在等熵条件下，存在如下关系式：

$$\frac{p_\infty}{\rho_\infty} = \frac{a_\infty^2}{\gamma} \tag{2.2.18}$$

利用非定常伯努利方程式(2.1.8)可得

$$\frac{\partial \phi}{\partial t} + \frac{1}{2}\left[\left(\frac{\partial \phi}{\partial x}\right)^2 + \left(\frac{\partial \phi}{\partial y}\right)^2 + \left(\frac{\partial \phi}{\partial z}\right)^2\right] + \frac{\gamma}{\gamma - 1} \cdot \frac{p}{\rho} = \frac{1}{2}U_\infty^2 + \frac{1}{\gamma - 1} \cdot \frac{p_\infty}{\rho_\infty} \tag{2.2.19}$$

则

$$c_p = \frac{2}{\gamma M_\infty^2}\left\{\left[1 + \frac{\gamma - 1}{2}M_\infty^2\left(1 - \frac{U^2}{U_\infty^2} - \frac{2}{U_\infty^2} \cdot \frac{\partial \phi}{\partial t}\right)\right]^{\frac{\gamma}{\gamma - 1}} - 1\right\} \tag{2.2.20}$$

其中，$U^2 = \left(\dfrac{\partial \phi}{\partial x}\right)^2 + \left(\dfrac{\partial \phi}{\partial y}\right)^2 + \left(\dfrac{\partial \phi}{\partial z}\right)^2$。在小扰动假设下，式(2.2.20)可简化为

$$c_p = -\frac{2}{U_\infty}\left(\frac{\partial \varphi}{\partial x} + \frac{1}{U_\infty} \cdot \frac{\partial \varphi}{\partial t}\right) \tag{2.2.21}$$

3. 非定常尾涡面条件

在求解非定常速势方程时，与求解定常方程的不同之处还有尾涡面的处理问题。因为在非定常流动过程中，尾涡面上存在变化的旋涡，所以在数值计算处理尾涡面的边界条件时，依靠的原理是尾涡面不能承受压力差。

为了推导尾涡面上的边界条件，采用非定常伯努利方程：

$$\frac{\partial \phi}{\partial t} + \frac{1}{2}\left[\left(\frac{\partial \phi}{\partial x}\right)^2 + \left(\frac{\partial \phi}{\partial y}\right)^2 + \left(\frac{\partial \phi}{\partial z}\right)^2\right] + \frac{\gamma}{\gamma - 1} \cdot \frac{p}{\rho} = C \tag{2.2.22}$$

此方程在尾涡面的上、下表面都成立，则尾涡面的上、下表面表达式分

别为

$$\left\{\frac{\partial \phi}{\partial t}+\frac{1}{2}\left[\left(\frac{\partial \phi}{\partial x}\right)^2+\left(\frac{\partial \phi}{\partial y}\right)^2+\left(\frac{\partial \phi}{\partial z}\right)^2\right]+\frac{\gamma}{\gamma-1}\cdot\frac{p}{\rho}\right\}\bigg|_{\mathrm{U}}=C \tag{2.2.23}$$

$$\left\{\frac{\partial \phi}{\partial t}+\frac{1}{2}\left[\left(\frac{\partial \phi}{\partial x}\right)^2+\left(\frac{\partial \phi}{\partial y}\right)^2+\left(\frac{\partial \phi}{\partial z}\right)^2\right]+\frac{\gamma}{\gamma-1}\cdot\frac{p}{\rho}\right\}\bigg|_{\mathrm{L}}=C \tag{2.2.24}$$

式(2.2.23)和式(2.2.24)相减后可得

$$\frac{\partial}{\partial t}\left(\phi\big|_{\mathrm{U}}-\phi\big|_{\mathrm{L}}\right)+\frac{1}{2}\left[\left(\frac{\partial \phi\big|_{\mathrm{U}}}{\partial x}+\frac{\partial \phi\big|_{\mathrm{L}}}{\partial x}\right)\cdot\left(\frac{\partial \phi\big|_{\mathrm{U}}}{\partial x}-\frac{\partial \phi\big|_{\mathrm{L}}}{\partial x}\right)\right.$$
$$\left.+\left(\frac{\partial \phi\big|_{\mathrm{U}}}{\partial y}+\frac{\partial \phi\big|_{\mathrm{L}}}{\partial y}\right)\cdot\left(\frac{\partial \phi\big|_{\mathrm{U}}}{\partial y}-\frac{\partial \phi\big|_{\mathrm{L}}}{\partial y}\right)+\left(\frac{\partial \phi\big|_{\mathrm{U}}}{\partial z}+\frac{\partial \phi\big|_{\mathrm{L}}}{\partial z}\right)\cdot\left(\frac{\partial \phi\big|_{\mathrm{U}}}{\partial z}-\frac{\partial \phi\big|_{\mathrm{L}}}{\partial z}\right)\right]=0 \tag{2.2.25}$$

注意在式(2.2.25)中，尾涡面的上、下速度之和是当地流场速度的两倍，则

$$\frac{\partial}{\partial t}\left(\phi\big|_{\mathrm{U}}-\phi\big|_{\mathrm{L}}\right)+u\cdot\frac{\partial}{\partial x}\left(\phi\big|_{\mathrm{U}}-\phi\big|_{\mathrm{L}}\right)+v\cdot\frac{\partial}{\partial y}\left(\phi\big|_{\mathrm{U}}-\phi\big|_{\mathrm{L}}\right)+w\cdot\frac{\partial}{\partial z}\left(\phi\big|_{\mathrm{U}}-\phi\big|_{\mathrm{L}}\right)=0 \tag{2.2.26}$$

根据流体力学中实质导数的定义，式(2.2.26)可表示为

$$\frac{\mathrm{D}}{\mathrm{D}t}\left(\phi\big|_{\mathrm{U}}-\phi\big|_{\mathrm{L}}\right)=\frac{\mathrm{D}(\Delta\phi)}{\mathrm{D}t}=0 \tag{2.2.27}$$

其物理意义：在非定常流动过程中，尾涡面上的速势差从离开翼面后缘开始，当随流体向下游运动时，保持其值变化。

2.2.2　二维非定常涡板块法

涡板块法又称面元法，该方法发展较早，且非常成熟。定常涡板块法一般用于计算亚声速和超声速、无黏流中机翼的升力和阻力，与试验结果符合较好，同时，非定常涡板块法得到了充分的研究。涡板块法作为势流理论中一种相当简便的求解方法，不仅物理原理简单，而且通过数值解近似求解物理方程和设定边界条件也很方便。具体步骤是将源、涡或两者同时分布在绕流物体表面，通过物面边界条件，即在物面处，速度法向分量为零来确定所布源、涡的强度，从而获得关于流场的全部参数。

非定常涡板块法的计算步骤为布源、布涡；根据物面条件列出系数矩阵；采用高斯消去法求得各个板块源和涡的强度。在非定常计算过程中，不仅要考虑翼型自身的运动对流场的影响，还要考虑翼型后缘生成的脱落涡对流场的影响。

1. 脱落涡模型

在非定常情形下，根据 Helmholtz 涡量连续定理，环量在势流中应当守恒。因此，翼型表面上环量的任何改变必须在尾迹中以一个大小相等、方向相反的涡量变化呈现出来，这一现象通常被称为涡脱落过程。其中，脱落板是描述涡脱落过程的关键，如图 2.2.1 所示，Γ_k 表示环量，脱落板相当于没有布源的翼型板块，其产生诱导速度的计算公式与布涡翼型板块相同，脱落板的长度和倾角可通过以下公式求出：

$$\begin{cases} \tan\Theta_k = \dfrac{(V_w)_k}{(U_w)_k} \\ \Delta_k = (t_k - t_{k-1})\sqrt{(U_w)_k^2 + (V_w)_k^2} \end{cases} \tag{2.2.28}$$

其中，$(U_w)_k$ 与 $(V_w)_k$ 分别为脱落板中点处诱导速度在 x 与 y 方向的投影。脱落板的单位涡强为

$$(\gamma_w)_k = l(\gamma_{k-1} - \gamma_k) / \Delta_k \tag{2.2.29}$$

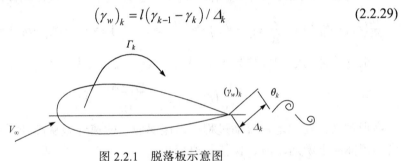

图 2.2.1　脱落板示意图

2. 切向、法向诱导速度及叠加

在非定常问题中，所有 n 个源板块在第 i 板块中点 (x_{mi}, y_{mi}) 的诱导速度在法向和切向的分量为

$$\begin{cases} V_{n_i} = \dfrac{q_i}{2} + \displaystyle\sum_{\substack{j=1 \\ j\neq i}}^{n} \dfrac{q_j}{2\pi} \int_j \dfrac{\partial \ln r_{ij}\,\mathrm{d}s_j}{\partial n_i} \\ V_{t_i} = \displaystyle\sum_{\substack{j=1 \\ j\neq i}}^{n} \dfrac{q_j}{2\pi} \int_j \dfrac{\partial \ln r_{ij}\,\mathrm{d}s_j}{\partial t_i} \end{cases} \tag{2.2.30}$$

翼型上所有 n 个涡板块在第 i 板块中点 (x_{mi}, y_{mi}) 的诱导速度在法向和切向的分量为

$$\begin{cases} V_{n_i} = -\displaystyle\sum_{\substack{j=1\\j\neq i}}^{n}\frac{\gamma}{2\pi}\int_j\frac{\partial\theta_{ij}\mathrm{d}s_j}{\partial\boldsymbol{n}_i} \\ V_{t_i} = \dfrac{\gamma}{2} - \displaystyle\sum_{\substack{j=1\\j\neq i}}^{n}\frac{\gamma}{2\pi}\int_j\frac{\partial\theta_{ij}\mathrm{d}s_j}{\partial\boldsymbol{t}_i} \end{cases} \qquad (2.2.31)$$

所有 $n+1$ 个涡板块(包括脱落板)在第 i 板块中点 (x_{mi}, y_{mi}) 的诱导速度在法向和切向的分量为

$$\begin{cases} V_{n_i} = -\displaystyle\sum_{\substack{j=1\\j\neq i}}^{n}\frac{\gamma}{2\pi}\int_j\frac{\partial\theta_{ij}\mathrm{d}s_j}{\partial\boldsymbol{n}_i} - \frac{\gamma_w}{2\pi}\int_{\mathrm{panel}\,n+1}\frac{\partial\theta_{i,n+1}\mathrm{d}s_{n+1}}{\partial\boldsymbol{n}_i} \\ V_{t_i} = \dfrac{\gamma}{2} - \displaystyle\sum_{\substack{j=1\\j\neq i}}^{n}\frac{\gamma}{2\pi}\int_j\frac{\partial\theta_{ij}\mathrm{d}s_j}{\partial\boldsymbol{t}_i} - \frac{\gamma_w}{2\pi}\int_{\mathrm{panel}\,n+1}\frac{\partial\theta_{i,n+1}\mathrm{d}s_{n+1}}{\partial\boldsymbol{t}_i} \end{cases} \qquad (2.2.32)$$

与定常流动不同的是,非定常流动中还需要考虑脱落涡的影响。第 m 个脱落涡诱导速度在第 i 板块中点 (x_{mi}, y_{mi}) 的诱导速度在法向和切向的分量为

$$\begin{cases} V_{n_i} = -\Gamma_m\dfrac{\cos(\theta_i - \theta_m)}{2\pi(r_{im})} \\ V_{t_i} = -\Gamma_m\dfrac{\sin(\theta_i - \theta_m)}{2\pi(r_{im})} \end{cases} \qquad (2.2.33)$$

最后进行流场叠加,对每一个时刻上的相对来流、n 个翼型布源布涡板块、脱落板和 M 个脱落涡在翼型物面第 i 板块中点处的合诱导速度沿法向、切向的分量为

$$\begin{cases} \begin{aligned} V_{n_i} = {} & V_{\mathrm{stream}}\cdot\boldsymbol{n}_i + \frac{q_i}{2} + \sum_{\substack{j=1\\j\neq i}}^{n}\frac{q_j}{2\pi}\int_j\frac{\partial\ln r_{ij}\mathrm{d}s_j}{\partial\boldsymbol{n}_i} - \sum_{\substack{j=1\\j\neq i}}^{n}\frac{\gamma}{2\pi}\int_j\frac{\partial\theta_{ij}\mathrm{d}s_j}{\partial\boldsymbol{n}_i} \\ & - \frac{\gamma_{n+1}}{2\pi}\int_{\mathrm{panel}\,n+1}\frac{\partial\theta_{i,n+1}\mathrm{d}s_{n+1}}{\partial\boldsymbol{n}_i} + \sum_{m=1}^{M}\left[-(\Gamma_{m-1}-\Gamma_m)\frac{\cos(\theta_i-\theta_m)}{2\pi(r_{im})}\right] \end{aligned} \\ \begin{aligned} V_{t_i} = {} & V_{\mathrm{stream}}\cdot\boldsymbol{t}_i + \sum_{\substack{j=1\\j\neq i}}^{n}\frac{q_j}{2\pi}\int_j\frac{\partial\ln r_{ij}\mathrm{d}s_j}{\partial\boldsymbol{t}_i} + \frac{\gamma}{2} - \sum_{\substack{j=1\\j\neq i}}^{n}\frac{\gamma}{2\pi}\int_j\frac{\partial\theta_{ij}\mathrm{d}s_j}{\partial\boldsymbol{t}_i} \\ & - \frac{\gamma_{n+1}}{2\pi}\int_{\mathrm{panel}\,n+1}\frac{\partial\theta_{i,n+1}\mathrm{d}s_{n+1}}{\partial\boldsymbol{t}_i} + \sum_{m=1}^{M}\left[-(\Gamma_{m-1}-\Gamma_m)\frac{\sin(\theta_i-\theta_m)}{2\pi(r_{im})}\right] \end{aligned} \end{cases} \qquad (2.2.34)$$

其中, $(\Gamma_{m-1}-\Gamma_m)$ 为第 m 个脱落涡的涡强。一共有 M 个脱落涡,每个时间步

产生一个脱落涡。图 2.2.2 为涡板块法计算刚性薄板所得的脱落涡尾迹图。

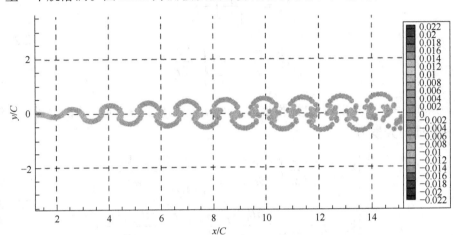

图 2.2.2　涡板块法计算刚性薄板所得的脱落涡尾迹图

2.2.3　三维小扰动数值方程的数值方法

在三维非定常流动中，二十世纪七八十年代发展的格林函数方法是直接从小扰动速势方程出发的一种求解方法，该方法的优点是可以模拟物体的厚度。这是因为此方法在物体表面分布的是源汇和偶极子基本解模型。但是，如同西奥道森模型，这种方法需要对尾涡面进行处理，而尾涡面的涡强度又与以前某个时间的物体后缘尾涡强度对应，因此在处理尾涡面时需要进行大量的运算。同时，作为数值计算方法，尾涡的积分运算不可能取到下游无穷远处，这是从速势方程出发求解空气动力学问题所有方法的缺点。此外，格林函数方法得到的是扰动速势函数的离散解，在计算压力系数过程中，还需要差分获得速度，会再次带来数值误差。

为了避免速势方程求解方法的不足，从 20 世纪 60 年代后期开始，人们发展了偶极子网格法。本小节重点介绍这种方法的主要思路和过程，详细推导可以参见管德院士的著作《非定常空气动力计算》[1]或西北工业大学杨永年和赵令诚撰写的《非定常空气动力学及颤振》[2]。

首先引入加速度势的概念。按照矢量的无旋条件，流场中的加速度作为一个矢量，如果满足无旋条件，那么与加速度对应也存在一个势函数，称为加速度势。在势流理论支配下的流场中，加速度势是否存在是首先需要回答的问题。

根据加速度的定义，加速度的三个分量为

$$\begin{cases} a_x = \dfrac{\partial u}{\partial t} + u\dfrac{\partial u}{\partial x} + v\dfrac{\partial u}{\partial y} + w\dfrac{\partial u}{\partial z} \\[2mm] a_y = \dfrac{\partial v}{\partial t} + u\dfrac{\partial v}{\partial x} + v\dfrac{\partial v}{\partial y} + w\dfrac{\partial v}{\partial z} \\[2mm] a_z = \dfrac{\partial w}{\partial t} + u\dfrac{\partial w}{\partial x} + v\dfrac{\partial w}{\partial y} + w\dfrac{\partial w}{\partial z} \end{cases} \tag{2.2.35}$$

对于无旋流动,用势函数代替式(2.2.35)的速度分量,由于势函数的连续性,将偏导数的次序做适当调整,得

$$\begin{cases} a_x = \dfrac{\partial}{\partial x}\left(\dfrac{\partial \phi}{\partial t}\right) + u\dfrac{\partial}{\partial x}\left(\dfrac{\partial \phi}{\partial x}\right) + v\dfrac{\partial}{\partial x}\left(\dfrac{\partial \phi}{\partial y}\right) + w\dfrac{\partial}{\partial x}\left(\dfrac{\partial \phi}{\partial z}\right) \\[2mm] a_y = \dfrac{\partial}{\partial y}\left(\dfrac{\partial \phi}{\partial t}\right) + u\dfrac{\partial}{\partial y}\left(\dfrac{\partial \phi}{\partial x}\right) + v\dfrac{\partial}{\partial y}\left(\dfrac{\partial \phi}{\partial y}\right) + w\dfrac{\partial}{\partial y}\left(\dfrac{\partial \phi}{\partial z}\right) \\[2mm] a_z = \dfrac{\partial}{\partial z}\left(\dfrac{\partial \phi}{\partial t}\right) + u\dfrac{\partial}{\partial z}\left(\dfrac{\partial \phi}{\partial x}\right) + v\dfrac{\partial}{\partial z}\left(\dfrac{\partial \phi}{\partial y}\right) + w\dfrac{\partial}{\partial z}\left(\dfrac{\partial \phi}{\partial z}\right) \end{cases} \tag{2.2.36}$$

即

$$\begin{cases} a_x = \dfrac{\partial}{\partial x}\left(\dfrac{\partial \phi}{\partial t}\right) + \dfrac{1}{2}\cdot\dfrac{\partial}{\partial x}\left(u^2 + v^2 + w^2\right) \\[2mm] a_y = \dfrac{\partial}{\partial y}\left(\dfrac{\partial \phi}{\partial t}\right) + \dfrac{1}{2}\cdot\dfrac{\partial}{\partial y}\left(u^2 + v^2 + w^2\right) \\[2mm] a_z = \dfrac{\partial}{\partial z}\left(\dfrac{\partial \phi}{\partial t}\right) + \dfrac{1}{2}\cdot\dfrac{\partial}{\partial z}\left(u^2 + v^2 + w^2\right) \end{cases} \tag{2.2.37}$$

从式(2.2.37)中可以看出,对于加速度矢量,存在一个函数 ψ,即加速度势函数。因此,在无旋流动中,不仅存在速度势函数,也存在加速度势函数,而且加速度势函数与速度势函数的关系如下:

$$\psi = \frac{\partial \phi}{\partial t} + \frac{1}{2}\left[\left(\frac{\partial \phi}{\partial x}\right)^2 + \left(\frac{\partial \phi}{\partial y}\right)^2 + \left(\frac{\partial \phi}{\partial z}\right)^2\right] \tag{2.2.38}$$

加速度势函数与加速度矢量的三个分量关系为

$$\begin{cases} a_x = \dfrac{\partial \psi}{\partial x} \\[2mm] a_y = \dfrac{\partial \psi}{\partial y} \\[2mm] a_z = \dfrac{\partial \psi}{\partial z} \end{cases} \tag{2.2.39}$$

为了方程的线性化，在小扰动假设条件下，加速度势函数也相应地分为来流的加速度势和扰动加速度势，将小扰动速势方程(2.1.10)代入加速度势函数中，并忽略高阶项，得

$$\psi = \frac{\partial \varphi}{\partial t} + \frac{1}{2}\left[\left(U_\infty + \frac{\partial \varphi}{\partial x}\right)^2 + \left(\frac{\partial \varphi}{\partial y}\right)^2 + \left(\frac{\partial \varphi}{\partial z}\right)^2\right]$$

$$= \frac{\partial \varphi}{\partial t} + \frac{1}{2}\left[U_\infty^2 + 2U_\infty \frac{\partial \varphi}{\partial x} + \left(\frac{\partial \varphi}{\partial x}\right)^2 + \left(\frac{\partial \varphi}{\partial y}\right)^2 + \left(\frac{\partial \varphi}{\partial z}\right)^2\right] \quad (2.2.40)$$

$$= \frac{\partial \varphi}{\partial t} + \frac{1}{2}U_\infty^2 + 2U_\infty \frac{\partial \varphi}{\partial x}$$

将 $\frac{1}{2}U_\infty^2$ 看作来流的加速度势 ψ_∞，则扰动加速度势与扰动速势之间的关系为

$$\psi' = \frac{\partial \varphi}{\partial t} + U_\infty \frac{\partial \varphi}{\partial x} \quad (2.2.41)$$

$$\psi = \psi_\infty + \psi' \quad (2.2.42)$$

在后面的叙述中只涉及扰动加速度势，故为了方便，下面的扰动加速度势去掉上标，用 ψ 表示。根据偏微分方程的解，扰动速势与扰动加速度势的关系可以写为

$$\varphi = \frac{1}{U_\infty}\int_{-\infty}^{x} \psi\left(\xi, y, z, t - \frac{x - \xi}{U_\infty}\right)d\xi \quad (2.2.43)$$

有了加速度势的基本概念，下面接着讨论加速度势应该满足的基本方程。为此，将式(2.1.10)的小扰动速势方程对 t 求偏导数，有

$$\left(1 - M_\infty^2\right)\frac{\partial^2}{\partial x^2}\left(\frac{\partial \varphi}{\partial t}\right) + \frac{\partial^2}{\partial y^2}\left(\frac{\partial \varphi}{\partial t}\right) + \frac{\partial^2}{\partial z^2}\left(\frac{\partial \varphi}{\partial t}\right)$$

$$-2\frac{M_\infty}{a_\infty} \cdot \frac{\partial^2}{\partial x \partial t}\left(\frac{\partial \varphi}{\partial t}\right) - \frac{1}{a_\infty^2} \cdot \frac{\partial^2}{\partial t^2}\left(\frac{\partial \varphi}{\partial t}\right) = 0 \quad (2.2.44)$$

再将式(2.1.10)的小扰动速势方程对 x 求偏导数得

$$\left(1 - M_\infty^2\right)\frac{\partial^2}{\partial x^2}\left(\frac{\partial \varphi}{\partial x}\right) + \frac{\partial^2}{\partial y^2}\left(\frac{\partial \varphi}{\partial x}\right) + \frac{\partial^2}{\partial z^2}\left(\frac{\partial \varphi}{\partial x}\right)$$

$$-2\frac{M_\infty}{a_\infty} \cdot \frac{\partial^2}{\partial x \partial t}\left(\frac{\partial \varphi}{\partial x}\right) - \frac{1}{a_\infty^2} \cdot \frac{\partial^2}{\partial t^2}\left(\frac{\partial \varphi}{\partial x}\right) = 0 \quad (2.2.45)$$

将式(2.2.44)和式(2.2.45)乘以 U_∞ 再相加，注意到扰动加速度势与扰动速势

的关系，则有

$$\left(1-M_\infty^2\right)\frac{\partial^2\psi}{\partial x^2}+\frac{\partial^2\psi}{\partial y^2}+\frac{\partial^2\psi}{\partial z^2}-2\frac{M_\infty}{a_\infty}\cdot\frac{\partial^2\psi}{\partial x\partial t}-\frac{1}{a_\infty^2}\cdot\frac{\partial^2\psi}{\partial t^2}=0 \qquad (2.2.46)$$

可见，扰动加速度势同样满足小扰动速势方程(2.1.10)，这就是偶极子网格法所依赖的基本方程。

引入加速度势和扰动加速度势函数后，再求压力系数与扰动加速度势之间的关系。根据小扰动假设下的压力系数关系式，有

$$\frac{p-p_\infty}{\rho_\infty}=-\left(\frac{\partial\varphi}{\partial t}+U_\infty\frac{\partial\varphi}{\partial x}\right)=-\psi \qquad (2.2.47)$$

可见，如果求出了扰动加速度势函数，便能直接获得压力系数。

回顾空气动力学一般教材中求解小扰动速势方程的基本思路。首先寻找满足小扰动速势方程的基本解，这种基本解有源(汇)基本解、偶极子基本解和线涡基本解等。如果是定常问题，小扰动速势方程可以直接变换为拉普拉斯方程，上述基本解有很简洁的表达形式；如果是非定常的小扰动速势方程，虽然是线性方程，也满足叠加原理，但不便直接应用数学物理方程的数学知识。为此，一般通过 Lorentz-Gallilean 变换将小扰动速势方程变成标准的波动方程形式，该变换关系为

$$X=\frac{x}{\beta^2},Y=\frac{y}{\beta},Z=\frac{z}{\beta},T=t+\frac{M_\infty x}{a_\infty\beta^2} \qquad (2.2.48)$$

其中，$\beta=\sqrt{1-M_\infty^2}$；$a_\infty$ 为均匀来流的声速。

通过上述变换后，在 (X,Y,Z,T) 变量体系下，小扰动速势方程变为波动方程，即

$$\frac{\partial^2\Phi}{\partial x^2}+\frac{\partial^2\Phi}{\partial y^2}+\frac{\partial^2\Phi}{\partial z^2}=\frac{1}{a_\infty^2}\cdot\frac{\partial^2\Phi}{\partial T^2} \qquad (2.2.49)$$

可以运用数学物理方程中的基本知识讨论波动方程条件下方程的解。其思路是首先寻找满足基本方程的特解，即基本解。一般来讲，首先引入的基本解是源(汇)基本解：

$$\Phi(X,Y,Z,T)=-\frac{1}{4\pi\bar{R}}Q(X_0,Y_0,Z_0)\bar{G}\left(T-\frac{\bar{R}}{a_\infty}\right) \qquad (2.2.50)$$

其中，$\bar{R}=\sqrt{(X-X_0)^2+(Y-Y_0)^2+(Z-Z_0)^2}$；$Q$ 为源(汇)的强度。

如果回到正常的物理坐标系 (x,y,z,t) 中，则源(汇)基本解的形式为

$$\varphi(x,y,z,t) = -\frac{q(x_o,y_o,z_o)}{4\pi R}G(t-\tau) \tag{2.2.51}$$

其中，$R = \sqrt{(x-x_o)^2 + \beta^2\left[(y-y_o)^2 + (z-z_o)^2\right]}$；$\tau = -\dfrac{M_\infty(x-x_o) \pm R}{a_\infty\beta^2}$。在亚声速条件下，$\tau = -\dfrac{M_\infty(x-x_o) - R}{a_\infty\beta^2}$。

有了源(汇)基本解后，可以构造偶极子基本解，它由强度大小相同的一个点源和一个点汇组合而成。当它们之间的距离趋于零时，保持其距离与强度乘积的极限值为某有限值，即偶极子的强度：

$$\lim_{\Delta n_0 \to 0} Q\Delta n_0 = \bar{m} \tag{2.2.52}$$

则偶极子基本解的形式为

$$\Phi(X,Y,Z,T) = -\frac{1}{4\pi}\frac{\partial}{\partial n_0}\left[\frac{\bar{m}}{\bar{R}}\bar{G}\left(T - \frac{\bar{R}}{a_\infty}\right)\right] \tag{2.2.53}$$

回到正常的物理坐标系 (x,y,z,t) 后，在亚声速条件下偶极子基本解的形式为

$$\varphi(x,y,z,t) = -\frac{1}{4\pi}\frac{\partial}{\partial n}\left[\frac{m}{R}G(t-\tau)\right] \tag{2.2.54}$$

其中，$R = \sqrt{(x-x_o)^2 + \beta^2\left[(y-y_o)^2 + (z-z_o)^2\right]}$；$\tau = -\dfrac{M_\infty(x-x_o) - R}{a_\infty\beta^2}$。

上述基本解的模型是点源、点偶极子的情况。在描述三维流动的计算方法中，往往在物体表面布置基本解，因此面源(汇)、面偶极子的模型才是方便的表述方式。只需将点源、点偶极子的概念进行推广即可，以面偶极子基本解为对象做进一步描述。

与点偶极子构成的方法一样，面偶极子是面源模型与面汇模型组合而成的。根据源(汇)的定义，对于面积微元 ΔS 上的面源模型，其强度是面源的体积流量：

$$q \cdot \Delta S = \left(\frac{\partial\varphi}{\partial n}\right)_{\mathrm{U}} \cdot \Delta S - \left(\frac{\partial\varphi}{\partial n}\right)_{\mathrm{L}} \cdot \Delta S \tag{2.2.55}$$

其中，n 为面积微元 ΔS 的法向单位向量；下标"U"和"L"分别为面元的上、下表面，则

$$q = \left(\frac{\partial\varphi}{\partial n}\right)_{\mathrm{U}} - \left(\frac{\partial\varphi}{\partial n}\right)_{\mathrm{L}} \tag{2.2.56}$$

也可表示为微元形式，有

$$q \cdot \Delta n = \varphi_{\mathrm{U}} - \varphi_{\mathrm{L}} \tag{2.2.57}$$

如果是面源和同样强度的面汇，当它们之间的距离为 Δn 时，取极限，并保持 $q \cdot \Delta n$ 为有限值，这就是面偶极子的构成形式，$q \cdot \Delta n$ 的极限就是面偶极子的强度。因此，对于面偶极子而言，某处面偶极子诱导的扰动速度势可以表示为

$$\varphi(x,y,z,t) = -\frac{1}{4\pi} \cdot \frac{\partial}{\partial n}\left[\frac{\Delta s \cdot m'}{R} G(t-\tau)\right] \tag{2.2.58}$$

其中，Δs 为面偶极子的微元；m' 为当地偶极子的面密度。则某个面上、下表面的扰动速势差与偶极子面密度的关系为

$$\Delta \varphi = \varphi\big|_{\mathrm{U}} - \varphi\big|_{\mathrm{L}} = m' \tag{2.2.59}$$

由于扰动加速度势与扰动速势满足同样的基本方程，与扰动加速度势对应的偶极子基本解表达式可以写为

$$\psi(x,y,z,t) = -\frac{1}{4\pi} \cdot \frac{\partial}{\partial n}\left[\frac{\Delta s \cdot m}{R} G(t-\tau)\right] \tag{2.2.60}$$

则该偶极子面密度与扰动加速度势之间存在如下关系：

$$\Delta \psi = \psi\big|_{\mathrm{U}} - \psi\big|_{\mathrm{L}} = m \tag{2.2.61}$$

$$\Delta \psi = \frac{p\big|_{\mathrm{U}} - p\big|_{\mathrm{L}}}{\rho_{\infty}} = \frac{\Delta p}{\rho_{\infty}} \tag{2.2.62}$$

因此，有

$$m = -\frac{\Delta p}{\rho_{\infty}} \tag{2.2.63}$$

与扰动加速度势对应的面偶极子诱导的扰动加速度势可表示为

$$\psi(x,y,z,t) = -\frac{1}{4\pi\rho_{\infty}} \cdot \frac{\partial}{\partial n}\left[\frac{\Delta s \cdot \Delta p(x_o,y_o,z_o,t)}{R} G(t-\tau)\right] \tag{2.2.64}$$

其中，亚声速条件下 $\tau = -\dfrac{M_{\infty}(x-x_o) - R}{a_{\infty}\beta^2}$；$R^2 = (x-x_o)^2 + \beta^2[(y-y_o)^2 + (z-z_o)^2]$。

从式(2.2.64)中可以看出，与扰动加速度势对应的基本解——偶极子的强度可以表示为压力参数形式，习惯上将与扰动加速度势对应的偶极子称为压力偶极子。

与二维非定常流动情况一样，对于任意的非定常运动，要进行完全的时间

域数值计算才能够解决问题。为了简化计算过程，常常加入简谐运动的假设，即在机翼做简谐运动的条件下，机翼表面的压力偶极子同样为简谐振动，扰动加速度势也是简谐形式，这样，时间滞后就可以用相位差的形式表示出来：

$$\begin{cases} \psi(x,y,z) = \bar{\psi}(x,y,z)e^{i\omega t} \\ \varphi(x,y,z) = \bar{\varphi}(x,y,z)e^{i\omega t} \\ p(x,y,z) = \bar{p}(x,y,z)e^{i\omega t} \\ \Delta p(x,y,z) = \Delta\bar{p}(x,y,z)e^{i\omega t} \end{cases} \tag{2.2.65}$$

在亚声速条件下，压力偶极子与扰动加速度势幅值的关系为

$$\bar{\psi}(x,y,z) = \frac{\Delta\bar{p}(x_o,y_o,z_o)}{4\pi\rho_\infty} \cdot \frac{\partial}{\partial n_o}\left\{\frac{1}{R}e^{i\omega[M_\infty(x-x_o)-R]/a_\infty\beta^2}\right\} \tag{2.2.66}$$

在简谐振动假设下，处理的都是振幅之间的关系，因此为方便起见，振幅上标横杠在下面的叙述中删除了。

有了上述基本解知识和简谐运动假设后，为了解决非定常气动力的计算问题，还需要使用非定常物面边界条件，而物面边界条件是速度量。虽然引入了加速度势的基本解模型，但为了满足非定常边界条件，还需要回到扰动速势，则在简谐振动假设下：

$$\phi(x,y,z) = \frac{\Delta p(x_o,y_o,z_o)}{4\pi\rho_\infty U_\infty}e^{-i\omega x/U_\infty}\int_{-\infty}^{x}\frac{\partial}{\partial n_o}\left\{\frac{1}{R}e^{i\bar{\omega}[M_\infty(\xi-x_o)-R]}\right\}e^{i\omega\xi/U_\infty}d\xi \tag{2.2.67}$$

其中，$\bar{\omega} = \dfrac{\omega}{a_\infty\beta^2}$。

对于某个升力面上分布的压力偶极子，其影响的扰动速势总和就是压力偶极子的积分：

$$\varphi(x,y,z) = \frac{1}{4\pi\rho_\infty U_\infty}\iint_S \Delta p(x_o,y_o,z_o)e^{-i\omega x/U_\infty}$$
$$\cdot\int_{-\infty}^{x}\frac{\partial}{\partial n_o}\left\{\frac{1}{R}e^{i\bar{\omega}[M_\infty(\xi-x_o)-R]}\right\}e^{i\omega\xi/U_\infty}d\xi \tag{2.2.68}$$

对扰动速势求法向导数(即物面法向扰动速度)：

$$V_n(x,y,z) = \frac{\partial}{\partial n}\varphi(x,y,z) = \frac{1}{4\pi\rho_\infty U_\infty}\iint_S \Delta p(x_o,y_o,z_o)$$
$$\cdot\frac{\partial}{\partial n}\left\{e^{-i\omega x/U_\infty}\int_{-\infty}^{x}\frac{\partial}{\partial n_o}\left[\frac{1}{R}e^{i\bar{\omega}M_\infty(\xi-x_o)-i\bar{\omega}R}\right]e^{i\omega\xi/U_\infty}d\xi\right\}\cdot ds \tag{2.2.69}$$

为了表达简便，记核函数 K 为

$$K(x-x_o, y-y_o, z-z_o, \omega, M_\infty)$$

$$= \lim_{n \to 0} \frac{\partial}{\partial n} \left\{ e^{-i\omega x/U_\infty} \int_{-\infty}^{x} \frac{\partial}{\partial n_o} \left[\frac{1}{R} e^{i\overline{\omega} M_\infty(\xi-x_o)-i\overline{\omega}R} \right] e^{i\omega\xi/U_\infty} d\xi \right\} \quad (2.2.70)$$

其中，$R^2 = (\xi-x_o)^2 + \beta^2[(y-y_o)^2 + (z-z_o)^2]$。则物面上的法向扰动速度为

$$V_n(x,y,z) = \frac{1}{4\pi\rho_\infty U_\infty} \iint_S \Delta p(x_o, y_o, z_o) \cdot K \cdot ds \quad (2.2.71)$$

式(2.2.71)是偶极子网格方法的基本出发方程。可以看出，如果非定常运动规律已知，便可以运用非定常边界条件确定式(2.2.71)左端的法向扰动速度。因此，非定常空气动力学问题就是求解式(2.2.71)的积分方程问题。需要强调的是，在式(2.2.71)中，积分区间只含飞行器的翼面 S，这是由于在尾涡面上压力差为零。由式(2.2.63)可知在尾涡面上压力偶极子的强度为零，这正是引入加速度势函数和压力偶极子的根本目的。

下面讨论式(2.2.71)的求解问题。由于有小扰动假设，对于小迎角的翼面而言，一般存在下列关系：

$$\begin{cases} \cos(\boldsymbol{n}, x) \ll \cos(\boldsymbol{n}, z) \\ \cos(\boldsymbol{n}, x) \ll \cos(\boldsymbol{n}, y) \end{cases} \quad (2.2.72)$$

则

$$\frac{\partial}{\partial n} = \boldsymbol{n} \cdot \nabla = \cos(\boldsymbol{n}, y)\frac{\partial}{\partial y} + \cos(\boldsymbol{n}, z)\frac{\partial}{\partial z} \quad (2.2.73)$$

$\dfrac{\partial}{\partial n}$ 表示对点 (x, y, z) 求法向导数，$\dfrac{\partial}{\partial n_o}$ 表示对点 (x_o, y_o, z_o) 求法向导数，将式(2.2.70)可以写为

$$K(x-x_o, y-y_o, z-z_o, \omega, M_\infty) = e^{-i\omega(x-x_o)/U_\infty} \left(\frac{K_1 T_1}{r_1^2} + \frac{K_2 T_2}{r_1^4} \right) \quad (2.2.74)$$

其 中，$T_1 = \cos(\lambda - \lambda_o)$；$T_2 = [(z-z_o)\cos\lambda - (y-y_o)\sin\lambda] \cdot [(z-z_o)\cos\lambda_o - (y-y_o)\sin\lambda_o]$；$K_1 = r_1\dfrac{\partial I}{\partial r_1}$；$K_2 = r_1^3\dfrac{\partial}{\partial r_1}\left(\dfrac{1}{r_1}\dfrac{\partial I}{\partial r_1}\right)$；$I = \displaystyle\int_{-\infty}^{x-x_o} \frac{1}{R} e^{i\overline{\omega}(\xi-M_\infty R)} d\xi$；$r_1 = \sqrt{(y-y_o)^2 + (z-z_o)^2}$；$\lambda$ 为翼面的上反角。

在求解非定常升力面的压力分布问题中，即使在非定常边界条件已知的情况下，由于上述积分方程(2.2.71)的复杂性，解析求出该积分方程是不可能的，唯一的办法是数值求解。在数值求解上述积分方程的过程中，先将翼面划分成

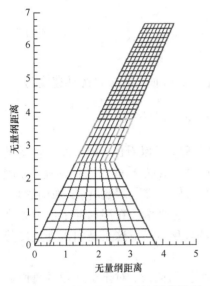

图 2.2.3　某翼面的表面网格划分情况

若干个网格，如图 2.2.3 所示。

在每个网格上假设压力偶极子强度(即上、下表面压差)为常值，该值可以从该单元的面积分中提取出来，积分问题就成了核函数在该网格上的积分问题。设翼面被划分为 N 个网格，则第 j 个网格上的扰动法向速度为

$$V_{nj} = \sum_{i=1}^{N} \frac{\Delta p_i}{4\pi\rho_\infty U_\infty} \iint_{S_i} K \mathrm{d}s \tag{2.2.75}$$

$$(j = 1, 2, \cdots, N)$$

在离散情况下，如果设：

$$D_{ji} = \frac{1}{4\pi\rho_\infty U_\infty} \iint_{S_i} K \mathrm{d}s \tag{2.2.76}$$

则有

$$\begin{cases} V_{n1} = D_{11}\Delta p_1 + D_{12}\Delta p_2 + \cdots + D_{1n}\Delta p_n \\ V_{n2} = D_{21}\Delta p_1 + D_{22}\Delta p_2 + \cdots + D_{2n}\Delta p_n \\ \cdots \\ V_{nn} = D_{n1}\Delta p_1 + D_{n2}\Delta p_2 + \cdots + D_{nn}\Delta p_n \end{cases} \tag{2.2.77}$$

在翼面非定常运动形式确定的情况下，式(2.2.77)左端的法向速度是已知的。这样，求解式(2.2.77)可得到离散网格上的压力偶极子强度分布，也就是翼面压力差分布。

对于任意翼面外形而言，式(2.2.74)既包括与非定常相关的非定常关系，也包含与非定常运动无关的定常部分。但是，因为定常数值方法中的涡格法取得了很好的结果，而且在每个离散网格上的积分可以解析表述出来，所以在偶极子网格中，将式(2.2.74)的定常部分分离出来，用涡格法中的马蹄涡模型代替，构成了应用广泛的非定常升力面偶极子网格法。

对于非定常部分，在每个网格上进行面积分也很困难，根据升力线理论方法，将压力偶极子布置在每个网格的四分之一弦线上。即使这样，在每个网格的四分之一弦线上进行线积分也同样不能用解析的方法积分出来。因此，非定常升力面偶极子网格法的具体做法是在每个网格的四分之一弦线上计算两个端点和中点的核函数值，用二次曲线插值获得每个网格的四分之一弦线上压力偶极子影响的近似表达，然后对该二次曲线进行积分，得到该网格的贡献量。关于非定常升力面的偶极子网格法的详细计算过程可以参考文献[1]和[2]。

需要注意的是，由于核函数和马蹄涡在数学上的奇性，网格划分时有一定要求，一般要求沿流向的网格对齐，详细要求可参照具体软件的说明。

2.3　基于 CFD 的非定常流动数值求解

非定常流动问题在航空航天领域普遍存在，如直升机旋翼、叶轮机、气动弹性问题等。在数值计算中如何实现非定常流动的高效、高精度求解便成了当前的研究热点。对于空间离散格式和迭代算法有很多相关研究，在此不做赘述。本节主要介绍动网格与非定常时间格式的离散方法。对于工程中广泛存在的含边界运动的非定常流动，需要运用网格变形技术来实现求解域的运动。几何守恒律问题也是由离散空间上不能准确描述网格变形的连续过程所导致的，只要使用网格变形就要关注离散几何守恒律。近期相关研究表明，采用合适的时间离散方法也可以使 CFD 的计算精度和效率有非常明显的提高，甚至可以提高一个量级。因此，进入 21 世纪以来，时间离散方法趋于多元化，且得到迅速发展，各种时间离散方法如雨后春笋般涌现。本节将对目前发展的网格变形技术与时间离散方法做归类与概括。时间离散方法分为三类：时域推进方法、频域谐波方法和时域配点方法，总结三类方法的特点及应用前景。

2.3.1　拉格朗日坐标系与欧拉坐标系

数学上较为完备的流体动力学基本方程组是在流体微团的动力学过程满足质量守恒定律、牛顿第二定律与能量守恒定律的基础上，结合流体介质状态方程与应力应变关系式等模型推导的。描述流体微团运动特性需要确定的空间坐标系。在流体力学领域经常采用两种坐标系：随流体微团一起运动的拉格朗日坐标系与空间位置固定的欧拉坐标系，如图 2.3.1 所示。对于定常的流体力

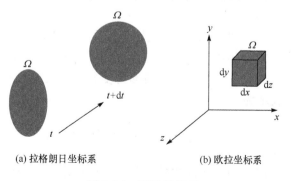

(a) 拉格朗日坐标系　　　　　　(b) 欧拉坐标系

图 2.3.1　两种坐标系

学问题，一般只需要其中一种坐标系。对于涉及网格变形技术的非定常流体力学问题，则需考虑两种坐标系。以质量方程为例，对不同坐标系下质量方程的数学表达式进行推导，以便理解随后引入的任意拉格朗日-欧拉(arbitrary Lagrange-Euler, ALE)系下的控制方程。

首先采用拉格朗日坐标系进行建模，从密度为 ρ 的连续流体介质中任意取一个封闭的控制体 Ω 作为观测对象，则其质量为

$$m = \iiint_{\Omega} \rho \mathrm{d}V \tag{2.3.1}$$

由于拉格朗日坐标系随流体微团一起运动，保持控制体 Ω 的表面封闭性，没有流体的进入与流出，则由质量守恒定律可得

$$\frac{\mathrm{d}m}{\mathrm{d}t} = \frac{\mathrm{d}}{\mathrm{d}t} \iiint_{\Omega} \rho \mathrm{d}V = 0 \tag{2.3.2}$$

流动中控制体 Ω 的体积可能会压缩或膨胀，在进行积分和求导运算交换次序时，必须考虑控制体体积 Ω 的变化率，则有

$$\frac{\mathrm{d}}{\mathrm{d}t} \iiint_{\Omega} \rho \mathrm{d}V = \iiint_{\Omega} \left[\frac{\mathrm{d}\rho}{\mathrm{d}t} + \rho(\nabla \cdot \boldsymbol{V}) \right] \mathrm{d}V = 0 \tag{2.3.3}$$

对于连续流体介质，被积函数是连续的。可任意选取控制体 Ω，从而进一步推导出微分形式的质量方程：

$$\frac{\mathrm{d}\rho}{\mathrm{d}t} + \rho(\nabla \cdot \boldsymbol{V}) = 0 \tag{2.3.4}$$

拉格朗日方法本质上是将理论力学中针对质点采用的方法推广到连续介质中。在理论力学中，质点个数有限，而在流体力学中，无论多么小的连续介质，其内部微团是无限的。因此，在流体力学中很少采用拉格朗日方法，大部分研究采用通过观测流经空间固定位置的流体微团来研究流动特性的欧拉坐标系。

以控制体 Ω 为研究对象，建立在欧拉坐标系下的质量方程。空间坐标固定，欧拉坐标系下控制体 Ω 不随时间变化，但有流体的进出。固定边界面流入和流出控制体 Ω 的流体质量，必然会引起内部密度分布的改变，因此欧拉坐标系下质量守恒定律可表示为

$$\iiint_{\Omega} \frac{\partial \rho}{\partial t} \mathrm{d}V = -\iint_{\partial\Omega} \rho \boldsymbol{V} \cdot \boldsymbol{n}_s \mathrm{d}S \tag{2.3.5}$$

其中，$\boldsymbol{n}_s$ 为控制体边界的外法向单位矢量。根据场论中的高斯定理，欧拉坐标系下积分形式的质量方程如下：

$$\iiint_{\Omega} \left[\frac{\partial \rho}{\partial t} + \nabla(\rho V) \right] \mathrm{d}V = 0 \tag{2.3.6}$$

由于控制体的选取是任意的，可推出欧拉坐标系下微分形式的质量方程，即

$$\frac{\partial \rho}{\partial t} + \nabla(\rho V) = 0 \tag{2.3.7}$$

在欧拉坐标系下，观测点的空间坐标(x, y, z)与时间t无关，物理量是多自变量(x, y, z, t)的函数。在数学上，把定义在空间区域上的函数称为场，在欧拉坐标系下描述流动的物理参数均为空间坐标的函数，可以应用场论进行分析。在流体力学专业中使用的速度场、密度场和压力场等术语，实际上都隐含了一个基本条件，即基于欧拉坐标系开展研究。

尽管坐标系不同，但是描述的物理本质相同，比较式(2.3.4)与式(2.3.7)可发现：

$$\frac{\mathrm{d}\rho}{\mathrm{d}t} = \frac{\partial \rho}{\partial t} + (V \cdot \nabla)\rho \tag{2.3.8}$$

其中，等式左端为密度的随体导数，是拉格朗日坐标系的观点；等式右端两项是欧拉坐标系的观点，第一项为局部导数，表示流场固定点(x, y, z)的密度随时间的变化率，第二项为对流导数，反映随着速度经过该点的不同流体微团对密度不均匀性的贡献。

在流体力学理论中将式(2.3.8)称为密度传输公式。实际上，对于任意流体力学参数φ'，均有

$$\frac{\mathrm{d}\varphi'}{\mathrm{d}t} = \frac{\partial \varphi'}{\partial t} + (V \cdot \nabla)\varphi' \tag{2.3.9}$$

对式(2.3.9)进行空间积分，可得积分形式的传输公式：

$$\frac{\mathrm{d}}{\mathrm{d}t} \iiint_{\Omega} \varphi' \mathrm{d}V = \iiint_{\Omega} \frac{\partial \varphi'}{\partial t} \mathrm{d}V + \iint_{\partial\Omega} \varphi' \cdot V \mathrm{d}S \tag{2.3.10}$$

图 2.3.1 中的控制体Ω对应于计算流体力学中的网格，在拉格朗日坐标系下，网格在运动中变形时，网格边界面的运动速度与当地流体微团的速度相同，需由流体动力学方程决定。采用拉格朗日方法需根据流体运动控制方程来生成和调整网格，计算过程复杂且对于复杂外形也很难应用。目前计算流体力学中，几乎所有的计算方法都是在生成好的网格基础上，通过假设物理量空间近似分布对流体力学控制方程进行离散和求解，本质上采用欧拉坐标系。

对于非定常流动经常涉及的边界运动问题，欧拉坐标系下的控制体也存在变形。从上面推导积分形式质量方程的过程可知，在该情形下难以区别流体密

度的变化是由微团进出控制体引起的，还是控制体本身压缩或膨胀的贡献，质量守恒定律很难直接应用。为了能将基于欧拉坐标系建立的计算流体力学方法应用到边界任意运动的非定常流动中，研究人员发展了可以描述变形网格的ALE 形式的流体力学控制方程。

ALE 形式下有限体积法描述的 N-S 方程推导过程较为烦琐，由于篇幅限制，此处不再赘述，可以参考文献[3]和[4]。这里仅给出采用 ALE 有限体积法描述三维无量纲可压缩非定常流动的 N-S 方程，表达式如下：

$$\frac{\partial}{\partial t}\iiint_{\Omega} \boldsymbol{U}\mathrm{d}V + \iint_{\partial\Omega} \boldsymbol{F}(\boldsymbol{U})\cdot\boldsymbol{n}\mathrm{d}S + \iint_{\partial\Omega} \boldsymbol{G}(\boldsymbol{U})\cdot\boldsymbol{n}\mathrm{d}S = 0 \tag{2.3.11}$$

其中，守恒量 $\boldsymbol{U}$ 与黏性通量 $\boldsymbol{G}(\boldsymbol{U})$ 均不变，具体表达式在式(2.1.2)中已给出。无黏通量 $\boldsymbol{F}(\boldsymbol{U})$ 的表达式如下：

$$\boldsymbol{F}(\boldsymbol{U})\cdot\boldsymbol{n} = (\boldsymbol{V}_{\mathrm{R}}\cdot\boldsymbol{n})\left\{\begin{array}{c} \rho \\ \rho u \\ \rho v \\ \rho w \\ e_0+P \end{array}\right\} + P\left\{\begin{array}{c} 0 \\ n_x \\ n_y \\ n_z \\ 0 \end{array}\right\} \tag{2.3.12}$$

其中，$\boldsymbol{V}_{\mathrm{R}} = (u-u_{\mathrm{g}}, v-v_{\mathrm{g}}, w-w_{\mathrm{g}})$ 为相对速度，u_{g}、v_{g}、w_{g} 为网格运动速度的三个分量。现有关于动边界非定常流动的求解方法大部分是基于 ALE 坐标系。

2.3.2　网格变形方法

含边界运动的非定常流动问题在航空航天领域中普遍存在。针对此类问题，2.3.1 小节已经介绍了 ALE 形式下的 N-S 方程，本小节则重点介绍网格变形方法。对于很多非定常问题，边界运动幅度很大，因此良好的网格变形方法也是开展动边界非定常流动计算的关键。

当前针对含运动边界的网格变形方法主要有三大类：物理模型法、数学插值法和混合方法。一种好的网格变形方法必须具有良好的变形能力和计算效率。下面针对这三类网格变形方法进行概述。

1. 物理模型法

物理模型法指方法的构建依托现有的物理模型，将网格中的节点、线和单元等元素类比为物理模型中的元素，根据物理规律实现网格的变形。主要包括弹簧法[5]、弹性体法[6]和温度体法[7]，这里仅以弹簧法为例进行介绍。

弹簧法是目前使用最广泛的网格变形方法之一，已经成功应用于三角形/

四面体等非结构网格的气动弹性计算。弹簧法的基本思想是将计算域内的每一条网格线看作一根弹簧，整个网格则看成是相连的弹簧系统，如图 2.3.2 所示。在给定边界约束的前提下，弹簧系统的平衡状态即为当前的网格分布。当边界运动时，需通过对弹簧系统的受力平衡进行求解，从而获得网格点新的位置坐标。

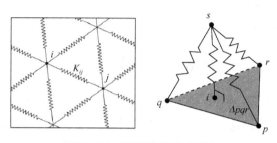

图 2.3.2　弹簧系统示意图

根据定义的弹簧平衡长度不同，弹簧法可分为顶点弹簧法和棱边弹簧法。在网格变形中，假设网格点在初始状态时所受的合力为

$$F_i = \sum_{j=1}^{N} K_{ij}(d_j - d_i) \tag{2.3.13}$$

其中，d_i 和 d_j 分别为节点 i 和 j 的位移。由于平衡状态满足受力平衡条件，求解网格点位移的 Jacobi 迭代格式为

$$d_i^{k+1} = \left(\sum_{j=1}^{N} K_{ij} d_i^k \right) \bigg/ \left(\sum_{j=1}^{N} K_{ij} \right) \tag{2.3.14}$$

网格点的新位置为 $r_i^{\text{new}} = r_i^{\text{old}} + d_i$。

弹簧的刚度系数是弹簧法的重要参数，直接影响弹簧法的变形能力和变形后的网格质量，因此有不少研究者针对弹簧刚度系数的选取进行研究。由于三维网格相比于二维网格拓扑关系有了很大变化，很多二维弹簧法不能直接用于三维情形。也有相关研究者对弹簧法进行修正以提高网格的变形能力，但会引入较多的额外工作，降低网格的变形效率。弹簧法需要明确网格节点之间的连接关系，数据结构较繁琐，存储量大，计算效率较低。

2. 数学插值法

数学插值法指采用某种插值方法将边界运动均布到内部节点。该类方法主要包括：超限插值法、Delaunay 背景网格法和径向基函数插值法。相比于物理模型法，数学插值法一般不需要网格节点间的连接信息，因此数据结构较为简单。这里仅以径向基函数插值法为例进行说明。

Boer 等[8]首次将径向基函数(radial basis functions, RBFs)应用于网格变形技术，其主要流程：先运用 RBFs 对结构边界节点的位移进行插值；然后利用构造出的 RBFs 序列对整个计算网格区域内的节点进行插值得到变形后的节点。网格变形过程分为两个步骤，先根据插值条件求解物面节点的权重系数方程，再对计算域网格进行更新。

径向基函数插值的基本形式如下：

$$s(\boldsymbol{r}) = \sum_{i=1}^{N_b} \gamma_i \varphi(\|\boldsymbol{r} - \boldsymbol{r}_{bi}\|) \tag{2.3.15}$$

其中，$s(\boldsymbol{r})$ 为插值函数；$\varphi(\|\boldsymbol{r} - \boldsymbol{r}_{bi}\|)$ 为径向基函数的通用形式，一般采用 Wendland 提出的 C2 函数，其表达式为 $\varphi(\xi) = (1-\xi)^4(4\xi+1)$；$\boldsymbol{r}_{bi}$ 为与运动直接相关的物面节点的位置矢量；γ_i 为第 i 个插值基底的插值权重系数；N_b 为物面节点数。

RBFs 插值法插值过程仅需要网格节点的坐标，无须节点间的连接信息，因此数据结构简单，可由二维直接推广到三维。相关研究表明，对于翼型的俯仰变形，通过选取合适的基函数和作用半径，RBFs 插值法的网格变形效率较高，且变形后结构边界附近的网格质量明显高于采用弹簧法的网格质量。

应用 RBFs 插值法的时间主要花费在求解权重系数方程组，该方程组的维数由结构物面边界节点的个数决定，而弹簧法的方程组维数由网格总节点数决定，因此 RBFs 插值法的计算量小很多。然而对于复杂的三维网格，物面节点数仍然十分庞大，求解方程组的计算时间较长。随后相关研究者对 RBFs 插值法进行改进，改进后的 RBFs 插值法计算效率较高且网格变形能力较强，是一种具有较好应用前景的网格变形算法。

3. 混合方法

单一的网格变形方法很难具有较大的网格变形能力和较高的变形质量，不少相关研究者将两种或多种方法混合使用，以寻求一种即快速又具备大变形能力的网格变形方法。

弹簧法和弹性体法等物理模型法具有较强的网格变形能力，其主要不足在于变形效率较低；Delaunay 背景网格法有较高的变形效率，但是变形能力较小，尤其对于旋转变形，背景网格容易发生交叉，导致网格变形后的网格质量很差。因此有学者将 Delaunay 背景网格法与弹簧法结合，利用弹簧法驱动背景网格的变形，改善背景网格旋转后的网格质量，取得了不错的效果。具体方法此处不再赘述，可以参考文献[9]和[10]。

2.3.3　几何守恒律

2.3.2 小节对网格变形技术进行了简要介绍，但在动网格方法中，由于网格的位置和形状均随时间不断变化，会引入额外的数值误差。基于 ALE 描述的非定常流场数值模拟算法应满足一个基本前提条件：在任意的动态网格描述下，均匀流动应在所有时刻保持均匀。为了保证上述条件，动网格数值算法必须服从几何守恒律 (geometric conservation law, GCL)。下面从理论和数值方法两方面对这一概念进行介绍。

1. 几何守恒律方程及机理

以有限体积法为例，考虑 ALE 描述的 N-S 方程如下：

$$\frac{\partial}{\partial t}\iiint\limits_{\Omega} U \mathrm{d}V = -\iint\limits_{\partial\Omega}\Big[F\cdot n + G\cdot n - \big(v_{\mathrm{g}}\cdot n\big)U\Big]\mathrm{d}S \qquad (2.3.16)$$

其中，v_{g} 为网格运动速度。对于均匀流动，$U = U_0$ 为常数且 $\iint\limits_{\partial\Omega}\big[F\cdot n + G\cdot n\big]\mathrm{d}S = 0$，则有下式成立：

$$\frac{\partial}{\partial t}\iiint\limits_{\Omega} \mathrm{d}V = \iint\limits_{\partial\Omega}\big(v_{\mathrm{g}}\cdot n\big)\mathrm{d}S \qquad (2.3.17)$$

式(2.3.17)是体积守恒律的连续函数表达形式。运用有限体积法对式(2.3.17)进行离散，可得出半离散和离散的几何守恒律公式。对于如图 2.3.3 所示的离散网格单元及运动，半离散形式的几何守恒律公式为

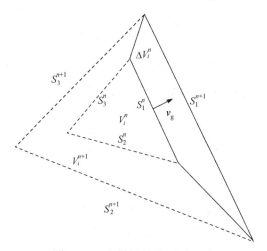

图 2.3.3　离散网格单元及运动

$$\frac{\mathrm{d}V_i}{\mathrm{d}t} = \sum_{j=1}^{3}\left(\boldsymbol{v}_{\mathrm{g}}\right)_j\left(\boldsymbol{n}S\right)_j \tag{2.3.18}$$

若采用一阶显式格式离散非定常流动 ALE 方程的时间导数，则有

$$\frac{V_i^{n+1} - V_i^n}{\Delta t} = \sum_{j=1}^{3}\left(\boldsymbol{v}_{\mathrm{g}}\right)_j\left(\boldsymbol{n}S\right)_j \tag{2.3.19}$$

如图 2.3.3 所示，从第 n 时刻推进到第 $n+1$ 时刻，离散单元体积从 V_i^n 变为 V_i^{n+1}，其中第 j 个面 S_j^n 以速度 $\left(\boldsymbol{v}_{\mathrm{g}}\right)_j$ 运动并变形为 S_j^{n+1}，运动面积形成的体积增量为 ΔV_i^n。然而在网格运动前后，控制体面积运动引起的体积变化并不等于体积增量，并且在大变形情况下，更加突出，即

$$\Delta V_i^n \neq \Delta t \sum_{j=1}^{3}\left(\boldsymbol{v}_{\mathrm{g}}\right)_j\left(\boldsymbol{n}S\right)_j \tag{2.3.20}$$

上述不相等会引起流场的变化，在某些情形下这种误差会随时间推进不断积累，最终导致非定常流动模拟失败或计算过程发散。几何守恒律就是消除这种几何误差的措施。

2. 几何守恒律算法

国内外研究者构造过许多种几何守恒律算法，根据修正参数的不同可大致分为四类。

第一类是修正面积算法。主要用于两步推进的时间显格式，在计算中采用平均面积，即

$$S_j^{n+\frac{1}{2}} = \frac{1}{2}\left(S_j^n + S_j^{n+1}\right) \tag{2.3.21}$$

代替 n 时刻的 S_j^n 进行右端通量的积分。这类算法可以实现物面位置相等的条件。在 $n+1$ 时刻的网格节点位置确定后，二阶精度下面积中心速度等于节点速度的平均值，即

$$\left(\boldsymbol{v}_{\mathrm{g}}\right)_j = \frac{1}{2}\left(\frac{\boldsymbol{r}_{j1}^{n+1} - \boldsymbol{r}_{j1}^n}{\Delta t} + \frac{\boldsymbol{r}_{j2}^{n+1} - \boldsymbol{r}_{j2}^n}{\Delta t}\right) \tag{2.3.22}$$

但这类几何守恒律算法的物理意义模糊，n 时刻的流场通量需用 $n+1$ 时刻的几何参数，且第 $n+1$ 时刻的体积 V_i^{n+1} 仍根据流场几何计算式得到，理论上无法自动消除积累误差。该算法推广到时间多步格式较为困难，因此这类算法并不常用。

第二类是修正网格运动速度算法。时间多步全隐格式的通量积分采用第

$n+1$ 时刻的几何参数，对体积随时间导数采用二阶隐格式离散，则有

$$\frac{\mathrm{d}V_i^n}{\mathrm{d}t} = \frac{3V_i^{n+1} - 4V_i^n + V_i^{n-1}}{2\Delta t} \tag{2.3.23}$$

式(2.3.23)等号右端项通量积分时的面积为 S_j^{n+1}。由于通过几何关系计算出来的网格运动速度 $\boldsymbol{v}_g$ 会出现几何不守恒现象，对网格运动速度进行修正，引入网格修正速度 $\bar{\boldsymbol{v}}_g$ 代替 $\boldsymbol{v}_g$，即

$$\left(\bar{\boldsymbol{v}}_g\right)_j \cdot \boldsymbol{n} = \frac{3\Delta V^n - \Delta V^{n-1}}{2\Delta t \cdot S_j^{n+1}} \tag{2.3.24}$$

这类几何守恒律算法不能保证在流固边界处满足位置条件，也不严格满足速度条件。2006 年 Farhat 对该算法进行改进，使得流体和固体界面相互传递的能量守恒性达到二阶精度，但是传递参数本身的精度并不明确。

第三类是同时修正速度和面积算法。在通量积分中仍采用平均面积 $S_j^{n+\frac{1}{2}}$，则对于如下离散几何守恒式：

$$\frac{V_i^{n+1} - V_i^n}{\Delta t} = \sum_{j=1}^{3}\left[\left(\boldsymbol{v}_g\right)_j \cdot \boldsymbol{n}\right]S_j^{n+\frac{1}{2}} \tag{2.3.25}$$

可求得网格速度为

$$\left(\boldsymbol{v}_g\right)_j \cdot \boldsymbol{n} = \frac{\Delta V_i^n}{\Delta t \cdot S_j^{n+1}} \tag{2.3.26}$$

对于以上三种几何守恒律算法，可通过修正式(2.3.20)等号右端项中面积或网格运动的办法来满足几何守恒，也可对式(2.3.20)等号左端项中的体积进行修正以实现几何守恒，这就是第四类方法。

第四类是体积算法。在该算法中，式(2.3.20)等号右端项面积全部采用实际物理值，通过修正等号左端项的体积来实现几何守恒。这类算法的具体处理有多种选择，这里以时间二阶隐格式为例，用 V_i' 代替 V_i^{n+1}，则有

$$V_i' = \frac{1}{3}\left(4V_i^n - V_i^{n-1} + 2\Delta t\sum_{j=1}^{3}\left(\boldsymbol{v}_g\right)_j\left(\boldsymbol{n}S\right)_j\right) \tag{2.3.27}$$

第四类算法除了具有物理意义明确、应用简便、计算量小等优势，更为重要的是其网格变形速度是根据物理位移计算得到，在流固界面满足运动边界条件，并可构建高精度界面算法。

2.3.4　时域推进方法

本小节和 2.3.5 小节介绍的都是时间离散格式。时域推进方法是指先算初

始定常流动，之后沿物理时间向前推进顺次求出往后各时刻流场的时间离散格式。主要代表是时域向后差分(backward difference format, BDF)法，也是目前应用最广的时间离散方法。

BDF 法，即对于时间导数进行向后差分离散，然后进行实时间步的推进。二阶 BDF 法关于时间导数的离散形式如下：

$$\frac{\partial (VU)^n}{\partial t} = \frac{3(VU)^n - 4(VU)^{n-1} + (VU)^{n-2}}{2\Delta t} \tag{2.3.28}$$

非定常流动往往伴随着非线性流动现象，此时需要采用非线性方程组的求解方法，如 Newton 迭代法、非精确 Newton 迭代法等。为了能够使用定常流动的一部分计算程序，相关学者发展了类似 Newton 迭代的隐式线性化非定常计算方法，结合 BDF 法主要分为两类：一类是 Pulliam[11]提出的物理时间亚迭代法，又称单时间步法；另一类是 Jameson[12]提出的虚拟时间亚迭代法，又称双时间步法。

1. 单时间步法

非定常流动要求具有时间精度，假设网格体积不变，对时间项离散后的隐格式形式为

$$V\frac{\partial U}{\partial t} = V\frac{(1+\phi)(U^{n+1} - U^n) - \phi(U^n - U^{n-1})}{\Delta t} = R(U^{n+1}) \tag{2.3.29}$$

当 $\phi = 0$ 时，时间离散为一阶精度；当 $\phi = 0.5$ 时，时间离散为二阶精度。采用类似 Newton 迭代法的线性法求解时需增加内迭代过程，用 U^{m+1} 替换 U^{n+1}，则式(2.3.29)可化为

$$V\frac{(1-\phi)(U^{m+1} - U^n) - \phi(U^n - U^{n-1})}{\Delta t} = R(U^{m+1}) \tag{2.3.30}$$

当 $m \to \infty$ 时，有 $U^{m+1} \to U^{n+1}$。令

$$U^{m+1} = U^m + \Delta U^m \tag{2.3.31}$$

将式(2.3.31)代入式(2.3.30)并化简可得亚迭代方程：

$$\left[\frac{1+\phi}{\Delta t}I + \frac{1}{V_i}\sum_{m \in N(i)} A_{i,m}^+\right]\Delta U_i^k$$

$$= \hat{R}_i(U^n) - \frac{1}{V_i}\left(\sum_{m<i,m \in N(i)} A_{i,m}^- \Delta U_m^k + \sum_{m>i,m \in N(i)} A_{i,m}^- \Delta U_m^{k-1}\right) \tag{2.3.32}$$

其中，A 为雅可比矩阵；$N(i)$ 为第 i 个单元的邻居。该方程可以采用对称高斯

赛德尔(symmetric Guass-Seidel, SGS)等方法进行求解。

单时间步法只含有物理时间项，为保证时间精度，全流场需采用统一的物理时间步长。

较早出现的多步显式龙格-库塔法也属于单时间步法，最经典的是四步龙格-库塔法。时间推进格式从第 n 步推进到第 $n+1$ 步的具体步骤为

$$\begin{cases} \boldsymbol{U}_i^0 = \boldsymbol{U}_i^n \\ \boldsymbol{U}_i^{(1)} = \boldsymbol{U}_i^{(0)} + \alpha_1 \Delta t \boldsymbol{R}_i^{(0)} \\ \boldsymbol{U}_i^{(2)} = \boldsymbol{U}_i^{(0)} + \alpha_2 \Delta t \boldsymbol{R}_i^{(1)} \\ \boldsymbol{U}_i^{(3)} = \boldsymbol{U}_i^{(0)} + \alpha_3 \Delta t \boldsymbol{R}_i^{(2)} \\ \boldsymbol{U}_i^{(4)} = \boldsymbol{U}_i^{(0)} + \alpha_4 \Delta t \boldsymbol{R}_i^{(3)} \\ \boldsymbol{U}_i^{(n+1)} = \boldsymbol{U}_i^{(4)} \end{cases} \tag{2.3.33}$$

其中，$\alpha_1 = \dfrac{1}{4}$；$\alpha_2 = \dfrac{1}{3}$；$\alpha_3 = \dfrac{1}{2}$；$\alpha_4 = 1$。由于是显式推进，显式四步龙格-库塔法的最大 CFL 数为 $2\sqrt{2}$，且当网格尺度很小或网格质量不佳时，其时间步长必须非常小才能满足稳定性的要求，因此这种方法基本被淘汰。之后有相关研究者在此基础上提出了隐式龙格-库塔法，由于篇幅所限，在此不做赘述，有兴趣的读者可以参考文献[13]进行了解。

2. 双时间步法

为了提高非定常流动的时间计算精度，同时具有较高的计算效率。Jameson 提出了一种双时间步法，即在冻结的物理时间点上巧妙地引入虚拟时间项，通过增加内迭代过程来保证计算精度。同时在定常流场中的一些加速收敛措施也可以应用到非定常流场的计算中，从而提高效率。双时间步法思路简单，程序易实现，因此很快得到了广泛的应用。同样假设网格体积不变，则非定常控制方程如下：

$$V \frac{\partial \boldsymbol{U}}{\partial \tau} + V \frac{(1+\phi)\left(\boldsymbol{U}^{n+1} - \boldsymbol{U}^n\right) - \phi\left(\boldsymbol{U}^n - \boldsymbol{U}^{n-1}\right)}{\Delta t} = \boldsymbol{R}\left(\boldsymbol{U}^{n+1}\right) \tag{2.3.34}$$

原方程可以看成是双时间步方程在虚拟时间趋于无穷大时的定常解，因为方程双时间步法内迭代收敛意味着 $\partial \boldsymbol{U} / \partial \tau = 0$，所以原方程与双时间步方程等价。虚拟时间项采用一阶差分格式有

$$V \frac{\boldsymbol{U}^{m+1} - \boldsymbol{U}^m}{\Delta \tau} + V \frac{(1+\phi)\left(\boldsymbol{U}^{m+1} - \boldsymbol{U}^n\right) - \phi\left(\boldsymbol{U}^n - \boldsymbol{U}^{n-1}\right)}{\Delta t} = \boldsymbol{R}\left(\boldsymbol{U}^{m+1}\right) \tag{2.3.35}$$

最终的迭代线性方程为

$$\left[\left(\frac{1}{\Delta\tau}+\frac{1+\phi}{\Delta t}\right)I+\frac{1}{V_i}\sum_{m\in N(i)}A_{i,m}^+\right]\Delta U_i^k$$

$$=\hat{R}_i\left(U^n\right)-\frac{1}{V_i}\left(\sum_{m<i,m\in N(i)}A_{i,m}^-\Delta U_m^k+\sum_{m>i,m\in N(i)}A_{i,m}^-\Delta U_m^{k-1}\right)$$

$$(2.3.36)$$

值得注意的是，单时间步法也可以看作是双时间步法中 $\Delta\tau\to\infty$ 的特殊形式。

可以发现，式(2.3.36)的系数矩阵为大型稀疏矩阵，若采用直接法，则计算量非常庞大，且破坏了系数矩阵的稀疏性，需要很大的内存。引入伪时间后，采用迭代算法，当 $\left\|\Delta U_i\right\|<\delta$ 时停止迭代，进行下一实时间步的推进。对于伪时间的推进，一般以上下三角矩阵的对称高斯赛德尔(lower-upper symmetric Gauss-Seidel, LU-SGS)方法和 SGS 方法迭代为主。这里对 LU-SGS 方法进行简要介绍[14]，其是目前空气动力学领域最流行的隐式计算方法。

式(2.3.36)可以写为 $Ax=b$ 的形式，其中有

$$A=\left(\frac{1}{\Delta\tau}+\frac{1+\phi}{\Delta t}\right)I+\frac{1}{V_i}\sum_{m\in N(i)}A_{i,m}^+,x=\Delta U_i^k,b=\hat{R}_i\left(U^n\right) \qquad (2.3.37)$$

对系数矩阵 A 进行分解，$A=L+D+U$。其中，L 为下三角矩阵；D 为对角矩阵；U 为上三角矩阵。采用 LU 近似分解法，该方法虽然在近似分解的过程中产生误差，但是在求解过程中不产生误差。近似分解如下：

$$A=L+D+U=D\left(I+D^{-1}L+D^{-1}U\right)$$

$$\approx D\left(I+D^{-1}L\right)\left(I+D^{-1}U\right)=(D+L)D^{-1}(D+U)$$

$$(2.3.38)$$

则式(2.3.38)可化为

$$(D+L)D^{-1}(D+U)\Delta U_i^n=\hat{R}_i\left(U^n\right) \qquad (2.3.39)$$

在每一步迭代中，式(2.3.39)分为两步求解。

第一步，向前扫描(又称向下扫描)。设 $\Delta U_i^*=D^{-1}(D+U)\Delta U_i^n$，则式(2.3.39)可化为

$$(D+L)\Delta U_i^*=\hat{R}_i\left(U^n\right) \qquad (2.3.40)$$

可以从式(2.3.40)的第一个方程到最后一个方程顺次求解求出 ΔU_i^*。

第二步，向后扫描。由 $\Delta U_i^*=D^{-1}(D+U)\Delta U_i^n$，可得

$$(D+U)\Delta U_i^n=D\Delta U_i^* \qquad (2.3.41)$$

与第一步原理相似，可从式(2.3.41)的最后一个方程到第一个方程顺次求解。LU-SGS 方法的优点在于计算量小，保持了系数矩阵的稀疏性；缺点是在 LU 近似分解中会产生相应的误差，影响流场的求解精度。

无论是单时间步法还是双时间步法，BDF 法的优点在于它可以适用于任意的非定常流动，思路容易理解且在定常流动计算程序上的改动工作量很小，这也是 BDF 法迅速普及的原因；从计算精度而言，三阶或以上的 BDF 法会导致非物理解甚至发散，因此 BDF 法的精度只能达到二阶，且需要较多的时刻点才能保证足够的精度；从计算效率而言，对于工程中常见的周期性流动，BDF 法需要若干周期才能达到稳定，计算时间长是在工程应用中难以接受的。也正由于 BDF 法存在这些缺陷，CFD 的工作者需要寻找更优的时间离散方法，这才促使了各种时间离散方法的诞生。

2.3.5　频域谐波方法

在工程中，多数的非定常流动具有周期性特征，首先利用流动的周期性特征将原非定常流场的控制方程进行 Fourier 变换，使之转化为频域的一组定常方程。然后对该频域方程组进行求解获得频域谐波分量，再通过 Fourier 反变换获得其时域响应。该方法的主要计算过程在频域内进行，因此称为频域谐波方法。

1. 线性频域方法

早期频域方法在非定常气动力计算中的应用是构建并求解非定常气动力模型和误差分析，如著名的西奥道森模型。1989 年 Hall 等[15]在数值模拟涡轮机的实践中发展了频域的非定常流场数值欧拉求解方法——线性谐波方法，由此拉开了时间离散方法变革的序幕。

Hall 等假设流场原始变量是由时均量与扰动量叠加而成，如下所示：

$$\begin{cases} \rho(x,y,t) = \bar{\rho}(x,y) + \hat{\rho}(x,y,t) \\ u(x,y,t) = U(x,y) + \hat{u}(x,y,t) \\ v(x,y,t) = V(x,y) + \hat{v}(x,y,t) \\ p(x,y,t) = P(x,y) + \hat{p}(x,y,t) \end{cases} \tag{2.3.42}$$

将式(2.3.42)代入欧拉方程中，把扰动部分当成小量处理，求解定常的时均流动方程如下：

$$\frac{\partial \boldsymbol{F}}{\partial x} + \frac{\partial \boldsymbol{G}}{\partial y} = 0 \tag{2.3.43}$$

其中，

$$F = \begin{bmatrix} \overline{\rho}U \\ \overline{\rho}U^2 + P \\ \overline{\rho}UV \\ \dfrac{\gamma}{\gamma-1}PU + \dfrac{1}{2}\overline{\rho}U\left(U^2+V^2\right) \end{bmatrix}, \quad G = \begin{bmatrix} \overline{\rho}V \\ \overline{\rho}UV \\ \overline{\rho}V^2 + P \\ \dfrac{\gamma}{\gamma-1}PV + \dfrac{1}{2}\overline{\rho}V\left(U^2+V^2\right) \end{bmatrix}$$

对应的一阶弱扰动量的非定常欧拉方程如下:

$$\frac{\partial}{\partial t}\boldsymbol{B}_1\widehat{\boldsymbol{W}} + \frac{\partial}{\partial x}\boldsymbol{B}_2\widehat{\boldsymbol{W}} + \frac{\partial}{\partial y}\boldsymbol{B}_3\widehat{\boldsymbol{W}} = 0 \tag{2.3.44}$$

其中,

$$\boldsymbol{B}_1 = \begin{bmatrix} 1 & 0 & 0 & 0 \\ U & \overline{\rho} & 0 & 0 \\ V & 0 & \overline{\rho} & 0 \\ \dfrac{1}{2}\left(U^2+V^2\right) & \overline{\rho}U & \overline{\rho}V & \dfrac{1}{\gamma-1} \end{bmatrix}$$

$$\boldsymbol{B}_2 = \begin{bmatrix} U & \overline{\rho} & 0 & 0 \\ U^2 & 2\overline{\rho}U & 0 & 1 \\ UV & \overline{\rho}V & \overline{\rho}U & 0 \\ \dfrac{1}{2}U\left(U^2+V^2\right) & \dfrac{\gamma}{\gamma-1}P + \dfrac{3}{2}\overline{\rho}U^2 + \dfrac{1}{2}\overline{\rho}V^2 & \overline{\rho}UV & \dfrac{\gamma U}{\gamma-1} \end{bmatrix}$$

$$\boldsymbol{B}_3 = \begin{bmatrix} V & 0 & \overline{\rho} & 0 \\ UV & \overline{\rho}V & \overline{\rho}U & 0 \\ V^2 & 0 & 2\overline{\rho}V & 1 \\ \dfrac{1}{2}V\left(U^2+V^2\right) & \overline{\rho}UV & \dfrac{\gamma}{\gamma-1}P + \dfrac{1}{2}\overline{\rho}U^2 + \dfrac{3}{2}\overline{\rho}V^2 & \dfrac{\gamma V}{\gamma-1} \end{bmatrix}$$

其中,$\widehat{\boldsymbol{W}}$ 为原始变量的扰动分量,即 $\widehat{\boldsymbol{W}} = [\hat{\rho}, \hat{u}, \hat{v}, \hat{p}]^{\mathrm{T}}$。从式(2.3.44)中不难发现,由于时均量均已求出,此扰动方程为完全线化的方程,原非定常非线性方程转化为定常非线性方程与非定常线性方程的叠加。假设流动的弱扰动量为谐振形式,即可以表示为如下形式:

$$\begin{cases} \hat{\rho}(x,y,t) = \tilde{\rho}(x,y)\mathrm{e}^{jwt} \\ \hat{u}(x,y,t) = \tilde{u}(x,y)\mathrm{e}^{jwt} \\ \hat{v}(x,y,t) = \tilde{v}(x,y)\mathrm{e}^{jwt} \\ \hat{p}(x,y,t) = \tilde{p}(x,y)\mathrm{e}^{jwt} \end{cases} \tag{2.3.45}$$

将式(2.3.45)代入式(2.3.44)中，整理得

$$jwB_1\tilde{W} + \frac{\partial}{\partial x}B_2\tilde{W} + \frac{\partial}{\partial y}B_3\tilde{W} = 0 \tag{2.3.46}$$

其中，$\tilde{W} = \left[\tilde{\rho}(x,y), \tilde{u}(x,y), \tilde{v}(x,y), \tilde{p}(x,y)\right]^{\mathrm{T}}$。通过求解式(2.3.46)得到弱扰动分量 $\tilde{W}$，最后进行时均量与弱扰动量的叠加得到流场的数值解。

为了验证此求解方法的精度和效率，Hall 等[15]采用亚声速翼型俯仰算例，翼型表面压力系数对比如图 2.3.4 所示。可以看出当满足假设条件时，当前频域计算方法与传统时域求解方法吻合较好，最大误差不超过 0.01，效率提高了几十倍。

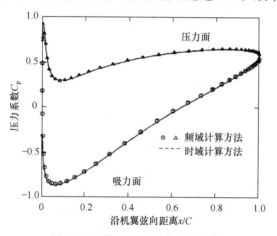

图 2.3.4　翼型表面压力系数对比

Hall 等[16]于 1991 年又针对守恒量进行了谐波展开，1994 年针对跨声速流动运用激波捕获法推导出相应的公式[17]，其方程套用了 Lax-Wendroff 格式，如式(2.3.47)所示，该方法可以通过减小时间步长来提高时间精度。

$$\left(1 - \mathrm{e}^{jw\Delta t}\right)u_i - \frac{\Delta t}{2\Delta x}\left[\frac{\partial F}{\partial U}\bigg|_{i+1}u_{i+1} - \frac{\partial F}{\partial U}\bigg|_{i-1}u_{i-1}\right]$$

$$+ \frac{\Delta t^2}{2\Delta x^2}\left[\frac{\partial F}{\partial U}\bigg|_{i+1/2}\left(\frac{\partial F}{\partial U}\bigg|_{i+1}u_{i+1} - \frac{\partial F}{\partial U}\bigg|_i u_i\right) - \frac{\partial F}{\partial U}\bigg|_{i-1/2}\left(\frac{\partial F}{\partial U}\bigg|_i u_i - \frac{\partial F}{\partial U}\bigg|_{i-1}u_{i-1}\right)\right] \tag{2.3.47}$$

$$+ \frac{\Delta t^2}{2\Delta x^2}\left[\frac{\partial^2 F}{\partial U^2}\bigg|_{i+1/2}u_{i+1/2}\left(F_{i+1} - F_i\right) - \frac{\partial^2 F}{\partial U^2}\bigg|_{i-1/2}u_{i-1/2}\left(F_i - F_{i-1}\right)\right] = 0$$

Pechloff 等[18]也发展了一种类似的基于小扰动理论的线化方法来计算周期性非定常黏性流场，之后有很多学者对此方法进行了改进。比较经典的是 Widhalm 等[19]改进的线化频域(linear frequency domain, LFD)法，在叶轮机和动导数计算等领域中均有较为广泛的应用。

　　LFD 法虽然极大地节省了计算量, 其计算效率相比于传统方法可以提高一个量级以上, 但对流场的要求极为苛刻, 要满足周期简谐、线性和小扰动的要求。对于稍微复杂一些的流动, 其就显得无能为力。为了能够将频域法应用于非线性较强的周期性问题, 便有了非线性频域方法的发展[20]。

　　2. 非线性频域方法

　　1998 年 Ning 等[21]基于准三维非定常欧拉方程发展了非线性谐波法, 在线性谐波法的时均方程中引入额外的"非定常应力项", 其时均方程如式(2.3.48)所示:

$$
\begin{cases}
\dfrac{\partial \bar{F}}{\partial x} + \dfrac{\partial \bar{G}}{\partial y} = 0 \\[2mm]
\bar{F} = \begin{bmatrix}
\overline{\rho U} - \overline{\rho U_g} \\[1mm]
\bar{U}\left(\overline{\rho U} - \overline{\rho U_g}\right) + \bar{P} + \overline{\left(\widehat{\rho U}\right)\hat{U}} - \overline{\left(\widehat{\rho U_g}\right)\hat{U}} \\[1mm]
\bar{V}\left(\overline{\rho U} - \overline{\rho U_g}\right) + \overline{\left(\widehat{\rho U}\right)\hat{V}} - \overline{\left(\widehat{\rho U_g}\right)\hat{V}} \\[1mm]
\bar{H}\left(\overline{\rho U} - \overline{\rho U_g}\right) + \bar{P}\bar{U}_g + \widehat{\bar{H}\left(\widehat{\rho U}\right)} + \widehat{\bar{P}\hat{U}_g} - \widehat{\bar{H}\left(\widehat{\rho U_g}\right)}
\end{bmatrix} \\[10mm]
\bar{G} = \begin{bmatrix}
\overline{\rho V} - \overline{\rho V_g} \\[1mm]
\bar{U}\left(\overline{\rho V} - \overline{\rho V_g}\right) + \bar{P} + \overline{\left(\widehat{\rho V}\right)\hat{U}} - \overline{\left(\widehat{\rho V_g}\right)\hat{U}} \\[1mm]
\bar{V}\left(\overline{\rho V} - \overline{\rho V_g}\right) + \overline{\left(\widehat{\rho V}\right)\hat{V}} - \overline{\left(\widehat{\rho V_g}\right)\hat{V}} \\[1mm]
\bar{H}\left(\overline{\rho V} - \overline{\rho V_g}\right) + \bar{P}\bar{V}_g + \widehat{\bar{H}\left(\widehat{\rho V}\right)} + \widehat{\bar{P}\hat{V}_g} - \widehat{\bar{H}\left(\widehat{\rho V_g}\right)}
\end{bmatrix}
\end{cases}
\tag{2.3.48}
$$

其中, U_g 与 V_g 为网格运动速度。采用四阶龙格-库塔将时均方程与扰动方程进行耦合求解, 这种非线性谐波法耦合求解流程如图 2.3.5 所示。

　　非线性谐波法可以通过控制扰动源数目和 Fourier 阶数来控制求解精度, 然而求解阶数越高, 计算耗费的时间也就越多。相比于线性谐波法, 效率会有所降低, 但对于非线性较强的周期性问题, 非线性谐波法有更高的精度, 采用一阶谐波时的计算效率大约是传统方法的 20 倍。

　　1998 年 He 等[22]引入伪时间项, 将非线性谐波法扩展到二维黏性流动, 并应用到叶轮机的数值模拟中。随后 Chen 等[23]将非线性谐波法应用到三维湍流问题中, 并指出该方法取两阶谐波就能使最大相对误差小于 90%, 同时计算效率提高 3 倍以上。2001 年, McMullen 等[24]提出了非线性频域(non-linear frequency domain, NLFD)方法, 在一个周期内取 N 个采样点, 其守恒量和通量满足关系式(2.3.49):

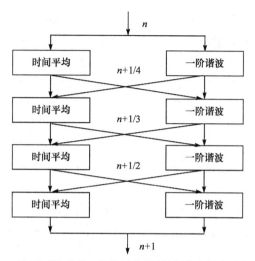

图 2.3.5 基于四阶龙格-库塔的非线性谐波法耦合求解流程图

$$V\frac{\mathrm{d}\widehat{\boldsymbol{U}}_k}{\mathrm{d}\tau}+ikV\widehat{\boldsymbol{U}}_k+\widehat{\boldsymbol{R}}_k=0 \tag{2.3.49}$$

非线性频域方法与非线性谐波法的不同之处在于其在时域内求残差,没有小扰动的假设,同时精度也有了很大的提升。将时域方程与频域方程耦合求解,其具体求解流程如图 2.3.6 所示。

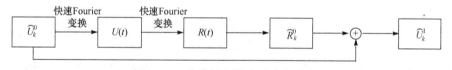

图 2.3.6 非线性频域方法求解流程

频域方法的优点在于可将非定常方程转化为频域内一组解耦的定常方程,有较好的稳定性,既节省了计算量,也能保证足够的精度;缺点在于需要在复数域内进行运算,计算效率仍然受到限制,且对程序改动较大,需要重新建立模块。

2.3.6 时域配点方法

进入 21 世纪后,时域配点方法开始兴起。最早是 2002 年 Hall 等[25]提出的谐波平衡法,之后又出现了时间谱方法、时间谱元法等一系列时间离散格式。这类方法的特点在于通过将非定常流场的时间响应在给定的一组正交多项式系上投影,在非定常流场中选 N 个时刻,把非定常流动问题转化为 N 个时刻点相互耦合的定常问题。这类方法称为时域配点方法。

1. 时间谱方法

2002 年,Hall 等[25]提出了应用于流体数值求解的谐波平衡法,将守恒量在频域内进行时间离散后带回时域方程进行求解,周期性的非定常问题被转化为 N 个时刻定常方程的耦合。虽然该方法用到了 Fourier 变换和逆变换,但只是用来求谱矩阵,最终的迭代计算仍然是在时域内进行。谐波平衡法这一概念最早提出是在计算力学中求解杜芬(Duffing)振子时,原理是假设近似解为待定系数的 Fourier 级数形式,将之代入方程,通过各自谐波自相平衡得到待定系数,进而求得原方程的解,是典型的频域方法。由于概念的矛盾,后来人们把流体中谐波平衡法的概念做了推广,成为包括频域的谐波平衡法和时域的谐波平衡法。因此,2002 年 Hall 等提出的谐波平衡法又被称为时域谐波平衡法或高维谐波平衡法。

2005 年 Gopinath 等[26]进一步提出了时间谱(time spectral, TS)方法,并针对 Hall 等提出的谐波平衡法推出了更为简洁的时间谱矩阵表达式。谱方法建立了一个满足边界条件的完备函数族所构成的谱空间,将方程的解在给定的谱空间上投影后再带回方程中进行求解。对于足够光滑的物理问题,谱方法能达到很高的精度和效率,但需要满足周期性边界条件,若不满足,则称为伪谱法。下面对时间谱方法的公式进行推导。

如果流动具有周期性,则在每一个计算单元内的守恒量 U 随时间均呈周期性变化。在一个周期 T 内设置 N 个等时间间距的采样点,若 N 为奇数,对守恒量 U 进行正向 Fourier 变换,得

$$\widehat{U}_k \approx \frac{1}{N} \sum_{n=0}^{N-1} U_n \mathrm{e}^{-\mathrm{i}k\omega n\Delta t} \tag{2.3.50}$$

其中, $\Delta t = T / N$ 为时间间隔; U_n 为守恒量 U 在频域内的对应值; k 为谐波数; ω 为角频率; n 为序列号。对应的 Fourier 反变换为

$$U_n \approx \sum_{k=-(N-1)/2}^{(N-1)/2} \widehat{U}_k \mathrm{e}^{\mathrm{i}k\omega n\Delta t} \tag{2.3.51}$$

将式(2.3.51)对时间求导,可得

$$\frac{\partial}{\partial t} U_n \approx \sum_{k=-(N-1)/2}^{(N-1)/2} \mathrm{i}k\omega \widehat{U}_k \mathrm{e}^{\mathrm{i}k\omega n\Delta t} \tag{2.3.52}$$

将式(2.3.50)代入式(2.3.52)中,经过化简可得

$$\frac{\partial}{\partial t} U_n \approx \sum_{j=0}^{N-1} d_n^j U_j \tag{2.3.53}$$

其中,

$$d_n^j = \begin{cases} \dfrac{2\pi}{T} \cdot \dfrac{1}{2}(-1)^{n-j}\csc\left[\dfrac{\pi(n-j)}{N}\right], & n \neq j \\ 0, & n = j \end{cases} \tag{2.3.54}$$

若 N 为偶数，则类似进行计算可得

$$d_n^j = \begin{cases} \dfrac{2\pi}{T} \cdot \dfrac{1}{2}(-1)^{n-j}\cot\left[\dfrac{\pi(n-j)}{N}\right], & n \neq j \\ 0, & n = j \end{cases} \tag{2.3.55}$$

于是，可将含有 N 个采样点在第 n 个时刻的 N-S 方程的半离散形式写为

$$\sum_{j=0}^{N-1} d_n^j V_j \boldsymbol{U}_j + \boldsymbol{R}_n = 0 \qquad n = 0, 1, \cdots, N-1 \tag{2.3.56}$$

在式(2.3.56)中引入伪时间项，则式(2.3.56)进一步写为

$$\frac{\partial}{\partial \tau_n}(V_n \boldsymbol{U}_n) + \sum_{j=0}^{N-1} d_n^j V_j \boldsymbol{U}_j + \boldsymbol{R}_n = 0 \qquad n = 0, 1, \cdots, N-1 \tag{2.3.57}$$

如果对伪时间项进行显示离散，为保证计算稳定性，伪时间步长须限制在：

$$\tau_n = \mathrm{CFL}\frac{V_n}{\|\lambda\| + V_n k'} \tag{2.3.58}$$

其中，λ 为谱半径；k' 为最大谐波数：

$$k' = \begin{cases} \dfrac{\pi N}{T}, & \mathrm{mod}(N, 2) = 1 \\ \dfrac{\pi(N-1)}{T}, & \mathrm{mod}(N, 2) = 0 \end{cases} \tag{2.3.59}$$

随着无量纲时间步长的减小，迭代的伪时间步长会非常小，从而严重降低计算效率。采用隐式格式可以放宽时间步长限制，因此在计算中多采用隐式格式对伪时间项进行离散。对伪时间导数进行一阶向后差分离散得到如下所示的迭代格式：

$$\boldsymbol{A}\Delta\boldsymbol{U} = -\sum_{j=0}^{N-1} d_n^j V_j \boldsymbol{U}_j - \boldsymbol{F}(\boldsymbol{U}) \cdot \boldsymbol{n}_{\mathrm{m}} \tag{2.3.60}$$

其中，

$$\boldsymbol{F}(\boldsymbol{U}) \cdot \boldsymbol{n}_{\mathrm{m}} = (\boldsymbol{V}_{\mathrm{R}} \cdot \boldsymbol{n})\begin{Bmatrix} \rho \\ \rho u \\ \rho v \\ \rho w \\ e_0 + P \end{Bmatrix} + P\begin{Bmatrix} 0 \\ n_x \\ n_y \\ n_z \\ 0 \end{Bmatrix} \tag{2.3.61}$$

时间谱方法的优点在于可将非定常周期性流动转化为 N 个时刻的全耦合定常求解。换言之，就是将二维非定常问题转化为三维定常问题，而第三维是时间轴，并在两端加上周期性边界条件。对于时间响应光滑及低减缩频率的周期性流动求解，其计算效率可以提高一个量级左右。以亚声速翼型简谐强迫俯仰振荡的流场求解为例，从图 2.3.7 中可以看出只需要 5 个点就能与 BDF 法吻合得很好，图中 EXP 表示试验，TS 表示时间谱方法。图 2.3.8 给出了不同采样点数情况下时间谱方法计算时间对比，可以看出，在该算例中，相对于传统时域推进法，时间谱方法在保证精度的同时可以将效率提高大约一个量级。

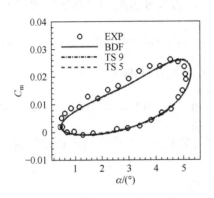

图 2.3.7　亚声速算例时间谱方法力矩系数
计算值对比

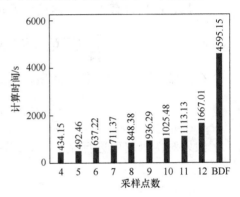

图 2.3.8　计算时间对比

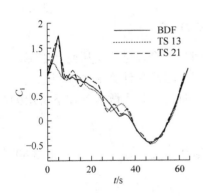

图 2.3.9　时间谱方法中吉布斯效应

时间谱方法的缺点在于随着时间步长的减小，会出现严重的矩阵病态问题，计算效率急剧下滑，且对于时间响应有高频分量的流动进行模拟时会有吉布斯效应，在高维谐波平衡法中又称为混淆误差，如图 2.3.9 所示[27]。

2. 时间谱方法发展及应用

从式 (2.3.60) 中矩阵 A 的表达式可以看出，时间谱方法引入了非对角项，且随着时间步长越小，非对角项的值越大。这就严重削弱了迭代矩阵的对角占优特性，导致矩阵的病态。常用的时间推进格式，如 LU-SGS 法、对称 SGS 法均要求系数矩阵 A 对角占优，但时间谱方法引入的非对角项会破坏系数矩阵 A 的对角占优特性，从而导致传统的迭代方法失效。因此，相关研究者针对这一问题展开了研究，并提出可以通过带预处理的广义最小残差

(generalized minimal residual, GMRES)算法进行时间方向的推进。一方面通过预处理可以改善系数矩阵 A 的性质；另一方面采用 GMRES 算法也可以加快迭代法的收敛速度。Mundis 等[28]针对 GMRES 算法的预处理不断进行改进，现已经可以并行计算 2000 多个点，如表 2.3.1 所示。从表中可以看出 Mundis 等改进的广义最小残差-近似因子分解(GMRES-approximate factorization, GMRES-AF)时间推进，可以有效地解决采样点数增多导致的矩阵病态问题，随着采样点数迅速增加，采用 GMRES-AF 推进的迭代步数并没有明显变化。

表 2.3.1　跨声速 AGARD5 算例时间谱方法 GMRES-AF 时间推进的收敛性

采样点数	非线性迭代步	BCGS 迭代步	Krylov 向量	并行计算时间/s
15	24	9138	384	84.4
31	24	9059	380	107
63	24	9515	400	181
127	24	8915	374	291
255	24	9563	401	575
511	24	9659	405	1151
767	24	9707	407	1752
1023	24	9659	405	3024
1535	24	9635	404	5058
2047	24	9467	397	7786

由于时间谱方法将一个周期内的各采样点进行耦合求解，针对时间谱方法的时间空间同时并行的技术也在发展。另外，在设计优化中常用的伴随方法，可以与时间谱方法结合求解周期性非定常的优化问题，其效率也大有提升。目前，此类时间谱方法已经成功应用在直升机旋翼、涡轮机叶片绕流和涡脱落等问题中，且有待进一步推广。

2010 年以后，基于时域配点法的思想，又出现了许多新的时间离散格式，这些新方法的本质区别在于投影谱空间的不同。比较典型的有时间切比雪夫伪谱法[29]和时间中心差分法[30](finite difference method in time, FDMT)。

时间切比雪夫伪谱法的优点在于可应用于非周期性非定常流动，但对于周期性非定常流动，其不如时间谱方法。

时间中心差分法的优点在于每个时刻的时间导数仅与相邻的几个采样点有关，其计算时间随采样点数增加呈近似线性增长，对于时间响应有高频分量的流动，仍能较好地刻画出来。缺点在于与时间谱方法相比，其精度较差，时间中心差分法需要更多的采样点才能达到与时间谱方法相当的精度。图 2.3.10[27]为不同采样点数下时间中心差分法与时间谱方法的精度对比，图 2.3.11[27]为不同采样点数下时间中心差分法与时间谱方法每一步迭代所耗用的时间对比。可以看出，随着采样点数增加，时间中心差分法每一步迭代所耗用的时间基本不变，而时间谱方法中由于是全耦合，每一步迭代所耗用的时间增长非常明显。

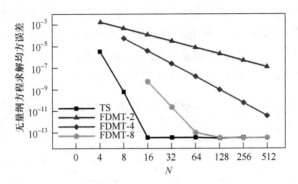

图 2.3.10　时间中心差分法与时间谱方法的精度对比

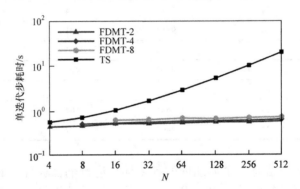

图 2.3.11　时间中心差分法与时间谱方法的耗时对比

　　本节先对 ALE 坐标系下的 N-S 方程进行简要介绍，随后对现有的网格变形技术进行了概述。从 2.3.3 小节开始对非定常流场数值计算中的时间离散格式进行了系统的阐述，针对不同的非定常流场特征需要用不同的时间离散格式。

　　对于减缩频率较小的周期性非定常流动，采用时域配点方法更加合适。一方面，由于减缩频率较小，时域配点方法中的谱矩阵不至于病态，可以较快速地收敛；另一方面，其在谱空间中展开，可以用较少的点刻画非定常流场的时间响应，具有较高的效率。若时间响应光滑，可以采用时间谱方法，若时间响应中含有高频分量，则可以采用时间八阶中心差分法。

　　对于减缩频率较大的周期性非定常流动，时域配点法由于谱矩阵病态，其优越性已经丧失，此时应采用频域谐波方法。虽然要在复频域内进行计算，而且对程序的改动量较大，但频域谐波方法的效率对减缩频率敏感性较低，从整体效果上优于其他方法。之后根据流场是否线性，是否简谐等来确定具体的方法。

时域配点方法虽然出现较晚，但是近年来发展趋势很快，并且很有前景。作为一种新兴的方法，时域配点方法仍有很多不成熟和不完善的地方需要改进，需要相关研究者进行探索。

2.4　全局稳定性分析方法及应用

2.3 节提到了由结构运动引起的非定常流动可以用时间谱方法进行高效求解，然而还有一类非定常流动是流动失稳引起的，如圆柱卡门涡街、机翼大迎角失速和机翼跨声速抖振等，在这类问题中即使结构静止不动，流动仍然是非定常的。在航空工程中一旦发生流动失稳现象，往往会造成灾难性事故。因此，在设计阶段必须要计算流动的稳定性边界。传统的时域仿真方法计算稳定性分析不仅耗时，而且无法给出具体的流动特征。全局稳定性分析算法不仅能够快速获取流动的稳定性边界，而且可以给出流动的阻尼、频率和不稳定模态等重要信息，对于流动失稳机理研究也很有意义，尤其对于转捩问题的研究，全局稳定性分析算法具有非常重要的意义。

从 19 世纪开始，线性稳定性理论已成功应用于平行剪切流的转捩问题。线性稳定性理论是在 N-S 方程基本解的基础上引入小振幅非定常的扰动。当出现指数增长的扰动模态，说明流动在该状态会出现失稳。Huerre 等[31]和 Collis 等[32]将不稳定流动中出现的对流不稳定、绝对不稳定和全局不稳定概念进行了定义。对流不稳定是指对流动中某点的任意扰动，会在向流场下游传播过程中呈指数型增长。绝对不稳定是指对流动中某点的任意扰动，不仅往流场下游传播，还会往流场上游传播。对流不稳定和绝对不稳定都需要有平行流假设。全局不稳定则针对空间内非平行流动，包括二维全局稳定性(biglobal)和三维全局稳定性(triglobal)。Pierrehumbert 等[33]发表了第一篇有关全局稳定性的文章后，全局稳定性分析算法便得到了广泛应用。Theofilis[34-35]对全局稳定性分析算法的应用进行了整理和综述。Luijkx 等[36]最先对二维方腔流动进行稳定性分析。之后 Jackson[37]、Zebib[38]和 Morzynski 等[39]采用二维全局稳定性分析算法计算圆柱绕流。Gelfgat[40]最先采用三维全局稳定性分析算法计算瑞利对流问题。随后 Tatsumi 等[41]应用该算法计算三维方腔流动。Barkley 等[42]计算了三维圆柱绕流的稳定性。Weiss 等[43]还研究了湍流状态下的圆柱绕流。进入 21 世纪后，全局稳定性分析算法也开始应用于航空工程领域，如机翼大迎角失速和跨声速抖振问题。2002 年，Theofilis 等[44]对不可压 NACA0012 翼型绕流大迎角失速特性通过全局稳定性理论进行研究，并提取了分离流特征模态。之后 Crouch 等[45-46]将全局稳定性分析方法应用于抖振计算，并准确预测了抖振边界。

　　流场的全局稳定性分析涉及大型稀疏矩阵特征值和特征向量的计算。在最初的稳定性分析算法中采用了 QZ 格式[47]。但 QZ 格式是求解全特征谱的算法。对于二维或者三维流动问题，网格规模上万，如果采用 QZ 格式将会占用大量的内存，且计算效率非常低。在工程领域中，工程师也并非关注所有的特征模态，更多关注的是最不稳定流动模态或者已经发生失稳的流动模态。因此，基于 QZ 格式的全局稳定性分析算法也只适合求解一些简化流动。20 世纪中叶，相关研究者在算法这一环节才有了新的突破。通过将高效 Krylov 子空间迭代引入全局稳定性分析[48]，可以获取工程中更关注的若干不稳定流动模态。通过将大型稀疏矩阵投影在 Krylov 子空间中达到降维的目的，降维后的矩阵规模远远小于原雅可比矩阵。这种算法后来也称为 Arnoldi 算法。

2.4.1　全局线性不稳定理论

　　在进行流场稳定性分析时，要找到一个该状态下的基本流场，并在该流场中施加扰动，判断扰动随时间演化的阻尼、频率和模态。与 2.3.5 小节的线性频域方法类似，都需要将非定常非线性方程转化为定常非线性方程与非定常线性方程的叠加。不同之处在于全局线性不稳定理论需要对扰动线性方程中的雅可比矩阵进行特征分析。

　　半离散化的 RANS 方程为

$$\frac{\mathrm{d}\boldsymbol{M}(\boldsymbol{W}_i)\boldsymbol{W}_i}{\mathrm{d}t} = -\boldsymbol{R}(\boldsymbol{W}_i) \tag{2.4.1}$$

其中，$\boldsymbol{M}(\boldsymbol{W}_i)$ 为第 i 个控制体的前置矩阵；$\boldsymbol{W}_i$ 为第 i 个控制体的原始变量；$\boldsymbol{R}(\boldsymbol{W}_i)$ 为第 i 个控制体的残差。在线性分析中流场原始变量由定常基本流 $\bar{\boldsymbol{W}}$ 和非定常小振幅扰动 $\hat{\boldsymbol{W}}$ 叠加而成，如下所示：

$$\boldsymbol{W}(x,y,z,t) = \bar{\boldsymbol{W}}(x,y,z) + \xi\hat{\boldsymbol{W}}(x,y,z,t) \tag{2.4.2}$$

　　将式(2.4.2)代入式(2.4.1)中，在线化理论中认为扰动量振幅很小，因此忽略非线性项，保留线性部分。最终得到定常基本流方程(2.4.3)和线性扰动方程(2.4.4)：

$$\boldsymbol{R}(\bar{\boldsymbol{W}}_i) = 0 \tag{2.4.3}$$

$$\boldsymbol{M}(\bar{\boldsymbol{W}}_i)\frac{\mathrm{d}\hat{\boldsymbol{W}}_i}{\mathrm{d}t} = -\frac{\partial \boldsymbol{R}}{\partial \bar{\boldsymbol{W}}}\hat{\boldsymbol{W}}_i \tag{2.4.4}$$

　　在线性稳定性模态理论中，认为扰动量可以分离为空间模态和频域指数的乘积。扰动量可以写为

$$\hat{\boldsymbol{W}}(x,y,z,t) = \hat{\boldsymbol{W}}(x,y,z)\mathrm{e}^{ipt} \tag{2.4.5}$$

注意与线性谐波法的不同在于，式(2.4.5)中的 $p = \mathrm{i}\varsigma + w$ 为复数，其中 ς 为阻尼，w 为频率。将式(2.4.5)代入式(2.4.4)中，可得

$$-M^{-1}\frac{\partial R}{\partial \bar{W}}\hat{W} = \mathrm{i}pI\hat{W} \tag{2.4.6}$$

令 $\bar{A} = -M^{-1}\partial R/\partial \bar{W}$，不难看出该问题转化为矩阵特征值问题。矩阵 $\bar{A}$ 的特征值对应流动扰动量的阻尼和频率，而特征向量则对应流动扰动量的空间模态。在线性理论中，矩阵 $\bar{A}$ 不随时间变化，仅与基本流参数有关。

因此，稳定性分析步骤如下：①求解式(2.4.3)得到流动的不稳定定常解；②计算特征矩阵 $\bar{A}$；③提取矩阵 $\bar{A}$ 的特征值和特征向量。

在步骤①中，获得不稳定定常解的方法有很多种，主要有阻尼选择法和流动控制法，这里不做赘述。特征矩阵 $\bar{A}$ 为大型稀疏矩阵，在得到定常流情况下，如何高效地获取特征矩阵 $\bar{A}$ 并计算其特征值和特征向量是该算法的主要难点。

2.4.2　全局稳定性分析算法

1. 雅可比方法

2.4.1 小节中提到，在得到不稳定定常解后需要计算特征矩阵 $\bar{A}$。$\bar{A} = -M^{-1}\partial R/\partial \bar{W}$，其中 M 为守恒量对原始变量的偏导矩阵，求解比较简单，难点在于求解雅可比矩阵 $\partial R/\partial \bar{W}$。通过自动微分法可以获取精确雅可比矩阵 $\partial R/\partial \bar{W}$。精确雅可比矩阵的矩阵维数为 $5N \times 5N$，其中 N 为网格点数。在航空工程中，网格数目经常达到上百万甚至上亿的量级，需要消耗大量的计算内存且计算效率很低。考虑到精确雅可比矩阵为稀疏矩阵，因此采用只存储非零元素的策略。即使如此，所需的计算内存仍巨大。

有相关研究者提出了无雅可比方法[49]。并将无雅可比方法应用到 Arnoldi 算法中。无雅可比方法的优点在于可以不用存储精确雅可比矩阵，将雅可比矩阵与向量的乘积通过微分形式进行计算，很大程度上提高了计算效率。而且随着网格量的增加，无雅可比方法的效率优势更明显。无雅可比方法的具体形式如下：

$$\bar{A}v_0 = -M^{-1}\frac{\bar{R}(\bar{W} + \varepsilon v_0) - \bar{R}(\bar{W})}{\varepsilon} \tag{2.4.7}$$

2. Arnoldi 算法

计算矩阵特征值的算法大致可分为三类：①一次性求解矩阵全部特征值，如 QZ 格式；②求解最大特征值，如乘幂法；③求解部分特征值，如 Arnoldi

算法。针对流动稳定性分析问题，特征矩阵 $\bar{A}$ 为大型稀疏矩阵，如果求解全部特征值，需要非常高的计算代价，且几百万甚至上亿的特征信息会极大地占用内存空间。研究者关注的往往是流动最不稳定的若干模态信息，求解最不稳定特征根不仅计算代价小，而且能得到最有价值的信息。但该方法获取的信息量有限，无法应用在多模态失稳问题中。基于 Arnoldi 算法的求解部分特征值策略，可以得到研究者所关注的流场信息，同时计算量也适中。因此，在目前航空工程流动稳定性分析中最常用的是 Arnoldi 算法。

Arnoldi 算法是基于在 Krylov 子空间进行正交投影的迭代算法，使得在子空间投影后矩阵规模远小于原始矩阵。成功将原始矩阵投影到初始向量 μ 所在的 Krylov 子空间后，矩阵维数会极大地缩减，最后对缩减后的投影矩阵求解其全部特征信息。由于研究者关注的是靠近实轴的最不稳定模态，需要求解特征矩阵 $\bar{A}$ 逆矩阵在 Krylov 子空间的投影矩阵。同时为了进一步观测某个特定阻尼附近的特征值信息，需要引入参数 σ_0。式(2.4.6)可以写为

$$\bar{C}\tilde{W} = \mu I \tilde{W} \tag{2.4.8}$$

其中，

$$\bar{C} = \left(\sigma_0 M - \frac{\partial R}{\partial \bar{W}} \right)^{-1} M, \quad \mu = \frac{1}{\mathrm{i}p - \sigma_0} \tag{2.4.9}$$

当 $\sigma_0 = 0$ 时，有

$$\bar{C} = \left(-\frac{\partial R}{\partial \bar{W}} \right)^{-1} M, \quad \mu = \frac{1}{\mathrm{i}p} \tag{2.4.10}$$

在 Arnoldi 算法中需要选定 m(m 远小于网格数，根据实际情况定义需要的维数)维 Krylov 子空间，如下所示：

$$K_m = \mathrm{span}\left(v, \bar{C}v, \bar{C}^2 v, \cdots, \bar{C}^{m-1} v \right) \tag{2.4.11}$$

在 Krylov 子空间中的一系列正交多项式基组合可以得到矩阵 V_m。通过 Rayleigh-Rize 方法计算上三角海森伯矩阵 H_m。投影矩阵为 H_m，通过式(2.4.12)计算：

$$H_m = V_m^{\mathrm{T}} \bar{C} V_m \tag{2.4.12}$$

因此原特征值求解问题可以缩减为 m 维矩阵 H_m 的特征值求解问题：

$$H_m y_i = \mu_i y_i \tag{2.4.13}$$

最后分解出的流场特征模态可由 $\tilde{W}_i = V_m y_i$ 计算得到。式(2.4.13)中的海森伯矩阵可以直接通过 QZ 格式进行计算。Arnoldi 算法的计算流程如表 2.4.1 所示。

表 2.4.1　Arnoldi 算法的计算流程

计算步骤	计算海森伯矩阵代码
1. 计算变换后的特征矩阵 $\bar{C}$	For $j=1,2,\cdots,m$ do
2. 选取初始向量 v_1 并正则化	$g_j = (M, v_j)$ 求解 $\bar{C}x = g_j$ (无雅可比方法)
3. 计算海森伯矩阵 H_m	For $i=1,2,\cdots,j$ do
4. 通过 QZ 格式计算 H_m 的特征根	$h_{ij} = (v_i, x)$, $x = x - h_{ij}v_i$
5. 计算流场特征模态 Ritz 向量 $\tilde{W}_i = V_m y_i$	$h_{j+1,j} = \|x\|$, $v_{j+1} = \dfrac{x}{h_{j+1,j}}$

2.4.3　基于 CFD 的全局稳定性分析应用

流动不稳定问题一直是空气动力学研究的重点，如圆柱卡门涡街、机翼大迎角失速和机翼跨声速抖振等。数值仿真是目前研究流动不稳定机理的主要手段。与传统求解非定常 RANS 方程相比，全局稳定性分析算法可以更加高效地提取流动不稳定特征，如流动扰动阻尼、频率和流动模态等。因此，全局稳定性分析算法广泛应用于流动不稳定问题的研究。

1. 圆柱卡门涡街

钝体绕流的稳定性和转捩问题也是空气动力学研究重点之一。为了能够进一步理解该问题的机理，需要对流动模态和阻尼进行分析。针对三维钝体绕流的稳定性问题，采用简单的无限展长圆柱作为研究对象。通过试验[50]和数值仿真[51]进行具体分析。圆柱的线性转捩在 $Re \approx 47$ 时发生。圆柱绕流从静止转为二维周期性非定常流动。图 2.4.1 和图 2.4.2 分别给出了在 $Re = 60$ 状态下，通过全局稳定性分析算法获得的圆柱绕流流动的特征根和最不稳定特征模态速度云图。从图 2.4.1 中看出有一组共轭特征根实部大于零，该模态为失稳模态。

然而，圆柱的二次失稳现象需要通过 Floquet 理论获得。Henderson 等[52]和 Barkley 等[42]通过研究确定了两种不同的失稳机制：Mode A 和 Mode B，如图 2.4.3 所示。Mode A 失稳在 $Re = 189$ 时发生且展向波长为 $\lambda = 2\pi / \beta \approx 4D$；Mode B 失稳在 $Re = 259$ 时发生且展向波长 $\lambda = D$，如图 2.4.4 所示。

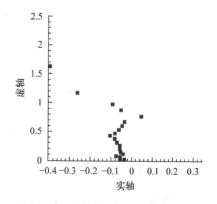

图 2.4.1　圆柱绕流流动的特征根

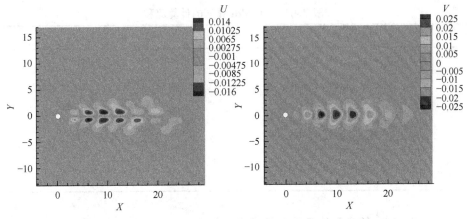

图 2.4.2 圆柱绕流最不稳定特征模态速度云图

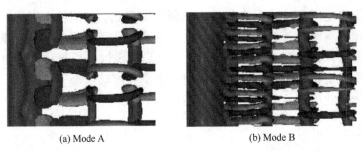

(a) Mode A   (b) Mode B

图 2.4.3 三维圆柱绕流 Mode A 与 Mode B 失稳模态

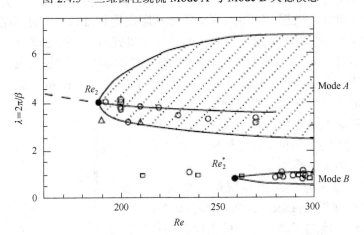

图 2.4.4 三维圆柱绕流 Mode A 与 Mode B 失稳区域

2. 顶盖驱动方腔流

2000 年，Shankar 等[53]对方腔流问题做了详细的综述，并概述了二维和三维方腔流现象。在文献[53]中，推荐了全局稳定性分析算法。之后，全局稳定性分析算法开始大量应用在方腔流的流动不稳定分析领域，且通过对方腔流流动模态的分析，对方腔流的流动不稳定机理有了更深入的理解。

相关研究者采用二维全局稳定性分析算法计算方腔流的 Hope 分岔。二维临界雷诺数 $Re_D \approx 8000$。图 2.4.5 给出了二维方腔流的速度模态[54]。

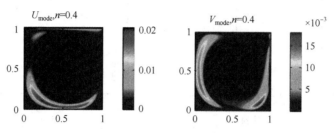

图 2.4.5　二维方腔流的速度模态

然而对于三维方腔流问题，流动失稳临界雷诺数要低一个量级。Ding 等[55]首次应用三维全局稳定性分析算法进行三维流动的数值仿真。随后 Theofilis[56]计算了三维方腔流的不稳定流动模态并定义了临界雷诺数 $(Re_{3D}, \beta) \approx (782, 15.4)$。Vicente[57]通过三维全局稳定性分析算法求解 L 形状的方腔流，并给出了临界雷诺数 $(Re_{3D}, \beta) \approx (650, 9.7)$，图 2.4.6 给出了三维 L 形状方腔流的涡量模态[57]。

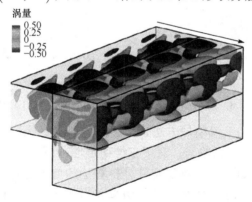

图 2.4.6　三维 L 形状方腔流的涡量模态

3. 跨声速和超声速分离图

早在 1985 年，Eriksson 等[49]就分析了无黏 NACA0012 翼型跨声速绕流的全局稳定性。然而，直到 2007 年 Crouch 才通过全局不稳定理论分析了不稳定现象的本质是激波与边界层的干扰。之后也有相关研究者针对不同攻角和雷诺数，对 NACA0012 翼型跨声速湍流的稳定性进行了分析。比较经典的是 Crouch 采用二维全局稳定性分析算法计算 NACA0012 跨声速抖振的始发边界和频率，并与试验结果进行比较，二者相吻合。图 2.4.7 给出了跨声速抖振的模态特征值与对应时域响应，从图中可以看到有一组不稳定特征根，此时流动发生失稳，跨声速抖振发生。图 2.4.8 为跨声速抖振压力和速度场的流动不稳定模态。

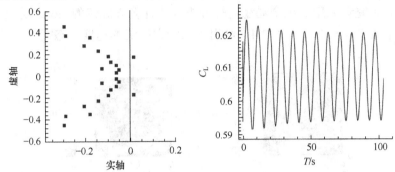

图 2.4.7　跨声速抖振的模态特征值与对应时域响应

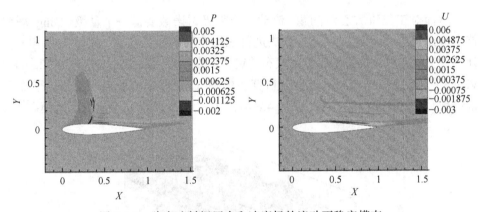

图 2.4.8　跨声速抖振压力和速度场的流动不稳定模态

　　Touber 等[58]采用大涡模拟方法计算激波边界层干扰形成的湍流分离泡，计算和分析的结果与试验值吻合。对于三维稳定性分析，最不稳定的特征模态往往是二维的。Robinet[59]对三维稳定性分析算法的前景进行了展望。

　　2006 年，Sandberg 等[60]采用数值仿真和当地稳定性理论分析超声速轴流，两者结果吻合，他认为在超声速轴流中，绝对不稳定模态和对流不稳定模态是共存的。Sanmiguel-Rojas 等[61]也针对这一现象进行了讨论。

　　全局稳定性分析算法还应用于机翼大迎角失速、转捩等工程问题，这里不一一列述，感兴趣的读者可以参考文献[35]。

2.5　二维离散涡方法

　　在 2.2.2 小节中介绍了经典的二维非定常涡板块法，该方法适用于附着流动。本节介绍的二维离散涡方法则适用于非定常流动分离与旋涡运动。目前该方法主要应用于钝体绕流与叶栅失速等领域，可较为精确地刻画出涡量场并还原真实流动。

经典离散涡方法是将流体涡量场离散成有限数目的携带一定涡量并占有一定空间的涡元，通过在拉格朗日坐标系下追踪涡元的运动轨迹及其涡强的变化进行涡量场的求解，从而达到模拟整个流场的目的。离散涡方法本质上是一种拉格朗日随体方法，其优点主要有以下三点。

(1) 应用离散涡方法时，涡量聚集的区域涡单元多，反之涡单元少，具有良好的自适应性。当流动有分离时，新生涡会从分离点产生，并进入流场来模拟分离现象，因此离散涡方法在高 Re 分离流问题的数值模拟中具有很强的优势。可避免网格对 Re 的限制，实现很高 Re 下的计算。

(2) 由于离散涡方法也采用拉格朗日方法模拟流体的运动过程，涡元速度用 Biot-Savart 积分直接求和，不需要任何空间网格，不仅节省了工作量，还避免了人为划分网格所引起的数值黏性及扩散误差。

(3) 离散涡方法不仅能模拟流体中的大尺度拟序结构，还能模拟小尺度涡结构。在模拟高 Re 时，不需要湍流模型。

然而，离散涡方法也有缺陷，主要包括以下两点：①无法从数学上证实离散涡的结果收敛于 Euler 方程或 N-S 方程，也无法估计其精度，只能借助与试验结果的定量比较来检验数值模拟的正确性和收敛性；②很难应用到复杂几何外形的流场，目前仍然局限于简单剪切流动的数值模拟。

2.5.1　二维离散涡的算法实现

1. 控制方程与边界条件

对于不可压缩非定常黏性流动的问题，其控制方程可以从动力学与运动学两个方面表述，计算边界时还需满足运动边界条件。在非定常流场数值求解过程中，可把流场随时间的演化看成流场动力学与运动学的耦合问题。利用初始时刻已知的流动信息，通过数值求解涡量输运方程(2.5.1)得到下一时刻的新涡量值，之后通过求解运动学方程(2.5.2b)得到该时刻的速度值。这两个步骤循环迭代，可通过推进初始时间水平的解得到任意时刻的解。对于边界运动的问题，还需要求解每个时刻的运动边界条件，即式(2.5.3a)。

黏性流动的动力学特性可由涡量输运方程描述：

$$\frac{\partial \omega}{\partial t} + (V \cdot \nabla)\omega = \nu \nabla^2 \omega \tag{2.5.1}$$

其中，ω 为流体涡量，$\omega = \nabla \times V$；ν 为运动黏性系数。

黏性流动运动学特性可由 Cauchy-Riemann 方程(2.5.2a)或泊松方程(2.5.2b)描述，泊松方程的解为 Biot-Savart 积分，即式(2.5.2c)：

$$\nabla \cdot V = 0 \tag{2.5.2a}$$

$$\nabla^2 \cdot V = -\nabla \times V \tag{2.5.2b}$$

$$V = -\frac{1}{2\pi}\int K(x-y)\times \omega \mathrm{d}y + V_0 \tag{2.5.2c}$$

其中，$K(x-y)=\dfrac{x-y}{\|x-y\|^2}$；$V_0$ 包含了钝体运动和无穷远处边界条件的影响，因此根据 Biot-Savart 积分计算的速度自动满足远场边界条件。

内壁面无滑移运动边界条件为

$$V_b \cdot n = V_S \cdot n;\ \ V_b \times n = V_S \times n \tag{2.5.3a}$$

无穷远处边界条件为

$$V_b = V_\infty \tag{2.5.3b}$$

其中，V_S 为钝体边界速度；V_∞ 为无穷远处的速度。

式(2.5.1)、式(2.5.2a)和式(2.5.3a)构成二维不可压黏性流动的涡量-速度形式的控制方程组。涡量-速度方程组减少了原始方程的一个压力未知量，但在处理边界条件时需把速度边界条件转变为涡量形式。

2. 涡方法离散与数值计算

当利用边界元方法求解边界涡量值时，通常在钝体边界区布置涡片，涡片的强度为 γ，且有 $\partial\gamma/\partial n = \omega$。根据边界层简化假设，忽略涡量与边界相切方向的黏性扩散效应，在固体边界涡量输运方程可简化为

$$\frac{\partial\gamma}{\partial t}=\nu\frac{\partial\omega}{\partial n} \tag{2.5.4}$$

$$\oint_{\partial\Omega}\frac{\partial\gamma}{\partial t}\mathrm{d}S = -2A\frac{\partial\Lambda}{\partial t} \tag{2.5.5}$$

其中，A 为钝体在流体域内占有的空间；Λ 为钝体角速度；2Λ 为其涡量。式(2.5.5)反映了钝体边界生成的涡量和流体域内的总涡量随时间的变化情况。

引入 Dilichlet 型涡量边界条件，则有

$$V = V_\infty - \frac{1}{2\pi}\iint_\Omega \frac{\omega'\times(r'-r)}{\|r'-r\|^2}\mathrm{d}V + \frac{1}{2\pi}\oint_{\partial\Omega}\frac{(V_S\cdot n_S)(r_S-r)-(V_S\times n_S)(r_S-r)}{\|r_S-r\|^2}\mathrm{d}S \tag{2.5.6}$$

令 $F_{xS}=\oint_{\partial\Omega}\dfrac{(V_S\cdot n_S)(r_S-r)-(V_S\times n_S)(r_S-r)}{\|r_S-r\|^2}\mathrm{d}S - \iint_{\Omega-\partial\Omega}\dfrac{\omega'\times(r'-r)}{\|r'-r\|^2}\mathrm{d}V$，结合

$\dfrac{\partial \gamma}{\partial \boldsymbol{n}} = \omega$ ，则有

$$\oint_{\partial \Omega} \frac{\gamma_S e_S \times (\boldsymbol{r}_S - \boldsymbol{r})}{\|\boldsymbol{r}_S - \boldsymbol{r}\|^2} \mathrm{d}S = \boldsymbol{F}_{xS} + 2\pi[\boldsymbol{V}_\infty - \boldsymbol{V}_S] \tag{2.5.7}$$

涡量守恒原理要求在流体和固体域内，总的涡量积分值的时间变化率为零，则有

$$\sum_{i=1}^{N} \Gamma_i + 2\Lambda A + \sum_{i=1}^{M} \gamma_i l_i = 0 \tag{2.5.8}$$

其中，Γ_i 为尾流第 i 个涡元的强度；N 为涡元数；γ_i 为第 i 个涡片的强度；l_i 为第 i 个涡片的长度；M 为涡片数。

利用边界元方法联立方程(2.5.7)与方程(2.5.8)，可得含 M 个未知涡片强度的线性方程组，求解该方程组可获得涡片强度 γ_i。

涡元的对流计算相当于对无黏的欧拉方程求解，在拉格朗日坐标系下计算对流常微分方程(ordinary differential equation, ODE)(2.5.9)，有

$$\frac{\mathrm{d}\boldsymbol{r}_i}{\mathrm{d}t} = \boldsymbol{V}_i = \boldsymbol{V}_\infty - \frac{1}{2\pi}\sum_{j=1}^{N}\Gamma_j K_\sigma(\boldsymbol{r}_i - \boldsymbol{r}_j) + \frac{1}{2\pi}\oint_{\partial\Omega}\frac{(\boldsymbol{V}_S \cdot \boldsymbol{n}_S)(\boldsymbol{r}_S - \boldsymbol{r}_i) - (\boldsymbol{V}_S \times \boldsymbol{n}_S)(\boldsymbol{r}_S - \boldsymbol{r}_i)}{\|\boldsymbol{r}_S - \boldsymbol{r}_i\|^2}\mathrm{d}S$$

$$\frac{\mathrm{d}\Gamma_i}{\mathrm{d}t} = 0, \quad i = 1, 2, \cdots, N \tag{2.5.9}$$

其中，$K_\sigma(\boldsymbol{r})$ 为光滑速度核函数。核函数的种类很多，这里以二阶高斯速度核函数为例，表达式为

$$K_\sigma(\boldsymbol{r}) = \frac{\boldsymbol{r}}{2\pi\|\boldsymbol{r}\|^2}\left(1 - \mathrm{e}^{\frac{\|\boldsymbol{r}\|^2}{\sigma^2}}\right) \tag{2.5.10}$$

求解方程组(2.5.9)可获得涡元速度，涡元位置可按式(2.5.11)发展：

$$\begin{cases} \overline{\overline{\boldsymbol{r}}}_i^{n+1} = \overline{\boldsymbol{r}}_i^n + V(\overline{\boldsymbol{r}}_i^n)\Delta t \\ \widehat{\overline{\boldsymbol{r}}}_i^{n+1} = \overline{\boldsymbol{r}}_i^n + V(\overline{\overline{\boldsymbol{r}}}_i^{n+1})\Delta t \\ \overline{\boldsymbol{r}}_i^{n+1} = \overline{\boldsymbol{r}}_i^n + \dfrac{1}{2}\left(V(\overline{\boldsymbol{r}}_i^n) + V(\widehat{\overline{\boldsymbol{r}}}_i^{n+1})\right)\Delta t \end{cases} \tag{2.5.11}$$

经过对流计算，涡元的位置被更新，但强度不变。由于流体黏性作用，流体涡量场存在扩散过程。涡量场扩散过程的模拟需求解如下方程：

$$\frac{\mathrm{d}\omega(\boldsymbol{r}, t)}{\mathrm{d}t} = \nu\nabla^2\omega(\boldsymbol{r}, t) \tag{2.5.12}$$

对方程的求解，有两类比较经典的算法：一类是随机走步法；另一类是确定性方法。以随机走步法为例对扩散方程(2.5.12)的求解进行说明。

方程(2.5.12)可以写为

$$\omega(r,t) = \int_{\Omega} G_{\sigma}(r-r')\omega(r',\overline{t})\mathrm{d}V \tag{2.5.13}$$

其中，$\omega(r',\overline{t})$为初始涡量场；$G_{\sigma}(r-r')$为扩散方程的格林函数：

$$G_{\sigma}(r-r') = \frac{1}{4\pi\nu t}\mathrm{e}^{\frac{\|r-r'\|^2}{4\nu t}} \tag{2.5.14}$$

将对流计算更新后的涡元位置代入式(2.5.13)，有

$$\omega(r,t) = \frac{1}{4\pi\nu\Delta t}\int_{\Omega}\mathrm{e}^{\frac{\|r-r'\|^2}{4\nu\Delta t}}\omega(r',t)\mathrm{d}V = \frac{1}{4\pi\nu\Delta t}\int_{\Omega}\mathrm{e}^{\frac{\|r-r'\|^2}{4\nu\Delta t}}\sum_{j=1}^{N}f_{\sigma}(r'-r)\Gamma_j\mathrm{d}V$$

$$= E\left[\sum_{j=1}^{N}f_{\sigma}(r'-r)\Gamma_j\right] \tag{2.5.15}$$

其中，E为对高斯随机变量取数学期望。基于式(2.5.15)，涡元的扩散计算可让每个涡元的位置经历随机走步法来模拟涡元的扩散，而涡元的强度不变。如果感兴趣可参考文献[62]。

接下来通过涡量计算气动力。在钝体边界上应用随体坐标形式的动量矩方程如下：

$$s\cdot\frac{\mathrm{d}V}{\mathrm{d}t}\bigg|_{\partial\Omega} = -\frac{1}{\rho}\frac{\partial p}{\partial s}\bigg|_{\partial\Omega} + \nu\frac{\partial\omega}{\partial n}\bigg|_{\partial\Omega} \tag{2.5.16}$$

结合边界涡量输运方程，有

$$\frac{1}{\rho}\frac{\partial p}{\partial s}\bigg|_{\partial\Omega} = -s\cdot\frac{\mathrm{d}V}{\mathrm{d}t}\bigg|_{\partial\Omega} - \frac{\partial\gamma}{\partial t}\bigg|_{\partial\Omega} \tag{2.5.17}$$

求解式(2.5.17)可得压力在钝体边界的分布，再沿钝体边界表面积分可得作用在钝体上的升力、阻力和力矩。

总结离散涡方法的计算步骤如下。

(1) 对钝体外形进行离散；

(2) 计算流场在控制点的诱导速度，并计算该速度沿钝体边界的法向分量；

(3) 求解出表面涡片强度；

(4) 计算钝体所受的气动力；

(5) 计算涡元速度并更新涡元位置；

(6) 在钝体边界将涡片转换为初生涡元；

(7) 模拟涡元的扩散过程；

(8) 计算非定常气动力；

(9) 针对钝体边界的非定常运动更新边界条件；

(10) 寻找进入钝体内部的涡元，将其从计算域内移调并存储其强度；

(11) 重复步骤(2)～(10)。

2.5.2　二维离散涡方法的工程应用

离散涡方法在工程实际中的应用已日渐成熟，本小节介绍其主要应用[63]。

1. 叶栅的气动弹性问题

传播失速是叶轮机械的一个重要研究课题，被称为叶片失速颤振气动弹性问题，主要特点为流动的大尺度分离且不稳定性随时间与空间进行传播。相关研究者在给定叶片振动模式下，对振荡叶栅传播失速不稳定流场通过离散涡方法进行了数值模拟。通过比较典型条件下非定常升力系数、阻力系数和力矩系数的计算值与分析解，证明了离散涡方法的有效性。

随后，相关研究者耦合结构运动方程与离散涡数值仿真方法来构建叶栅的气动弹性数值仿真。该方法大致包括两部分：①将叶栅视为具有阻尼的弹性系统，在不稳定力与力矩的作用下，叶栅会发生弯曲和扭转等受激振动；②计算叶片在受激振动下的不稳定流场，并求解相应的非定常气动力。这两部分在每个时刻都会相互耦合和迭代。图 2.5.1 给出了离散涡方法模拟叶栅非定常流场的流谱[63]。

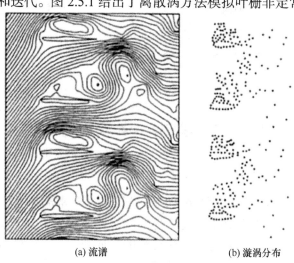

　　　　(a) 流谱　　　　　　　　　　(b) 漩涡分布

图 2.5.1　离散涡方法模拟叶栅非定常流场的流谱

2. 多钝体绕流数值仿真

多钝体绕流在工程中广泛存在，相关研究者采用离散涡方法对多圆柱绕流和建筑群绕流进行了数值仿真。三圆柱绕流的流谱如图 2.5.2 所示，该流动状态显然是不稳定的。图 2.5.3 显示三圆柱升力与阻力系数非定常响应。在前面的圆柱 3 上，系数变化简单，而后面两个圆柱的系数变化较为复杂，其变化频率与相位均不同，也显示了这类流动的复杂性[63]。

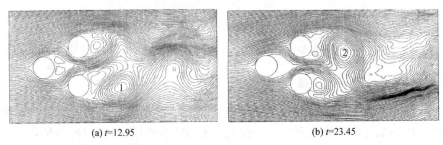

(a) t=12.95　　　　　　　　　　　　　(b) t=23.45

图 2.5.2　三圆柱绕流的流谱

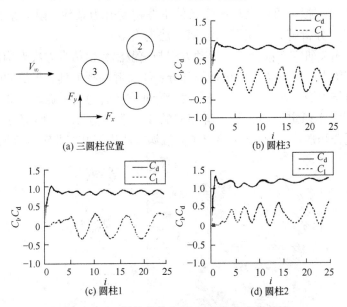

(a) 三圆柱位置　　　　　　(b) 圆柱3

(c) 圆柱1　　　　　　(d) 圆柱2

图 2.5.3　三圆柱升力与阻力系数非定常响应

　　在风工程或环境流体力学领域，绕建筑群的非定常流动也是备受关注的课题。一般情况下，采用方形模拟建筑物的截面并计算流场。图 2.5.4 给出了三方柱绕流的流谱[63]，其结果与三圆柱绕流的特征类似。就计算而言，这种绕流具有尖点物体的流动，分离点更容易确定，尖点处即分离点。

3. 相关流固耦合问题

　　针对泥沙粒子在圆柱绕流中的运动问题，相关研究者结合离散涡方法求解

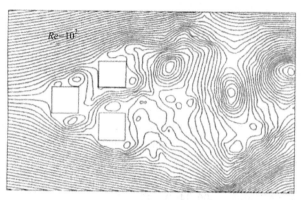

图 2.5.4　三方柱绕流的流谱

非定常水流场以及颗粒的拉格朗日运动方程进行了数值仿真。模拟结果证明了液固两相流动中颗粒运动与流体旋涡存在明确的相关结构：在圆柱表面附着有泥沙。水流过圆柱时产生的分离流会带动圆柱表面泥沙起伏。中等 Sr 的泥沙颗粒被流体旋涡带起并被卷入旋涡结构中，被卷入旋涡结构的泥沙颗粒在运动过程中始终分布于旋涡区并聚集，如图 2.5.5 所示[63]。离散涡方法在工程中还有很多其他应用，这里不一一列举。

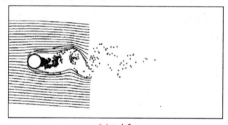
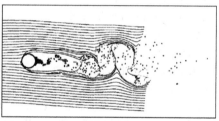

(a) t=4.5　　　　　　　　　　　　　　　　　(b) t=10.5

图 2.5.5　流场中颗粒分布与旋涡分布

参　考　文　献

[1] 管德. 非定常空气动力计算[M]. 北京：北京航空航天大学出版社, 1991.

[2] 杨永年, 赵令诚. 非定常空气动力学及颤振[M]. 西安：西北工业大学出版社, 1982.

[3] PIJUSU K K. Fluid Mechanics[M]. London: Academic Press, 1990.

[4] 刘君, 徐春光, 白晓征. 有限体积法和非结构动网格[M]. 北京：科学出版社, 2016.

[5] BANITA J T. Unsteady Euler airfoil solutions using unstructured dynamic meshes[J]. AIAA, 1990, 28(8): 1381-1388.

[6] TEZDUYAR T E. Stabilized finite element formulations for incompressible flow computations[J]. Advances in Applied Mechanics, 1992, 28(1): 1-44.

[7] 陈炎, 曹树良, 梁开洪, 等. 射流放水阀动态关闭过程研究[J]. 流体机械, 2009, 37(12): 9-13.

[8] BOER A, SCHOOT M S, BIJL H. Mesh deformation based on radial basis function interpolation[J]. Computers & Structures, 2007, (85): 784-795.

[9] 周璇, 李水乡, 陈斌. 非结构动网格生成的弹簧-插值联合方法[J]. 航空学报, 2010, 31(7): 1389-1395.

[10] 林天军, 关振群. 基于背景网格变形的动态网格移动方法[J]. 计算力学学报, 2012, 29(1): 105-110.

[11] PULLIAM T. Time accuracy and the use of implicit methods[C].11th Computational Fluid Dynamics Conference, Orlando, 1993: 3360.

[12] JAMESON A. Time dependent calculations using multigrid, with applications to unsteady flows past airfoils and wings[C]. 10th Computational Fluid Dynamics Conference, Honolulu, 1991: 1596.

[13] ROSSOW C C. Convergence acceleration for solving the compressible Navier-Stokes equations[J]. AIAA Journal, 2006, 44(2): 345-352.

[14] 刘巍, 张理论, 王勇献, 等. 计算空气动力学并行编程基础[M]. 北京: 国防工业出版社, 2013.

[15] HALL K C, CRAWLEY E F. Calculation of unsteady flows in turbomachinery using the linearized Euler equations[J]. AIAA Journal, 1989, 27(6): 777-787.

[16] HALL K C, CLARK W S. Prediction of unsteady aerodynamic loads in cascades using the linearized Euler equations on deforming grids[C]. 27th Joint Propulsion Conference, Sacramento, 1991: 3378.

[17] HALL K C, CLARK W S, LORENCE C B. A linearized Euler analysis of unsteady transonic flows in turbomachinery[J]. Journal of Turbomachinery, 1994, 116(3): 477-488.

[18] PECHLOFF A N, LASCHKA B. Small disturbance Navier-Stokes method: Efficient tool for predicting unsteady air loads[J]. Journal of Aircraft, 2006, 43(1): 17-29.

[19] WIDHALM M, DWIGHT R P, THORMANN R, et al. Efficient computation of dynamic stability data with a linearized frequency domain solver[C]. European Conference on Computational Fluid Dynamics, Lisbon, 2010.

[20] 张伟伟, 贡伊明, 刘溢浪. 非定常流动模拟的时间离散方法[J]. 力学进展, 2019, 49(1): 480-513.

[21] NING W, HE L. Computation of unsteady flows around oscillating blades using linear and nonlinear harmonic Euler methods[J]. Journal of Turbomachinery, 1998, 120(3): 508-514.

[22] HE L, NING W. Efficient approach for analysis of unsteady viscous flows in turbomachines[J]. AIAA Journal, 1998, 36(11): 2005-2012.

[23] CHEN T, VASANTHAKUMAR P, HE L. Analysis of unsteady blade row interaction using nonlinear harmonic approach[J]. Journal of Propulsion and Power, 2001, 17(3): 651-658.

[24] MCMULLEN M, JAMESON A, ALONSO J J. Acceleration of convergence to a periodic steady state in turbomachinery flows[C]. 39th Aerospace Sciences Meeting and Exhibit, Reno, 2001: 152.

[25] HALL K C, THOMAS J P, CLARK W S. Computation of unsteady nonlinear flows in cascades using a harmonic balance technique[J]. AIAA Journal, 2002, 40(5): 879-886.

[26] GOPINATH A, JAMESONY A. Time spectral method for periodic unsteady computations over two and three dimensional bodies[J]. AIAA Paper, 2005, 1220: 10-13.

[27] LEFFELL J, SITARAMAN J, LAKSHMINARAYAN V K, et al. Towards efficient parallel-in-time simulation of periodic flows[C]. 54th AIAA Aerospace Sciences Meeting, SanDiego, 2016: 66.

[28] MUNDIS N L, MAVRIPLIS D J. Toward an optimal solver for time-spectral solutions on unstructured meshes[C]. 54th AIAA Aerospace Sciences Meeting, SanDiego, 2016: 69.

[29] DINU A D, BOTEZ R M, COTOI I. Chebyshev polynomials for unsteady aerodynamic calculations in aeroservoelasticity[J]. Journal of Aircraft, 2006, 43(1): 165-171.

[30] KURDI M H, BERAN P S. Spectral element method in time for rapidly actuated systems[J]. Journal of Computational Physics, 2008, 227(3): 1809-1835.

[31] HUERRE P, MONKEWITZ P A. Local and global instabilities in spatially developing flows[J]. Annual Review of Fluid Mechanics, 1990, 22(1): 473-537.

[32] COLLIS S S, JOSLIN R D, SEIFERT A, et al. Issues in active flow control: Theory, control, simulation, and experiment[J]. Progress in Aerospace Sciences, 2004, 40(4-5): 237-289.

[33] PIERREHUMBERT R T, WIDNALL S E. The two-and three-dimensional instabilities of a spatially periodic shear layer[J]. Journal of Fluid Mechanics, 1982, 114: 59-82.

[34] THEOFILIS V. Advances in global linear instability analysis of nonparallel and three-dimensional flows[J]. Progress in Aerospace Sciences, 2003, 39(4): 249-315.

[35] THEOFILIS V. Global linear instability[J]. Annual Review of Fluid Mechanics, 2011, 43: 319-352.

[36] LUIJKX J M, PLATTEN J K. On the onset of free convection in a rectangular channel[J]. Journal of Non-Equilibrium Thermodynamics, 1981, 6(3): 141-158.

[37] JACKSON C P. A finite-element study of the onset of vortex shedding in flow past variously shaped bodies[J]. Journal of Fluid Mechanics, 1987, 182: 23-45.

[38] ZEBIB A. Stability of viscous flow past a circular cylinder[J]. Journal of Engineering Mathematics, 1987, 21(2): 155-165.

[39] MORZYNSKI M, THIELE F. Numerical stability analysis of a flow about a cylinder[J]. Zeitschrift Angewandte Mathematik und Mechanik, 1991, 71(5): 424-428.

[40] GELFGAT A Y. Different modes of Rayleigh-Bénard instability in two-and three-dimensional rectangular enclosures[J]. Journal of Computational Physics, 1999, 156(2): 300-324.

[41] TATSUMI T, YOSHIMURA T. Stability of the laminar flow in a rectangular duct[J]. Journal of Fluid Mechanics, 1990, 212: 437-449.

[42] BARKLEY D, HENDERSON R D. Three-dimensional Floquet stability analysis of the wake of a circular cylinder[J]. Journal of Fluid Mechanics, 1996, 322: 215-241.

[43] WEISS P É, DECK S, ROBINET J C, et al. On the dynamics of axisymmetric turbulent separating/reattaching flows[J]. Physics of Fluids, 2009, 21(7): 75103.

[44] THEOFILIS V, BARKLEY D, SHERWIN S. Spectral/hp element technology for global flow instability and control[J]. The Aeronautical Journal, 2002, 106(1065): 619-625.

[45] CROUCH J D, GARBARUK A, MAGIDOV D. Predicting the onset of flow unsteadiness based on global instability[J]. Journal of Computational Physics, 2007, 224(2): 924-940.

[46] CROUCH J D, GARBARUK A, MAGIDOV D, et al. Origin of transonic buffet on

aerofoils[J]. Journal of Fluid Mechanics, 2009, 628: 357-369.

[47] WILKINSON J H. The Algebraic Eigenvalue Problem[M]. Oxford: Clarendon Press, 1965.

[48] KOOPER M N, VAN DER VORST H A, POEDTS S, et al. Application of the implicitly updated Arnoldi method with a complex shift-and-invert strategy in MHD[J]. Journal of Computational Physics, 1995, 118(2): 320-328.

[49] ERIKSSON L E, RIZZI A. Computer-aided analysis of the convergence to steady state of discrete approximations to the Euler equations[J]. Journal of Computational Physics, 1985, 57(1): 90-128.

[50] WILLIAMSON C H K. Vortex dynamics in the cylinder wake[J]. Annual Review of Fluid Mechanics, 1996, 28(1): 477-539.

[51] KARNIADAKIS G E, TRIANTAFYLLOU G S. Three-dimensional dynamics and transition to turbulence in the wake of bluff objects[J]. Journal of Fluid Mechanics, 1992, 238: 1-30.

[52] HENDERSON R D, BARKLEY D. Secondary instability in the wake of a circular cylinder[J]. Physics of Fluids, 1996, 8(6): 1683-1685.

[53] SHANKAR P N, DESHPANDE M D. Fluid mechanics in the driven cavity[J]. Annual Review of Fluid Mechanics, 2000, 32(1): 93-136.

[54] HAQUE S, LASHGARI I, GIANNETTI F, et al. Stability of fluids with shear-dependent viscosity in the lid-driven cavity[J]. Journal of Non-Newtonian Fluid Mechanics, 2012, 173: 49-61.

[55] DING Y, KAWAHARA M. Linear stability of incompressible flow using a mixed finite element method[J]. Journal of Computational Physics, 1998, 139(2): 243-273.

[56] THEOFILIS V. Globally unstable basic flows in open cavities[C]. 6th Aeroacoustics Conference and Exhibit, Lahina, 2000: 1965.

[57] VICENTE J D. Spectral multi-domain method for the global instability analysis of complex cavity flows[D]. Madrid: Polytechnic University of Madrid, 2010.

[58] TOUBER E, SANDHAM N D. Large-eddy simulation of low-frequency unsteadiness in a turbulent shock-induced separation bubble[J]. Theoretical and Computational Fluid Dynamics, 2009, 23(2): 79-107.

[59] ROBINET J C. Bifurcations in shock-wave/laminar-boundary-layer interaction: Global instability approach[J]. Journal of Fluid Mechanics, 2007, 579: 85-112.

[60] SANDBERG R D, FASEL H F. Numerical investigation of transitional supersonic axisymmetric wakes[J]. Journal of Fluid Mechanics, 2006, 563: 1-41.

[61] SANMIGUEL-ROJAS E, SEVILLA A, MARTÍNEZ-BAZÁN C, et al. Global mode analysis of axisymmetric bluff-body wakes: Stabilization by base bleed[J]. Physics of Fluids, 2009, 21(11): 114102.

[62] CHORIN A J, HUGHES T J R, MCCRACKEN M F, et al. Product formulas and numerical algorithms[J].Communications on Pure and Applied Mathematics, 1978, 31(2): 205-256.

[63] 黄远东, 吴文权, 张红武, 等. 离散涡方法及其工程应用[J]. 应用基础与工程科学学报, 2000, 8(4): 405-415.

第 3 章　经典非定常气动力模型

3.1　动　导　数

在飞行器设计与试验过程中,如何获得飞行包线内的动态操稳特性始终是一个难题。在非定常流动中,激波诱导出的流动分离、分离涡的运动与破裂均使流动呈现出强烈的不稳定和非线性特性,给飞行器的飞行带来非常不利的影响,甚至会产生某些颠覆性后果。然而,在飞行器设计阶段,设计师很难预知动态操稳特性的边界以及其不稳定流动问题的严重程度,因此只能通过飞行试验来测试。但在飞行器试验中暴露出的动态稳定性问题将会导致飞行器的设计周期严重拉长,设计成本大幅增加,以及给飞行器局部修型带来不可避免的性能损失。21 世纪以来,飞行器设计中的动态稳定性问题层出不穷,亟须一套成熟可靠的飞行器动态稳定性分析方法对不同飞行器设计方案进行评估和筛选,最大程度地降低设计成本和风险。

为解决飞行的动态稳定性问题,在飞行器设计的过程中必须对飞机运动规律及其在扰动下的动态稳定性进行研究,需要把气动力负载的影响表示为该时刻的运动状态参数及其导数的函数。动态稳定性参数由此引出,工程上简称为动导数。

3.1.1　动导数概述

动态气动导数,在工程中一般称为"动导数",在飞行力学中讨论飞行器的运动规律、飞行器在扰动下的运动稳定性时引入。其物理含义是将作用在飞行器上的空气载荷表达为运动状态参数及其导数的函数。动导数用来描述飞行器在进行机动飞行和受到扰动时的气动特性,在实际应用上的需求主要体现在以下两个方面:

(1) 动导数是飞机动态稳定性分析和飞行品质分析的重要参数;

(2) 动导数是姿态控制系统设计中的重要参数,控制系统设计往往是以动导数为基础确定放大系数或增益系数。

根据气动载荷及运动状态的不同,动导数分为很多种。以与稳定性分析密切相关的动态力矩系数为例,记 C_m、C_n 和 C_l 分别为俯仰、偏航和滚转 3 个方向的气动力矩系数;$\dot{\alpha}$ 和 $\dot{\beta}$ 分别为迎角和侧滑角的变化率;p、q 和 r 分别为滚转、俯仰和偏航角速度。因此，主导数共有 5 个，分别为 C_{mq}、C_{nr}、C_{lp}、$C_{m\dot\alpha}$ 和 $C_{n\dot\beta}$；交叉导数(指横侧向之间)共有 3 个，分别为 C_{lr}、C_{np} 和 $C_{l\beta}$；交叉耦合导数(指纵向与横侧向之间)共有 7 个，分别为 C_{mr}、C_{nq}、C_{np}、C_{lq}、$C_{n\dot\alpha}$、$C_{l\dot\alpha}$ 和 $C_{m\dot\beta}$。具体如表 3.1.1 所示。

表 3.1.1 主要的动态力矩导数

力矩导数	旋转导数	加速度导数	绕固定轴振荡		
			阻尼导数	交叉导数	交叉耦合导数
滚转	C_{lp}、C_{lq}、C_{lr}	$C_{l\dot\alpha}$、$C_{l\dot\beta}$	$C_{lp}+C_{l\beta}\sin\alpha$	$C_{lr}-C_{l\beta}\cos\alpha$	$C_{lq}+C_{l\dot\alpha}$
俯仰	C_{mp}、C_{mq}、C_{mr}	$C_{m\dot\alpha}$、$C_{m\dot\beta}$	$C_{mq}+C_{m\dot\alpha}$	—	$C_{mr}-C_{m\beta}\cos\alpha$, $C_{mp}+C_{m\beta}\sin\alpha$
偏航	C_{np}、C_{nq}、C_{nr}	$C_{n\dot\alpha}$、$C_{n\beta}$	$C_{np}+C_{n\beta}\cos\alpha$	$C_{nr}-C_{n\beta}\sin\alpha$	$C_{nq}+C_{n\dot\alpha}$

相关研究表明，飞行器动态气动导数与飞行器动态气动特性密切相关。对于现代战斗机，机翼的摇滚问题是普遍存在的横航向稳定性问题之一，摇滚现象的出现与滚转阻尼的丧失是分不开的。Hsu 等[1]在研究机翼摇滚现象后认为，要想分析机翼摇滚现象，确定极限环振动的振幅和频率，必须先确定相关的静、动气动导数：C_{lp}、$C_{lp\beta}$、C_{lpp}、C_{lr}、C_{np}、C_{nr}、$C_{l\beta}$ 和 $C_{n\beta}$。Nolan[2]在研究 F-4 和 F-15 战斗机的机翼摇滚现象时认为，C_{lp}、$C_{l\beta}$、$C_{y\beta}$、C_{yp} 是分析机翼摇滚现象的关键参数，其中 C_{lp} 与 $C_{l\beta}$ 尤为重要。

鉴于动态气动导数在飞行器设计中的重要作用，在国外，美国国家航空航天局(National Aeronautics and Space Administration，NASA)、航天研究与发展咨询组(Advisory Group of Aerospace Research and Development，AGARD)等机构专门召开过多次专题讨论会，并出版了相关领域的研究专辑。例如，"阿波罗号"载人飞船在研制过程中为确保载人安全，动导数方面的试验内容占有非常大的比重，动用了 9 套模型在 14 座风洞中进行亚、跨、超及高超声速的风洞试验，试验时间超过 700h[3]。我国对动导数也非常重视，在"神舟号"载人工程、863 计划及多个国家重大工程项目支持下，在动导数的试验、计算方法和基础设备能力等方面也有了全面的发展。

目前，获取飞行器动导数的方法主要有飞行试验、理论计算、风洞试验和数值计算等。飞行试验难度大、周期长、成本高及风险高，不可能在飞行器设计初期获得指导性的数据，其"事后验证"特点显著；理论计算虽然成本、风险最小，但与实际误差较大，可靠程度很低；风洞试验是目前动态气动特性研究的重要手段,通过风洞试验确定动导数的方法有强迫振动法、有限自由振动法、自由翻滚法和模型自由飞等方法[4-6]。但风洞试验存在洞壁干扰等问题,对于滚转阻尼、交叉/耦合阻尼这类量级很小问题的试验,传统方法的试验测试难度大,很多情况下无法提供与飞行相似的有效试验环境和条件,而新兴的技术(如磁悬浮风洞等)仍不成熟。因此,虽然风洞试验是目前研究动导数的重要手段,但仍有很多困难要克服。近些年,通过数值计算获取动导数的文献大量涌现,随着 CFD 的发展,动导数的数值计算有望实现在成本和风险非常小的情况下,可靠性接近飞行试验。

在 20 世纪 90 年代以前,动导数计算方法主要包括经验方法和半经验方法,典型的有升力面理论[7]、修正牛顿理论、内伏牛顿理论、Newton-Busemann 理论和修正激波–膨胀波理论等[8-9]。总体来看,虽然这些方法在一定范围内取得了成功,但由于非定常流场的复杂性,在复杂流场中很难被应用。例如,当攻角较大时,旋涡运动与破裂、激波诱导分离等因素的影响,使动导数计算仍有较大的难度。20 世纪 90 年代之后,随着 CFD 技术与计算机硬件水平的提高,通过数值模拟强迫振荡或自由振荡过程来获取动导数的方法开始建立,国内外均开展了广泛的研究工作。同时,为了克服复杂外形非定常流场计算工作量大,计算效率低,难以满足在型号设计中快速提供数据要求的问题,除了时域内各种方法外,也开展了基于频域的方法研究,如谐波平衡法等[10-11]。

3.1.2　动导数的计算和试验方法

1. 动导数理论基础及非定常气动力模型

一般认为,最早的非定常气动力数学模型是由 Bryan 等[12-13]提出的,Bryan 将气动力、力矩系数视为扰动速度、控制角度和速率瞬时值的函数。以俯仰运动为例,即

$$C_{\mathrm{m}}(t) = C_{\mathrm{m}}(\alpha, \beta, \dot{\alpha}, \dot{\beta}, p, q, r) \tag{3.1.1}$$

其中,C_{m} 为俯仰力矩系数;α 和 β 分别为迎角和侧滑角;p、q 和 r 分别为滚转、俯仰和偏航角速度。之后 Tobak 等[14-15]采用指示函数作为气动力的泛函,建立了非线性指示泛函理论。仍以俯仰运动为例,其非定常动态俯仰力矩的表达式如下:

$$\begin{aligned}
C_{\mathrm{m}}(t) = C_{\mathrm{m}}(t_0) &+ \int_{t_0}^{t} C_{\mathrm{m}\alpha}\left[\alpha(\xi), q(\xi), t, \tau\right] \frac{\mathrm{d}\alpha(\tau)}{\mathrm{d}\tau} \mathrm{d}\tau \\
&+ \frac{L}{2V_\infty} \int_{t_0}^{t} C_{\mathrm{m}q}\left[\alpha(\xi), q(\xi), t, \tau\right] \frac{\mathrm{d}q(\tau)}{\mathrm{d}\tau} \mathrm{d}\tau
\end{aligned} \tag{3.1.2}$$

其中,L 和 V_∞ 分别为参考长度和来流速度;$C_{\mathrm{m}\alpha}$ 和 $C_{\mathrm{m}q}$ 分别为俯仰力矩系数所

对应的迎角和俯仰角速度的导数；$\xi \in [t_0, t]$。虽然式(3.1.2)在数学上是完备的，但关于非线性指示函数的确定却非常困难，不可能直接求解这个微分-积分系统，必须要对其进行简化处理。

Etkin 等[16]认为，非定常气动力、力矩是状态变量的泛函。在任何给定的时刻，其流场不仅仅取决于瞬时的运动状态，严格来说还和其整个历史运动状态有关。因此，该泛函的关系式为

$$L(t) = L(\alpha(\tau)) \qquad -\infty \leqslant \tau \leqslant t \qquad (3.1.3)$$

Etkin 模型虽然较 Bryan 模型有本质上的改进，但依然难以解释大攻角运动时的一些非线性行为。任玉新等[17]利用 Tobak 等的非线性指示函数的方法，发展了改进的 Etkin 模型，在基准状态参数中包含了时间变量，扩展了动导数的应用范围。泛函表达式为

$$L(t) = L(t, \alpha(\tau)) \qquad -\infty \leqslant \tau \leqslant t \qquad (3.1.4)$$

除了上述几种重要模型外，还有一些其他模型，如状态空间表示模型[18-19]、Fourier 变换模型[20]与多项式模型[21]等。这里基于经典的 Etkin 模型，对动导数数学表达式进行推导。对于式(3.1.3)，将 $\alpha(\tau)$ 在 t 附近进行泰勒级数展开可得

$$\alpha(\tau) = \alpha(t) + (\tau - t)\dot{\alpha}(t) + \frac{1}{2}(\tau - t)^2 \ddot{\alpha}(t) + \cdots \qquad (3.1.5)$$

则无穷级数 $\alpha(t), \dot{\alpha}(t), \ddot{\alpha}(t), \cdots$ 可以代替式(3.1.3)中的 $\alpha(\tau)$，即

$$L(t) = L(\alpha, \dot{\alpha}, \ddot{\alpha}, \cdots) \qquad (3.1.6)$$

其中，$\alpha, \dot{\alpha}, \ddot{\alpha}, \cdots$ 均是 t 时刻的值。由此可以看出，t 时刻的气动力由 t 时刻的 α 及其各阶导数决定，即

$$L(t) = L_0 + L_\alpha \Delta\alpha + L_{\dot{\alpha}} \Delta\dot{\alpha} + L_{\ddot{\alpha}} \Delta\ddot{\alpha} + \cdots, \quad \Delta\alpha = \alpha - \alpha_0 \qquad (3.1.7)$$

若以俯仰运动为例，则动态俯仰力矩系数的表达式为

$$C_m(t) = C_m(\theta, \dot{\theta}, \ddot{\theta}, \cdots) \qquad (3.1.8)$$

取 α_0 为平衡迎角，θ 为俯仰角，定义 $\theta = \alpha - \alpha_0$。将式(3.1.8)在平衡迎角 α_0 处泰勒展开，可得

$$C_m(\theta, \dot{\theta}, \ddot{\theta}) = (C_m)_0 + \left(\frac{\partial C_m}{\partial \theta}\right)_0 \theta + \left(\frac{\partial C_m}{\partial \dot{\theta}}\right)_0 \dot{\theta} + \left(\frac{\partial C_m}{\partial \ddot{\theta}}\right)_0 \ddot{\theta} + G(\theta, \dot{\theta}, \ddot{\theta}) \qquad (3.1.9)$$

其中，$\left(\dfrac{\partial C_m}{\partial \theta}\right)_0$ 和 $\left(\dfrac{\partial C_m}{\partial \dot{\theta}}\right)_0$ 分别为俯仰静导数和俯仰动导数。$\left(\dfrac{\partial C_m}{\partial \dot{\theta}}\right)_0$ 实际上是组合项，由俯仰力矩对俯仰角速度的导数 C_{mq} 和俯仰力矩对迎角变化率的导数 $C_{m\dot{\alpha}}$ 组成。

2. 动导数 CFD 数值计算方法

数值方法计算动导数包含两部分内容，第一部分是非定常气动载荷的获取；第二部分是通过运动和气动载荷响应求解动导数。非定常气动载荷的计算方法包括势流方法和 CFD 方法。势流方法发展较早，建模简单、计算量小，但只适用于亚超声速小迎角状态。近年来，随着 CFD 方法的发展及非定常数值计算精度的提高，采用 CFD 方法计算飞行器动导数已经成为飞行器设计中最理想、最现实的一种方法。本小节只介绍第二部分内容。

目前，CFD 数值预测动导数常用的方法有强迫振动法和自由振动法两种。强迫振动法，即通过强迫飞行器进行指定的周期性运动，求解非定常流体运动方程(Euler 方程、N-S 方程)，记录飞行器的强迫运动过程和非定常气动力的响应历程，在给定的非定常气动力模型基础上对动导数进行数值辨识。与自由振动法相比，强迫振动法具有适应不同类型动导数与不同运动状态，辨识精度高和计算工作量小的优点，缺点是必须给定强迫运动的减缩频率，存在减缩频率的相似问题。在强迫振动法中，动导数的获取方法主要分为积分法、频域变换法、回归方法和相位法。下面以积分法和回归方法获取俯仰阻尼导数为例，说明强迫振动法中动导数的获取过程。

假设飞行器在绕质心做单自由度小振幅强迫俯仰振荡运动。平面内给定强迫振动形式：

$$\alpha(t) = \theta = \alpha_0 + \Delta\alpha \tag{3.1.10}$$

其中，$\Delta\alpha$ 是正弦函数和余弦函数的任一种。

由 Etkin 模型俯仰力矩系数可得

$$C_m = C_m\left(\alpha(t), \dot{\alpha}(t), \cdots, q(t), \dot{q}(t), \cdots\right) \tag{3.1.11}$$

假定基准飞行状态为对称定直飞行且扰动幅度小，计算中只考虑一阶动导数，忽略高阶动导数。气动力达到周期稳定解后，泰勒展开并略去高阶非线性小量，有

$$C_m(t) = C_{m_0} + C_{m\alpha_0}\Delta\alpha + C_{m\dot{\alpha}_0}\Delta\dot{\alpha} + C_{mq_0}\Delta q \tag{3.1.12}$$

又由于在简谐强迫振动下，有

$$\alpha^{(n)} = \theta^{(n)} = q^{(n-1)} \qquad n \geqslant 1 \tag{3.1.13}$$

将式(3.1.13)代入式(3.1.10)可得

$$C_m(t) = C_{m_0} + C_{m\theta_0}\Delta\alpha + C_{m\dot{\theta}_0}\Delta\dot{\alpha} \tag{3.1.14}$$

其中，$C_{m\dot{\theta}_0} = C_{m\dot{\alpha}_0} + C_{mq_0}$ 为俯仰阻尼导数。因此，通过 CFD 计算得到周期性简谐强迫运动的气动力矩后，通过对式(3.1.14)采用积分法或回归方法进行数值辨

识，便可获得俯仰阻尼导数 $C_{m\dot\theta_0}$ 。

1) 积分法

当强迫运动为周期性正弦简谐运动，即 $\Delta\alpha = \alpha_m \sin(kt)$ 时，将式(3.1.14)展开为

$$C_m(t) = C_{m_0} + C_{m\theta_0}\alpha_m \sin(kt) + C_{m\dot\theta_0}\alpha_m k \cos(kt) \tag{3.1.15}$$

对式(3.1.15)两边同乘 $\cos(kt)$：

$$C_m(t)\cos(kt) = C_{m_0}\cos(kt) + \frac{1}{2}C_{m\theta_0}\alpha_m \sin(2kt) + C_{m\dot\theta_0}\alpha_m k \cos^2(kt) \tag{3.1.16}$$

再对式(3.1.16)两边同时进行整周期的积分，显然等式右边第一项和第二项的积分为零，经过简单运算，可得

$$C_{m\dot\theta_0} = \frac{1}{\pi\alpha_m}\int_{t_s}^{t_s+T} C_m(t)\cos(kt)\mathrm{d}t \tag{3.1.17}$$

其中，t_s 为强迫运动达到周期性解后的任意时刻；T 为强迫振动周期，$T = \dfrac{2\pi}{k}$。

2) 回归方法

对于式(3.1.14)，在已知一个周期内若干离散的俯仰力矩系数及对应的运动状态情况下，可以采用多种回归方法求解俯仰阻尼导数 $C_{m\dot\theta_0}$。这里采用经典的最小二乘法[22]进行辨识。将俯仰刚度 $C_{m\theta_0}$ 和俯仰阻尼导数 $C_{m\dot\theta_0}$ 视为待辨识的参数，令

$$\boldsymbol{X} = \begin{pmatrix} \Delta\alpha_1 & \Delta\dot\alpha_1 \\ \Delta\alpha_2 & \Delta\dot\alpha_2 \\ \cdots & \cdots \\ \Delta\alpha_N & \Delta\dot\alpha_N \end{pmatrix}, \boldsymbol{Y} = \begin{pmatrix} C_m(t_1) - C_{m_0} \\ C_m(t_2) - C_{m_0} \\ \cdots \\ C_m(t_N) - C_{m_0} \end{pmatrix}, \boldsymbol{A} = \begin{pmatrix} C_{m\theta} \\ C_{m\dot\theta} \end{pmatrix} \tag{3.1.18}$$

其中，$\boldsymbol{Y} = \boldsymbol{X} \cdot \boldsymbol{A}$，则

$$\boldsymbol{A} = \left(\boldsymbol{X}^{\mathrm{T}}\boldsymbol{X}\right)^{-1}\boldsymbol{X}^{\mathrm{T}}\boldsymbol{Y} \tag{3.1.19}$$

通过式(3.1.19)可以同时辨识出俯仰刚度和俯仰阻尼导数。

飞行器动态气动导数的自由振动计算方法是通过耦合求解流体运动方程和飞行器运动方程对飞行器自由运动进行数值模拟，记录自由运动过程的非定常气动力变化过程，在给定的非定常气动力模型基础上建立数值辨识模型并对动导数进行辨识。自由振荡法与强迫振荡法的动导数预测结果互为补充，可以相互验证。自由振动法可以为强迫振动提供较为真实的振动频率，而强迫振荡法可以提供更多状态和种类动导数的计算结果。

本小节采用松耦合方法求解流体运动与飞行器运动的耦合方程。以俯仰为

例，飞行器单自由度俯仰运动方程可以写成如下无量纲形式：

$$I_{yy}\ddot{\theta} = C_{m} + \mu_{y}\dot{\theta} \tag{3.1.20}$$

其中，I_{yy} 为无量纲化后的转动惯量；μ_{y} 为无量纲化后的机械阻尼系数。在单自由度俯仰运动中，有 $\theta = \alpha$，将式(3.1.14)中的 $\Delta\alpha$ 用 θ 替换并代入式(3.1.20)，注意在平衡攻角处有 $(C_{m})_{0} = 0$，整理可得飞行器单俯仰自由度自由振动的二阶微分方程：

$$I_{yy}\ddot{\theta} - \left[\left(C_{mq} + C_{m\dot{\alpha}}\right)_{0} + \mu_{y}\right]\dot{\theta} - \left(C_{m\alpha}\right)_{0}\theta = 0 \tag{3.1.21}$$

其中，$\left(C_{mq} + C_{m\dot{\alpha}}\right)_{0}$ 为气动阻尼项；$\left(C_{m\alpha}\right)_{0}$ 为气动刚度项。在给出微分方程解析解时，可将 $\left(C_{mq} + C_{m\dot{\alpha}}\right)_{0}$ 当作常数，将式(3.1.21)当作常系数线性微分方程求解。令 $\left[\left(C_{mq} + C_{m\dot{\alpha}}\right)_{0} + \mu_{y}\right] = C_{m\dot{\theta}_{0}}$，$\left(C_{m\alpha}\right)_{0} = C_{m\theta_{0}}$，式(3.1.21)对应的特征方程为

$$I_{yy}r^{2} - C_{m\dot{\theta}_{0}}r - C_{m\theta_{0}} = 0，\ 令 \Delta = \left(\frac{C_{m\dot{\theta}_{0}}}{2I_{yy}}\right)^{2} + \frac{C_{m\theta_{0}}}{I_{yy}}。$$ 实际情况或风洞试验中，通常有①无量纲转动惯量 $I_{yy} > 1$；②飞行器静稳定，即 $C_{m\theta_{0}} < 0$；③空气阻尼较小，即 $C_{m\dot{\theta}_{0}}$ 较小。

这时 $\Delta < 0$，则方程(3.1.21)的通解为

$$\theta = Ae^{\lambda t}\cos(\omega t + \varphi) \tag{3.1.22}$$

$$A = \theta_{0}\left(1 + \frac{\lambda^{2}}{\omega^{2}}\right)，\varphi = \arctan\frac{\lambda}{\omega}，$$

$$\lambda = \frac{\left(C_{mq} + C_{m\dot{\alpha}}\right)_{0} + \mu_{y}}{2I_{yy}}，\omega = \sqrt{\left[\frac{\left(C_{mq} + C_{m\dot{\alpha}}\right)_{0} + \mu_{y}}{2I_{yy}}\right]^{2} + \frac{\left(C_{m\alpha}\right)_{0}}{I_{yy}}} \tag{3.1.23}$$

该方程的解为周期 $T = \dfrac{2\pi}{\omega}$ 的振动。由角振幅连成的包络线方程为

$$\theta = \theta_{0}e^{\lambda t} = \theta_{0}e^{\frac{\left[\left(C_{mq} + C_{m\dot{\alpha}}\right)_{0} + \mu_{y}\right]t}{2I_{yy}}} \tag{3.1.24}$$

则当 $\left(C_{mq} + C_{m\dot{\alpha}}\right)_{0} + \mu_{y} < 0$ 时，$\lambda < 0$，振幅衰减，表现为动稳定，如图 3.1.1(a) 所示；当 $\left(C_{mq} + C_{m\dot{\alpha}}\right)_{0} + \mu_{y} = 0$ 时，$\lambda = 0$，振幅不变，动临界稳定，如图 3.1.1(b) 所示；当 $\left(C_{mq} + C_{m\dot{\alpha}}\right)_{0} + \mu_{y} > 0$ 时，$\lambda > 0$，振幅发散，表现为动不稳定，如图 3.1.1(c)所示；在数值计算中，不考虑机械阻尼，则有 $\mu_{y} = 0$。

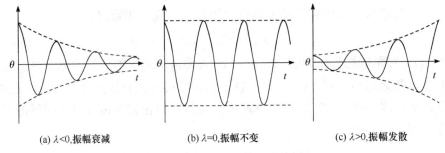

(a) $\lambda<0$, 振幅衰减　　　　　(b) $\lambda=0$, 振幅不变　　　　　(c) $\lambda>0$, 振幅发散

图 3.1.1　$\Delta<0$ 时的振动情况

　　下面介绍在自由振动法中如何对动导数进行辨识。首先通过数值模拟获得飞行器自由俯仰振动历程，其俯仰角随时间变化的曲线如图 3.1.2 所示。然后从曲线中选取相距一个周期的俯仰角 $\theta_{0.1}$ 和 $\theta_{0.2}$（对应时刻为 t_1 和 t_2，且 $t_2=t_1+T$）。

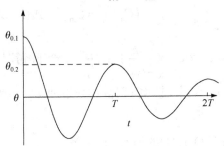

图 3.1.2　俯仰角随时间变化的曲线

应用式(3.1.22)，可得

$$\theta_1 = A\mathrm{e}^{\lambda t_1}\cos(\omega t_1+\varphi)，\quad \theta_2 = A\mathrm{e}^{\lambda t_2}\cos(\omega t_2+\varphi) = A\mathrm{e}^{\lambda t_2}\cos(\omega t_1+\varphi+2\pi)$$

将两式相除并进行简单处理，即可得到俯仰阻尼导数 $\left(C_{mq}+C_{m\dot{\alpha}}\right)_0$：

$$\left(C_{mq}+C_{m\dot{\alpha}}\right)_0 = \frac{2I_{yy}}{T}\ln\frac{\theta_2}{\theta_1} - \mu_y \tag{3.1.25}$$

这里的周期 T 可以取两个相邻的最大峰值点 θ_{m1} 与 θ_{m2} 之间的时间差，因此式(3.1.25)可以改为

$$\left(C_{mq}+C_{m\dot{\alpha}}\right)_0 = \frac{2I_{yy}}{t_{m2}-t_{m1}}\ln\frac{\theta_{m2}}{\theta_{m1}} - \mu_y \tag{3.1.26}$$

3. 动导数的试验获取

　　风洞试验是目前进行动态气动特性研究的重要手段，包括各个运动自由度上的动导数及运动频率特性的获取。风洞试验对于改进气动导数的预测精度、确认理论和数值方法的准确性，以及各类飞行器的研发均起关键作用。

广义的动导数试验包括以下三种方法：风洞模型试验、弹道靶模型试验和亚尺寸及全尺寸飞行试验。图 3.1.3 列出了动导数风洞试验的各种方法[23]，主要包括全自由度运动和限制自由度运动两大类。动导数风洞试验方法还可分为自由振动试验法、强迫振动试验法、交叉导数和交叉耦合导数试验法以及多自由度试验法四类方法。本小节对于应用较广的自由振动试验法和强迫振动试验法进行阐述。

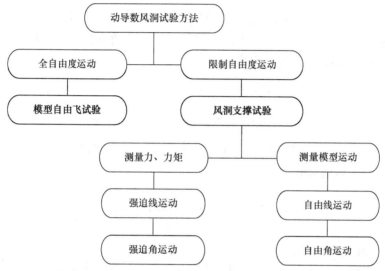

图 3.1.3 动导数风洞试验的各种方法

1) 自由振动试验法

自由振动试验作为动导数试验的基础方法，最早得到应用，所用的仪器和设备也最简单，主要元件为弹性铰链。自由振动试验成功的关键在于准确地获取模型自由振动的振幅衰减曲线并通过数据处理获得模型的动导数。试验模型由铰链约束，在试验时施加初始位移或初始速度扰动后进行释放。当模型是动稳定时，可以观测到模型在惯性力和气动力(力矩)合力作用下做自由衰减的振荡运动。通过单自由度自由振动试验可以获取各个自由度上的直接动导数。

采用自由振动试验法测量动导数，主要的优点是系统结构简单，使用方便，通过重复性测量就可以消除风洞中气流噪声的影响，对于小阻尼的测量有较高的精度。缺点是只局限于做直接阻尼导数试验，不能做交叉导数和交叉耦合导数试验，当动态不稳定时会出现较大迎角的发散，不能得到可靠的定量结果。

对于有支撑结构刚度的单自由度振动系统，描述自由振动的动力学方程为

$$I_{yy}\ddot{\theta} - \left[\left(C_{mq} + C_{m\dot{\alpha}}\right)_0 + \mu_y\right]\dot{\theta} - \left[\left(C_{m\alpha}\right)_0 + C_{mt}\right]\theta = 0 \qquad (3.1.27)$$

其中，C_{mt} 为支撑刚度；其余符号含义与式(3.1.21)相同。为描述方便，引入阻尼系数 $C = -\left(C_{mq} + C_{m\dot{\alpha}}\right)_0 - \mu_y$，在测量阻尼系数时经常用到的一个参数是阻尼达到特定振幅比所用的时间。令 θ_1 和 θ_2 分别表示 t_1 和 t_2 时刻的振幅，且有 $\theta_2 / \theta_1 = R$，则该参数可表示为

$$C = \frac{-2I_{yy} f \ln R}{C_{YR}} \qquad (3.1.28)$$

其中，$f = 1/T = \omega_d / 2\pi = C_{YR} / (t_2 - t_1)$；$C_{YR}$ 为周期数。与数值计算不同的是，动态阻尼由气动阻尼扣除天平系统阻尼得到。扣除的部分可在无风状态测量得到，最后气动动态阻尼由下式给出：

$$C = -\left[\left(C_{mq} + C_{m\dot{\alpha}}\right)_0 + \mu_y\right]_{\mathrm{w}}$$
$$\left(C_{mq} + C_{m\dot{\alpha}}\right)_0 = \left[\left(C_{mq} + C_{m\dot{\alpha}}\right)_0 + \mu_y\right]_{\mathrm{w}} - \left(\mu_y\right)_{\mathrm{v}} \qquad (3.1.29)$$

其中，下标 w 和 v 分别用来标记有风和无风条件下的测量结果。进而可以给出风洞试验的动导数表达式如下：

$$\left(C_{mq} + C_{m\dot{\alpha}}\right)_0 = 2I_{yy} \ln R \left[\left(\frac{f}{C_{YR}}\right)_{\mathrm{w}} - \left(\frac{f}{C_{YR}}\right)_{\mathrm{v}} \frac{f_{\mathrm{v}}}{f_{\mathrm{w}}}\right] \qquad (3.1.30)$$

2) 强迫振动试验法

强迫振动试验法是获取动导数的另一类方法，同时也是最常用的方法。与自由振动试验法相比，其不仅能够测量直接阻尼导数，而且还能测量交叉导数和交叉耦合导数；对于动不稳定问题仍能得到可靠的定量结果。同时，强迫振动试验还可以在不更换设备的情况下进行多种不同频率的动导数试验，而对于自由振动试验，若要进行不同频率试验，则必须更换弹性元件。

强迫振动试验技术需使用激振器，通过连接到模型的力矩梁元件传递激振力，使模型作简谐振动，并测量在特定的频率和振幅条件下维持振荡的力矩，然后经过数据处理得到动导数数据。强迫振动试验可分为弹性强迫振动法(谐振法)和刚性强迫振动法两种方法。弹性强迫振动不满足刚体假设，系统工作在谐振点附近；刚性强迫振动指模型振动的频率远低于模型、天平、激振器和支撑系统的固有振动频率，满足刚体运动假设。目前，常用的是刚性强迫振动法。由于篇幅所限，本小节只对刚性强迫振动法获取动导数进行阐述。

以俯仰单自由度振动为例，模型的强迫振动运动方程为

$$I_{yy}\ddot{\theta} - \left[\left(C_{mq} + C_{m\dot{\alpha}}\right)_0 + \mu_y\right]\dot{\theta} - \left[\left(C_{m\alpha}\right)_0 + C_{mt}\right]\theta = M\sin(\omega t + \varphi) \qquad (3.1.31)$$

同样的，引入刚度系数 $K = -\left[\left(C_{mq} + C_{m\dot{\alpha}}\right)_0 + \mu_y\right]$，则式(3.1.31)可化为

$$I_{yy}\ddot{\theta} + C\dot{\theta} + K\theta = M\sin(\omega t + \varphi) \tag{3.1.32}$$

假定模型做正弦运动，则有

$$\theta(t) = \theta_0 \sin(\omega t) \tag{3.1.33}$$

将式(3.1.33)代入式(3.1.32)化简可得

$$\left(-I_{yy}\omega^2\theta_0 + K\theta_0\right)\sin(\omega t) + C\omega\theta_0\cos(\omega t) = M[\sin(\omega t)\cos\varphi + \cos(\omega t)\sin\varphi] \tag{3.1.34}$$

可以得出气动导数的表达式：

$$\left(C_{mq} + C_{m\dot{\alpha}}\right)_0 = -\left(\frac{M\sin\varphi}{\omega\theta_0}\right)_w - \left(\mu_y\right)_v \tag{3.1.35}$$

因此只要测量在有风和无风条件下作用在模型上的强迫振动力矩振幅 M、相位滞后角 φ、振动圆频率 ω 和角振幅 θ_0，即可得到动导数。然而在试验中，相位滞后角 φ 和角振幅 θ_0 不易直接精确测得，因此要通过如下转化。

对位移和力矩信号，即式(3.1.36)和式(3.1.37)处理可求出式(3.1.40)和式(3.1.41)：

$$\theta^2(t) = \theta_0^2\sin^2(\omega t) = \frac{\theta_0^2}{2}\left[1 - \cos(2\omega t)\right] \tag{3.1.36}$$

$$M_e(t)\theta\left(t + \frac{\pi}{2\omega}\right) = M\theta_0\sin(\omega t)\sin(\omega t + \varphi) = \frac{M\theta_0}{2}\left[\sin\varphi + \sin(2\omega t + \varphi)\right] \tag{3.1.37}$$

通过低通滤波获取直流量：

$$\left|\theta^2(t)\right|_{DC} = \theta_0^2/2 \tag{3.1.38}$$

$$\left|M_e(t)\theta\left(t + \frac{\pi}{2\omega}\right)\right|_{DC} = \theta_0 M\sin\frac{\varphi}{2} \tag{3.1.39}$$

可以得出

$$\theta_0 = \sqrt{2\left|\theta^2(t)\right|_{DC}} \tag{3.1.40}$$

$$M\sin\varphi = \frac{2\left|M_e(t)\theta\left(t + \frac{\pi}{2\omega}\right)\right|_{DC}}{\theta_0} \tag{3.1.41}$$

$$C = \left(\frac{M\sin\varphi}{\omega\theta_0}\right)_w = \left(\frac{\left|M_e(t)\theta\left(t + \frac{\pi}{2\omega}\right)\right|_{DC}}{\left|\theta^2(t)\right|_{DC}}\right)_w \tag{3.1.42}$$

$$\mu_y = \left(\frac{M \sin \varphi}{\omega \theta_0} \right)_{\text{v}} = \left(\frac{\left| M_{\text{e}}(t) \theta \left(t + \frac{\pi}{2\omega} \right) \right|_{\text{DC}}}{\left| \theta^2(t) \right|_{\text{DC}}} \right)_{\text{v}} \tag{3.1.43}$$

测出在有风和无风情况下对应的阻尼系数和机械阻尼,通过式(3.1.35)即可求得气动导数。

3.1.3 动导数相关问题的物理解释

1. 从迟滞环角度理解动导数

为了更深层次了解动导数的物理意义,对迟滞环与动导数的关系进行推导。具体推导如下:

$$\int C_{\text{m}}(t)\text{d}\alpha = \int_{t_s}^{t_s+T} C_{\text{m}}(t) \frac{\text{d}\alpha}{\text{d}t} \text{d}t \tag{3.1.44}$$

当物体强迫运动为正弦振动时,有

$$\alpha(t) = \alpha_0 + \alpha_{\text{m}} \sin(kt) \qquad \frac{\text{d}\alpha}{\text{d}t} = \alpha_{\text{m}} k \cos(kt)$$

$$\begin{aligned} \int C_{\text{m}}(t)\text{d}\alpha &= \int_{t_s}^{t_s+T} C_{\text{m}}(t) \frac{\text{d}\alpha}{\text{d}t} \text{d}t \\ &= \int_{t_s}^{t_s+T} C_{\text{m}}(t) \alpha_{\text{m}} k \cos(kt) \text{d}t \\ &= \alpha_{\text{m}} k \int_{t_s}^{t_s+T} C_{\text{m}}(t) \cos(kt) \text{d}t \end{aligned} \tag{3.1.45}$$

将动导数的积分表达式(3.1.17)代入式(3.1.45)化简可得

$$\int C_{\text{m}}(t)\text{d}\alpha = \pi k \alpha_{\text{m}}^2 C_{\text{m}\dot{\theta}_0} \tag{3.1.46}$$

从式(3.1.46)中可以看出时滞曲线图面积与减缩频率、动导数和振幅平方成正比。迟滞环面积与气动力做功有关,迟滞环面积的正负由动导数的正负决定。当动导数为负时,迟滞环面积为负(迟滞环为逆时针方向),气动力做负功,振动衰减,因此是动稳定的;当动导数为正时,迟滞环面积为正(迟滞环为顺时针方向),气动力做正功,振动发散,因此为动不稳定状态。从图 3.1.4 中可以发现当运动振幅为常数时,迟滞环面积与减缩频率呈正比。图 3.1.5 给出了不同减缩频率下,力矩系数与俯仰角位移之间的响应时滞关系。

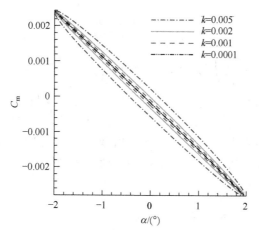

图 3.1.4　动导数与迟滞环面积关系图

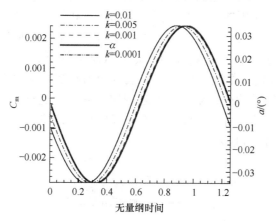

图 3.1.5　力矩系数与俯仰角位移之间的响应时滞关系图

接下来推导运动位移、气动载荷时滞和动导数三者之间的关系。

由 $C_{\mathrm{m}}(t) = C_{\mathrm{m}_0} + C_{\mathrm{m}_{\theta_0}}\Delta\alpha + C_{\mathrm{m}_{\dot{\theta}_0}}\Delta\dot{\alpha}$ 出发，设 $C_{\mathrm{m}}(t) = C_{\mathrm{m}_0} + M\sin(kt + \varphi)$，展开得

$$M\sin(kt + \varphi) = C_{\mathrm{m}_{\theta_0}}\Delta\alpha + C_{\mathrm{m}_{\dot{\theta}_0}}\Delta\dot{\alpha} \tag{3.1.47}$$

$$M\left[\cos\varphi\sin(kt) + \sin\varphi\cos(kt)\right] = C_{\mathrm{m}_{\theta_0}}\alpha_{\mathrm{m}}\sin(kt) + C_{\mathrm{m}_{\dot{\theta}_0}}k\alpha_{\mathrm{m}}\cos(kt) \tag{3.1.48}$$

从而解得

$$\begin{cases} M\cos\varphi = C_{\mathrm{m}_{\theta_0}}\alpha_{\mathrm{m}} \\ M\sin\varphi = C_{\mathrm{m}_{\dot{\theta}_0}}k\alpha_{\mathrm{m}} \end{cases} \tag{3.1.49}$$

当 φ 较小时，$\sin\varphi \approx \varphi$，得

$$\varphi \approx k\frac{\alpha_{\mathrm{m}}}{M}C_{\mathrm{m}\dot{\theta}_0} \tag{3.1.50}$$

又因为 $C_{\mathrm{m}\dot{\theta}_0} = \dfrac{1}{k\pi\alpha_{\mathrm{m}}^2}\displaystyle\int C_{\mathrm{m}}\mathrm{d}\alpha$，所以 $\varphi \approx \dfrac{1}{M\pi\alpha_{\mathrm{m}}}\displaystyle\int C_{\mathrm{m}}\mathrm{d}\alpha$。

由式(3.1.50)可见，当给定运动振幅后，时滞角度与减缩频率呈正比。因此在动导数计算中，尤其是在试验中计算时，为了提高时滞角的测量精度，常通过适当提高减缩频率来提高测量数据的精度，并不要求与飞行模态的减缩频率保持一致。下面还将讨论减缩频率对动导数的影响，在一定减缩频率范围内，动导数将保持为常数。

2. 减缩频率的选取对动导数的影响

一般情况下，采用强迫振动法计算量小、精度高，而且能适应不同类型的动导数，在工程中应用更广，但其存在减缩频率相似的问题。合理的选取减缩频率是强迫振动法的关键因素之一。本质上讲，用动导数描述的气动力模型是一种典型地忽略了部分时滞效应的准定常气动力模型，不适合减缩频率较大(如大于 0.05)的非定常情况。反之，一般认为当减缩频率较小时，动导数模型能给出较准确的气动特征，动导数不随减缩频率发生变化。然而，一些数值研究发现，减缩频率较小时，动导数会发生异常变化，甚至导致动导数的正负发生变化[24]，如图 3.1.6 所示。

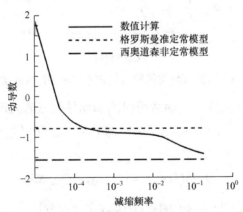

图 3.1.6　减缩频率对动导数的影响

至于产生此现象的原因，从推导式(3.1.46)和图 3.1.7 中可以看出，随着减缩频率趋于零，迟滞环的面积也趋于零，因此动导数的求解变成零除零的问题，在数值计算中就会出现数值奇异的现象[25]。由此可见，在采用 CFD 数值求解动导数时，必须考虑减缩频率的下界。结合时间谱方法与积分法提高了数值模拟精度，可以推迟数值奇异现象的发生，但仍然无法避免该问题。

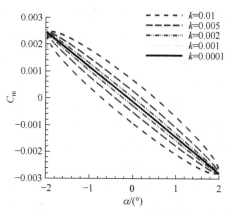

图 3.1.7 不同减缩频率下的时滞相图

图 3.1.8 给出了不同马赫数下动导数随减缩频率变化的规律，可以看出，当减缩频率小于 10^{-4} 时，跨声速和超声速的动导数随减缩频率降低迅速发生改变。因此，在实际计算中，减缩频率不宜过小。在亚声速的情况下，当减缩频率在 $10^{-4} \sim 10^{-2}$ 时，动导数随减缩频率变化不大，近似为常数；在超声速的情况下，动导数近似为常数的减缩频率范围是 $10^{-3} \sim 10^{-1}$；在跨声速的情况下，动导数的绝对值很大，随减缩频率变化也很明显，相对变化最缓和的减缩频率范围为 $10^{-3} \sim 10^{-2}$。通过以上三者对比后发现，当减缩频率取在 $10^{-3} \sim 10^{-2}$ 时，无论是亚声速、跨声速还是超声速，其动导数随减缩频率的变化均近似为常数，此时动导数有参考意义。

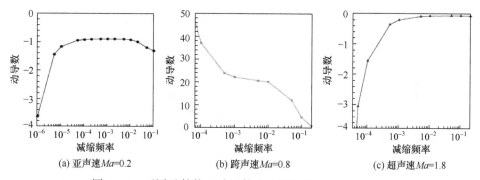

图 3.1.8 不同马赫数下动导数随减缩频率变化的规律[25]

3. 振幅的选取对动导数的影响

在飞行动力学稳定性分析中，动导数的概念基于小扰动假设，一般只关心小振幅情况下的动导数特性，但在真实的计算过程中，无论对于数值计算还是试验，强迫振动试验法和自由振动试验法均需要考虑振幅大小的影响。在数值计算中，由于振幅过小，从式(3.1.46)的变形 $C_{m\dot{\theta}} = \int C_m(t)\mathrm{d}\alpha / \pi k \alpha_m^2$ 来看，同样会出现 $0/0$ 现象，而 α_m 过大时，系统非线性特征将变得明显。在风洞试验中，自由振动试验法振幅一般选取 $0.5° \sim 1.5°$。其中振幅不能过小，在试验环境中存在不可避免的噪声，振幅越小则信噪比越小，动导数计算误差就会越大；但是振幅也不能过大，这是由于弹性铰链支撑的动导数试验只适合小振幅的试验，当长度为 30mm 的弹性铰链振幅大于 6° 时，弹性铰链变形将出现非线性，输出数据要采用非线性的分析。同时，粘贴的应变片会损坏，使得振动变形数据无法获取。采用振幅为 $0.5° \sim 1.5°$，既能够保证弹性铰链的线性变形，也不会造成试验模型与支杆的碰撞。强迫振动系统可以在较大迎角范围内运转，为了保证信噪比，可以适当取大，一般取 $1° \sim 5°$，根据飞行器不同，振幅选取范围略有差异[26]。在数值计算中，文献[26]研究表明，对于吸气式高超声速巡航导弹 (waverider-A，WR-A) 标模，合适的振幅选取为 $0.1° \sim 1°$，此时动导数随振幅变化近似为常数，如图 3.1.9 所示。当迎角逐步增加时，由于非线性因素，动导数会随着振幅的变化而变化。

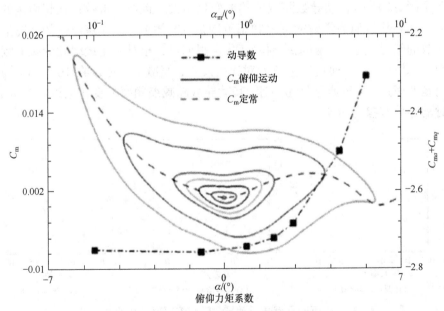

图 3.1.9　不同振幅下的动导数和迟滞环响应

3.1.4　动导数模型的应用范畴

目前，动导数广泛应用在航空、航天、航海和风工程等许多工程领域，随着动态稳定性问题越来越受重视，动导数在工程设计中的重要性也越来越高。

1. 动导数在航空领域应用

在航空领域，关于超声速战斗机以及跨声速飞行器的研究一直是热点。由于现代战争的作战要求，高机动性与高敏捷性已经成为高性能战斗机必备的关键特征，常规的飞行器包线需要扩展到大迎角区域。然而，战斗机在大迎角范围的机动过程中伴随着机翼与翼身大区域的快速涡流分离，此时分离流的非线性强，涡流结构与飞机各部件之间相互作用，并与飞机姿态、角速度和角加速度等运动参数紧密相关。同时，飞行器的气动特性还依赖飞行器机动的时间历程、瞬时运动频率和振幅等参数。这些复杂的流动现象与参数关联，对于飞行器将会造成动不稳定、气动载荷非线性与流场的时间延迟等影响，这种运动特性与气动特性的强烈耦合，极大地增加了飞行员在大迎角区域的飞行控制难度，以及飞控设计师对飞行器控制律设计的难度。飞行器的动导数数据是设计飞行器导航系统与控制系统，以及对飞行器进行品质分析时所需的重要原始参数，实现飞行器的稳态控制就必须要获取其动导数。大迎角的非定常空气动力特性在很大程度上取决于飞机的空气动力布局及操纵面的偏转。这里以飞行器动导数的布局设计为例说明动导数在航空领域的应用。

图 3.1.10[27]中有三种比较典型的飞机布局。针对这三种典型布局计算其在大迎角下的动导数并进行分析，结果如图 3.1.11～图 3.1.13 所示。其中，$\bar{\omega}$ 为强迫振动频率；x_T 为飞机重心相对平均气动弦长的位置；α 为飞机迎角；δ_{HOC} 为机翼前缘偏转角度；φ_{nro} 为鸭翼偏转角度，后两者都是顺时针为正。

(a) 布局1　　　　　　(b) 布局2　　　　　　(c) 布局3

图 3.1.10　用于对比非定常气动特性的三种机动飞机布局

布局 1 为正常布局的飞机，俯仰阻尼在大迎角($\alpha = 20° \sim 43°$)时呈增加的趋势，但在 $\alpha = 43° \sim 52°$ 时趋势相反，甚至会产生"负阻尼"，如图 3.1.11 所示。当飞机振荡频率较大时，可以避免产生"负阻尼"。此外，"负阻尼"效应也与机翼的分离绕流对水平尾翼的干扰有关。机翼前缘偏转可使"负阻尼"效应减弱，但并不能完全排除。

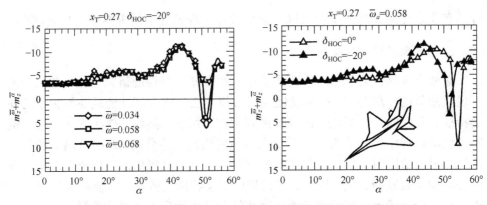

图 3.1.11　布局 1 中振荡频率和机翼前缘偏转对俯仰阻尼值的影响

布局 2 是水平鸭翼布局，可以发现该布局的俯仰"负阻尼"效应在较小的迎角就产生了，并且在较宽的范围($\alpha = 35° \sim 50°$)内仍存在，如图 3.1.12 所示。气动力导数与用强迫振荡法实现的振荡频率关系很大。"负阻尼"效应既与鸭翼在迎角增加时气流分离扩展的滞后有关，也与在迎角减小时分离绕流恢复的滞后有关。鸭翼布局在大迎角时纵向动稳定性较差，从图 3.1.12 的右图可以看出，除去鸭翼会使得大迎角下的阻尼恢复。

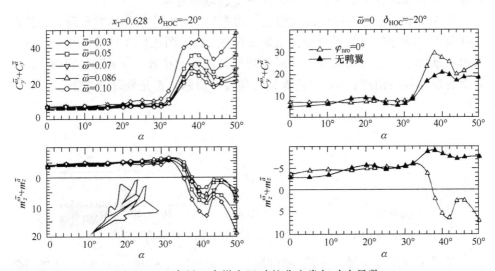

图 3.1.12　布局 2 中纵向运动的非定常气动力导数

布局 3 是前掠机翼和鸭翼的布局，在迎角 $\alpha \approx 30°$ 处也会出现"负阻尼"效应，但区间很小，说明这种布局在大迎角下的纵向动稳定性是最好的，如图 3.1.13 所示。

图 3.1.11～图 3.1.13 中还显示了按照 UNST 程序计算的气动力导数的结果，

可以看到与试验值吻合得很好。

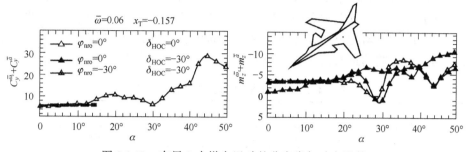

图 3.1.13　布局 3 中纵向运动的非定常气动力导数

2. 动导数在航天领域应用

目前，国内外关于航天高超声速飞行器的研究方兴未艾，但是外形的细长体特征使得高超声速飞行器在飞行时面临内在稳定性及控制力不足的挑战。在横航向上时可能存在严重的动态失稳与耦合问题，对于这些问题的研究均需要获取多种动态气动参数作为基础。例如，再入返回舱中俯仰、滚转多自由度的振动失稳问题以及航天飞机在再入大气层时高超声速和超声速阶段滚转–螺旋模态耦合问题等都属于上述问题。例如，美国在对试验航天器 X-33 的研究中发现，其升力体构型存在明显的横向不稳定性；高超声速飞行器 HTV-2 多次飞行试验失败的原因在于稳定性与控制能力的不足；飞行器 X-51A 在飞行试验中与设计工况所要求的飞行状态偏差很大，这也与飞行器姿态稳定性控制密切相关。由此可见，如何提供准确动态气动参数是解决航天领域高超声速飞行器动态稳定性问题的关键。这里通过经典的"十"字翼超声速导弹 Finner 标模与仿 X-51A 乘波飞行器设计的 WR-A 为例，说明动导数在航天领域的应用。

1) Finner 外形动导数的计算与分析

"十"字翼超声速导弹 Finner 标模是动态气动导数计算的经典外形，在很多试验及计算研究中均采用了此模型。Finner 标模的外形尺寸如图 3.1.14(a)所示，三维外形见图 3.1.14(b)。

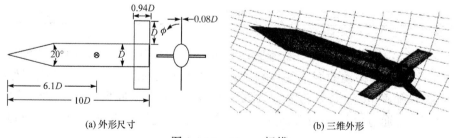

(a) 外形尺寸　　　　　　　　　　(b) 三维外形

图 3.1.14　Finner 标模

　　表 3.1.2 为 Finner 标模在不同马赫数下，通过 CFD 强迫振动法得出的俯仰刚度和俯仰阻尼导数数值计算结果[28]。其中，强迫振动的振幅取 1.5°，减缩频率取 0.05，质心位置在中点处。从表 3.1.2 中可以发现，"十"字翼导弹的俯仰力矩静、动导数均为负值，说明导弹是俯仰静、动稳定的，但随着马赫数的增加，静、动导数的绝对值减小，说明导弹的静、动稳定性在减弱。

表 3.1.2　Finner 标模静、动导数辨识结果

M_∞	$C_{m\alpha}$	$C_{mq} + C_{m\dot{\alpha}}$
1.58	−44.32	−261.40
1.75	−37.92	−239.99
1.89	−33.71	−227.85
2.10	−29.15	−208.90
2.50	−23.55	−180.49

2) WR-A 外形动导数的计算与分析

　　吸气式高超声速巡航导弹 WR-A 外形如图 3.1.15 所示[29]，它参考了美国气动推进一体化设计方案 X51-A 乘波飞行器设计[29]。表 3.1.3 给出了两种乘波外形几何尺寸对比。

图 3.1.15　WR-A 外形示意图

表 3.1.3　乘波外形几何尺寸对比

乘波体尺寸	飞行器总长 L/m	最大宽度/m	长细比	发动机内流道宽度/m
X51-A	4.2672	0.5842	7.3	0.2286
WR-A	4.2672	0.5842	7.3	0.2286

　　采用绕定轴的强迫俯仰简谐振动和沉浮运动分别获得直接阻尼导数与加速度导数，强迫振动的振幅 $\alpha_m = 1°$，振动频率 $f = 5\text{Hz}$。图 3.1.16 给出了俯仰力矩系数随迎角变化。其中，通过绕定轴的强迫俯仰振动得到俯仰导数 $C_{m\dot{\alpha}} + C_{mq}$；通过沉浮运动得到加速度导数 $C_{m\dot{\alpha}}$；通过准定常计算得到旋转导

数 C_{mq}；将准定常计算出的旋转导数与加速度导数相加得到 $(C_{m\dot{\alpha}})+(C_{mq})$。
图 3.1.16 中不同迎角下的 $C_{m\dot{\alpha}}+C_{mq}$ 与 $(C_{m\dot{\alpha}})+(C_{mq})$ 基本相等。平均攻角在 4°～6°，加速度导数与组合导数符号相反，此时 WR-A 飞行器状态为动不稳定。图 3.1.16 中还可发现旋转导数与组合导数曲线很靠近，加速度导数在组合导数中所占比例较低，最大不超过 20%，反映出 WR-A 飞行器做沉浮运动的延迟效应及非定常涡的时间迟滞特性较弱。

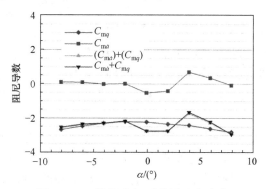

图 3.1.16　俯仰力矩系数随迎角变化

3. 动导数在风工程领域应用

不仅航空航天的飞行器会出现动不稳定现象，风工程中的桥梁也会出现。最典型的是 1940 年的美国 Tacoma 桥风毁事故。由于在风工程中的动不稳定现象以颤振为主，动导数也称为颤振导数。

飞行器的速度快，刚体飞行模态的频率较小，飞行器品质分析中的模态减速频率较低，通常不高于 0.05。从 3.1.3 小节的频率影响分析中可见，物理上在小减缩频率下动导数是不变的。与飞行器动导数的不同之处在于，风工程中的风速较低，减速频率较大，故动导数不再是一个常量。但在一个单一减缩频率下，导数模型通过引入实部(气动刚度、静导数)和虚部(气动阻尼、动导数)，总能表征气动力的时滞效应。只是在较大减缩频率下，这种时滞效应不能用一个固定的导数表达。因此，在风工程领域，气动导数是随减缩频率(减缩速度)变化的。

1971 年，Scanlan 等[30]将飞行器中的动导数理论进行推广并建立了适用于桥梁主梁断面的颤振导数理论。Scanlan 的颤振导数理论核心是桥梁的气动自激力模型，在二维问题中，有

$$L_{se} = \rho U^2 B \left(K H_1^* \frac{\dot{h}}{U} + K H_2^* \frac{B\dot{\alpha}}{U} + K^2 H_3^* \alpha + K^2 H_4^* \frac{h}{B} \right)$$

$$M_{se} = \rho U^2 B^2 \left(K A_1^* \frac{\dot{h}}{U} + K A_2^* \frac{B\dot{\alpha}}{U} + K^2 A_3^* \alpha + K^2 A_4^* \frac{h}{B} \right) \tag{3.1.51}$$

其中，h 和 $\dot{h}$ 分别为沉浮位移和速度；α 和 $\dot{\alpha}$ 分别为俯仰位移和速度；ρ 为空气密度；U 为平均风速；B 为桥面宽度；$K = B\omega / U = 2k = 1/V_r$ 为减缩频率，定义 V_r 为折减风速。H_i^* 和 A_i^* ($i = 1$，2，3，4)被称为桥面部分的颤振导数，并且是减缩频率 K 的函数。其中，$H_1^* = \dfrac{C_{y\dot{h}}}{2k}, H_2^* = \dfrac{C_{y\dot{\theta}}}{2k}, A_1^* = \dfrac{C_{m\dot{h}}}{2k}, A_2^* = \dfrac{C_{m\dot{\theta}}}{2k}$ 表征气动阻尼，实质上为动导数；H_3^*、H_4^*、A_3^*、A_4^* 表征气动刚度，为静导数。式(3.1.51)将桥梁断面受到的气动力表示为关于沉浮和俯仰两自由度的动导数与静导数的函数，通过数值或试验手段捕捉某桥梁断面不同风速下的颤振导数后，采用 Scanlan 提出的二维临界风速计算方法就可计算出桥梁主梁断面的颤振临界风速。

以风工程中丹麦大带东桥主梁截面为例，说明动导数在风工程中的应用。通过对多种主梁截面方案的模型风洞试验和抗风稳定性的分析，选择流线型箱梁截面，如图 3.1.17 所示[31]。梁截面的宽高比为 7.05∶1，数值模拟时没有考虑栏杆和防撞墙等附属物，计算气动扭矩中心位于截面左右对称线。在数值模拟时，模型运动方式为单自由度强迫振动；模型的平均攻角为 0°；纯扭转运动的幅值角为 3°；纯竖向运动的振幅为 0.025B，其中 B 为全桥宽。

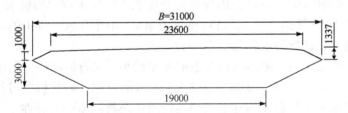

图 3.1.17   丹麦大带东桥流线型箱梁的截面形状(单位：mm)

通过数值方法和试验方法获取的部分颤振导数及对比如图 3.1.18 所示，实线为前人试验结果，点为本书及前人计算的数值结果。从图 3.1.18 中可以看出除了 H_2^*，其他颤振导数的数值计算结果与风洞试验结果吻合较好。表 3.1.4 是大带东桥的结构参数，其中 m 和 l 分别表示大带东桥主梁展向每米的质量和质量惯矩；f_h 和 f_α 对应实桥的第一阶竖弯和第一阶扭转频率；竖弯与扭转两个自由度的阻尼比均为零。表 3.1.5 给出了上述四组气动导数计算得到的大带东桥颤振频率和颤振临界风速对比。从中可以看出，这四组计算结果中，颤振频率很接近，颤振临界风速有较大差别，其中，与风洞试验得到的结果相比，有限体积法数值计算的结果偏高约 12%。这是由于风洞试验模型包含了桥面栏杆与中央防撞栏等附属物，会降低桥梁截面的流线化程度。这里的偏差是可以接受的。

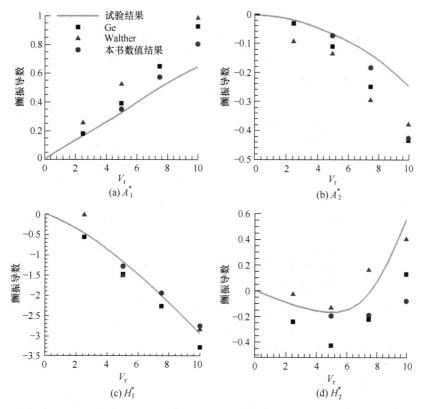

图 3.1.18　大带东桥的部分颤振导数及对比

表 3.1.4　大带东桥的结构参数

B/m	m/(kg/m)	l/(kg/m)	f_h/Hz	f_α/Hz	ε_h	ε_α
31.0	17.8×10^3	2.173×10^6	0.099	0.186	0	0

表 3.1.5　大带东桥颤振频率和颤振临界风速对比

气动导数来源	本书有限体积法数值计算	Zhou 等[32]的有限体积法数值计算	Walther[33]的离散涡模型计算值	Poulsen 等[34]的风洞试验值
颤振频率 f_α / Hz	0.154	0.160	0.165	0.163
颤振临界风速 U_α /(m/s)	40.5	40.5	37.6	36.0

3.2　经典二维非定常气动力模型

在航空工程中，大展弦比机翼的定常气动力分析是基于翼型绕流理论的基础开展的，通过普朗特升力线理论建立了翼型和有限翼展机翼之间的气动力关系。在非定常气动力计算中，人们首先关注二维剖面运动时的非定常气动力特征，然后通过片条理论对展向积分，实现三维弹性结构非定常气动载荷的计算。片条理论忽略了气流的三维效应，其实质是把每一个展向站位视为均匀展向特征的无限长翼展机翼的一部分。假定该站位的气动力仅取决于该站位处的下洗条件，与其余展向站位的下洗无关，根据二维非定常气动力理论计算气动力即可。该方法对低速大展弦比的机翼或大跨度桥梁的非定常绕流计算是适用的。因此，建立翼型的非定常气动力模型具有很高的应用价值。

对于大展弦比结构的运动，翼剖面可以视为不变。刚硬翼型在剖面内的运动具有 3 个自由度(即沉浮、俯仰和前后运动)。然而，从结构刚度和气流下洗的角度考虑，通常可以忽略前后运动的自由度，仅考虑沉浮和俯仰两个自由度。研究者们已经建立了一系列刚硬翼型非定常绕流的数学模型，包括不可压准定常时域模型——格罗斯曼准定常模型、非定常频域气动力模型——西奥道森非定常模型、阶跃运动的非定常气动力模型——Wagner 模型、阶跃阵风的气动力模型——Küssner 模型、超声速的气动力模型——活塞理论等。

3.2.1　格罗斯曼准定常模型

由薄翼绕流理论可知，薄翼型可以用一系列连续分布的旋涡(称附着涡)来代替，如图 3.2.1 所示。当翼型做振动运动时，升力和附着涡的强度都随时间变化，由空气动力学理论可知，包围所有奇点周界内的总环量，在非黏性流中必须保持为零，因而附着涡线必然会从翼型后缘脱落下来，并被气流带向下游，形成所谓的尾涡，如图 3.2.1 所示。在计算振动翼型的气动力时，必须考虑尾涡对翼型上各点的诱导速度，而尾涡强度和位置的确定相当困难。为了简化计算，在格罗斯曼准定常理论中，认为尾涡对翼型的影响可以忽略不计，但在处理翼面绕流的边界条件，即计算翼面下洗速度时，不仅要考虑在某一瞬时翼型所处的迎角迫使气流向下的偏转，而且要考虑在该瞬时翼型表面的向下速度也会驱使流

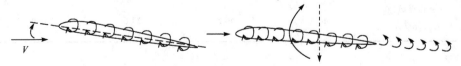

图 3.2.1　薄翼型附着涡及尾涡

体质点具有向下的速度，即翼面下洗速度应等于 $V\dot\alpha$ 加上翼面上一点因振动而具有的向下速度。另外，流动在后缘还需要满足库塔条件。

如图 3.2.2 所示，平板翼型的弦长为 $2b$，其运动可用两个广义坐标表示，即刚心 E 点的沉浮 h(向下为正)和绕 E 点的俯仰角 α (抬头为正)。E 点距翼弦中点的距离为 ab，a 是一个无量纲系数，当 E 点位于翼弦中点之后为正。

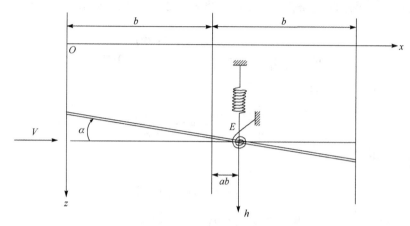

图 3.2.2　两自由度平板翼型示意图

用一系列旋涡替代平板翼型，旋涡强度沿 x 轴的分布为 $\gamma(x)$，并定义逆时针为正。按茹科夫斯基定理可知，作用于翼面上的气动力(向下为正)为

$$L = \int_0^{2b} \rho V \gamma(x)\mathrm{d}x = \rho V \int_0^{2b} \gamma(x)\mathrm{d}x \tag{3.2.1}$$

其中，V 为来流速度；ρ 为来流密度。则旋涡 $\gamma(x)$ 对翼面上距前缘 x 点处的诱导速度(向下为正)为

$$w(x) = \int_0^{2b} \frac{\gamma(\xi)\mathrm{d}\xi}{2\pi(\xi - x)} \tag{3.2.2}$$

该诱导速度 w 与来流叠加后应能满足该瞬时的物面无穿透边界条件，即

$$\frac{w(x,t)}{V} = \frac{\partial z(x,t)}{\partial x} + \frac{1}{V}\frac{\partial z(x,t)}{\partial t} \tag{3.2.3}$$

此外翼面尾缘还应满足库塔条件，即后缘上、下表面流动速度相等，也就是

$$\gamma(2b) = 0 \tag{3.2.4}$$

采用级数解法，令

$$x = b(1 - \cos\theta) \tag{3.2.5}$$

$$\xi = b(1 - \cos\phi) \tag{3.2.6}$$

并设旋涡强度的分布为

$$\gamma(\phi) = 2V\left[A_0 \cot\frac{\phi}{2} + \sum_{n=1}^{\infty} A_n \sin(n\phi)\right] \tag{3.2.7}$$

式(3.2.7)自动满足库塔条件式(3.2.4)。将式(3.2.5)～式(3.2.7)代入式(3.2.2)，得

$$w = -\frac{V}{\pi}\int_0^\pi \frac{A_0 \cot\dfrac{\phi}{2} + \sum\limits_{n=1}^{\infty} A_n \sin(n\phi)}{\cos\phi - \cos\theta}\sin\phi\,\mathrm{d}\phi \tag{3.2.8}$$

根据普朗特-葛劳渥法则，有

$$\int_0^\pi \frac{\cos(n\phi)\,\mathrm{d}\phi}{\cos\phi - \cos\theta} = \pi\frac{\sin(n\theta)}{\sin\theta} \tag{3.2.9}$$

则式(3.2.8)可写成：

$$w = V\left[-A_0 + \sum_{n=1}^{\infty} A_n \cos(n\theta)\right] \tag{3.2.10}$$

将式(3.2.10)代入边界条件式(3.2.3)，并经积分得

$$A_0 = -\frac{1}{\pi}\int_0^\pi \left(\frac{\partial z}{\partial x} + \frac{1}{V}\frac{\partial z}{\partial t}\right)\mathrm{d}\theta \tag{3.2.11}$$

$$A_n = \frac{2}{\pi}\int_0^\pi \left(\frac{\partial z}{\partial x} + \frac{1}{V}\frac{\partial z}{\partial t}\right)\cos(n\theta)\,\mathrm{d}\theta \tag{3.2.12}$$

再将式(3.2.7)代入式(3.2.1)，得

$$L = 2\pi\rho V^2 b\left(A_0 + \frac{1}{2}A_1\right) \tag{3.2.13}$$

并可导出气动力对前缘的力矩(抬头为正)：

$$M_{\mathrm{LE}} = \rho V\int_0^{2b} x\gamma(x)\mathrm{d}x = L\cdot\frac{b}{2} + \frac{1}{2}\pi\rho V^2 b^2 (A_1 - A_2) \tag{3.2.14}$$

定义：

$$C_L = \frac{L}{\dfrac{1}{2}\rho V^2 (2b)} \tag{3.2.15}$$

$$C_{M_{\mathrm{LE}}} = \frac{M_{\mathrm{LE}}}{\dfrac{1}{2}\rho V^2 (2b)^2} \tag{3.2.16}$$

则

$$C_L = 2\pi\left(A_0 + \frac{1}{2}A_1\right) \tag{3.2.17}$$

$$C_{M_{\mathrm{LE}}} = \frac{C_L}{4} + \frac{\pi}{4}(A_1 - A_2) \tag{3.2.18}$$

平板作振动时，如图 3.2.2 所示，有

$$z(x,t) = h(t) + [x - (1+a)b]\alpha(t) \tag{3.2.19}$$

将式(3.2.19)代入式(3.2.11)和式(3.2.12)，得

$$A_0 = -a - \frac{1}{V}(h - ab\dot{\alpha}) \tag{3.2.20}$$

$$A_1 = -\frac{b\dot{\alpha}}{V} \tag{3.2.21}$$

$$A_2 = 0 \tag{3.2.22}$$

将式(3.2.20)～式(3.2.22)代入式(3.2.13)和式(3.2.14)，得

$$L = -2\pi\rho V^2 b\left[\alpha + \frac{\dot{h}}{V} + \left(\frac{1}{2} - a\right)b\frac{\dot{\alpha}}{V}\right] \tag{3.2.23}$$

$$M_{\mathrm{LE}} = \frac{b}{2}L - \frac{1}{2}\pi\rho V b^3 \dot{\alpha} \tag{3.2.24}$$

且有

$$C_L = -2\pi\left[\alpha + \frac{\dot{h}}{V} + \left(\frac{1}{2} - a\right)b\frac{\dot{\alpha}}{V}\right] \tag{3.2.25}$$

$$C_{M_{\mathrm{LE}}} = \frac{C_L}{4} - \frac{b}{4}\frac{\pi}{V}\dot{\alpha} \tag{3.2.26}$$

从式(3.2.25)可见，不可压流中翼型的理论升力线斜率为 2π，此外，式(3.2.26)中第一项的 1/4 表示气动焦点在 1/4 弦长处。实际应用时也可以用风洞试验数据对升力线斜率和焦点的位置进行修正。

若转化成气动力对刚心点 E 的力矩，有

$$M_E = 4\pi\rho V^2 b^2\left(\frac{1+a}{2} - \frac{1}{4}\right)\left[\alpha + \frac{\dot{h}}{V} + \left(\frac{1}{2} - a\right)b\frac{\dot{\alpha}}{V}\right] - \frac{1}{2}\pi\rho V b^3 \dot{\alpha} \tag{3.2.27}$$

$$C_{M_E} = \left(\frac{1}{4} - \frac{1+a}{2}\right)C_L - \frac{b}{4}\frac{\pi}{V}\dot{\alpha} \tag{3.2.28}$$

下面对气动力公式和气动力矩公式进行详细考察，以明确一些特殊项的含义。很明显，气动力公式(3.2.25)中的第一项是定常气动力，第二项和第三项分别是沉浮运动和俯仰运动引起的气动阻尼力。可以进一步发现 $\alpha + \dfrac{\dot{h}}{V} + \left(\dfrac{1}{2} - a\right)b\dfrac{\dot{\alpha}}{V}$

恰好是机翼 75%弦长处翼面的下洗值 $\left(\dfrac{\partial z}{\partial x}+\dfrac{\partial z}{V\partial t}\right)$。气动力矩公式(3.2.27)中的最

后一项 $-\dfrac{1}{2}\pi\rho V b^3\dot{\alpha}$ 是由机翼剖面中点的转动角速度引起的气动阻尼力矩。

3.2.2 西奥道森非定常模型

振动翼面的后缘不断产生自由涡，并顺气流向下游流动，形成所谓的尾涡区，尾涡实质上记录了若干时刻之前结构运动的非定常时滞效应，在势流计算中，它们与翼面上的附着涡一起诱导出翼面下洗。因此，若要准确地考虑这种非定常效应，需要考虑后缘尾迹中的自由涡影响。从 3.2.1 小节中可以发现，即使对振荡翼型准定常气动力求解，也需要复杂的理论推导，因此本书不对西奥道森非定常模型进行数学上的详细推导，读者可以参考相关文献。本小节将直接给出平板翼型在不可压流动中做沉浮和俯仰耦合简谐振动时的气动力公式和气动力矩公式，以及西奥道森非定常气动力模型，并对表达式中的各项物理意义做进一步解释。

设翼型在不可压缩气流中以频率 ω 做简谐振动：

$$\begin{cases} h = h_0 \mathrm{e}^{\mathrm{i}\omega t} \\ \alpha = \alpha_0 \mathrm{e}^{\mathrm{i}\omega t} \end{cases} \tag{3.2.29}$$

由非定常气动力理论可得翼型上的气动力及对剖面刚心的气动力矩为

$$\begin{cases} L = -\pi\rho b^2(V\dot{\alpha}+\ddot{h}-ab\ddot{\alpha}) - 2\pi\rho V b C(k)\left[V\alpha+\dot{h}+\left(\dfrac{1}{2}-a\right)b\dot{\alpha}\right] \\ M_E = \pi\rho b^2\left[ab(V\dot{\alpha}+\ddot{h}-ab\ddot{\alpha}) - \dfrac{1}{2}V b\dot{\alpha} - \dfrac{1}{8}b^2\ddot{\alpha}\right] \\ \qquad + 2\pi\rho V^2 b^2\left(\dfrac{1}{2}+a\right)C(k)\left[\alpha+\dfrac{\dot{h}}{V}+\left(\dfrac{1}{2}-a\right)\dfrac{b\dot{\alpha}}{V}\right] \end{cases} \tag{3.2.30}$$

规定 L 向下为正，M_E 抬头为正。

在式(3.2.30)中，$k=\dfrac{\omega b}{V}$ 为减缩频率(或折合频率)，是一个无量纲量，$C(k)$ 为西奥道森函数，且 $C(k)=F(k)+\mathrm{i}\cdot G(k)$，即 $C(k)$ 是减缩频率 k 的复函数。并且：

$$\begin{cases} F(k) = \dfrac{\mathrm{J}_1(\mathrm{J}_1+\mathrm{Y}_0)+\mathrm{Y}_1(\mathrm{Y}_1-\mathrm{J}_0)}{(\mathrm{J}_1+\mathrm{Y}_0)^2+(\mathrm{Y}_1-\mathrm{J}_0)^2} \\ G(k) = -\dfrac{\mathrm{Y}_1\mathrm{Y}_0+\mathrm{J}_1\mathrm{J}_0}{(\mathrm{J}_1+\mathrm{Y}_0)^2+(\mathrm{Y}_1-\mathrm{J}_0)^2} \end{cases} \tag{3.2.31}$$

其中，J_0、Y_0 为 k 的第一类和第二类零阶标准贝塞尔函数；J_1、Y_1 为 k 的第一类和第二类一阶标准贝塞尔函数。表 3.2.1 中列出了 $F(k)$ 和 $G(k)$ 的函数值，$F(k)$ 和 $G(k)$ 随 k 变化的曲线如图 3.2.3 所示，可供查用。

表 3.2.1　$F(k)$ 和 $G(k)$ 的函数值

k	$1/k$	$F(k)$	$-G(k)$
∞	0	0.5000	0
10.00	0.1000	0.5006	0.0124
6.00	0.1667	0.5017	0.0206
4.00	0.2500	0.5037	0.0305
3.00	0.3333	0.5063	0.0400
2.00	0.5000	0.5129	0.0577
1.50	0.6667	0.5210	0.0736
1.20	0.8333	0.5300	0.0877
1.00	1.0000	0.5394	0.1003
0.80	1.2500	0.5541	0.1165
0.66	1.5152	0.5699	0.1308
0.60	1.6667	0.5788	0.1378
0.56	1.7857	0.5857	0.1428
0.50	2.0000	0.5979	0.1507
0.44	2.2727	0.6130	0.1592
0.40	2.5000	0.6250	0.1650
0.34	2.9412	0.6469	0.1783
0.30	3.3333	0.6650	0.1793
0.24	4.1667	0.6989	0.1862
0.20	5.0000	0.7276	0.1886
0.16	6.2500	0.7628	0.1876
0.12	8.3333	0.8063	0.1801
0.10	10.0000	0.8320	0.1723
0.08	12.5000	0.8604	0.1604
0.06	16.6667	0.8920	0.1426
0.05	20.0000	0.9090	0.1305
0.04	25.0000	0.9267	0.1160
0.025	40.0000	0.9545	0.0872
0.01	100.0000	0.9824	0.0482
0	∞	1.0000	0

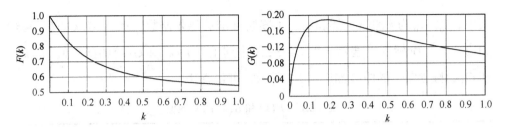

图 3.2.3 西奥道森函数的实部和虚部随 k 的变化

当没有西奥道森函数表时，可以采用如下近似公式。

当 $k < 0.5$ 时：

$$C(k) = 1 - \frac{0.165}{1 - \dfrac{0.0455}{k}\mathrm{i}} - \frac{0.335}{1 - \dfrac{0.30}{k}\mathrm{i}} \tag{3.2.32}$$

当 $k \geqslant 0.5$ 时：

$$C(k) = 1 - \frac{0.165}{1 - \dfrac{0.041}{k}\mathrm{i}} - \frac{0.335}{1 - \dfrac{0.32}{k}\mathrm{i}} \tag{3.2.33}$$

上述近似公式仍然满足 $k \to \infty$ 时，$F(k) \to 0.5$，$G(k) \to 0$，西奥道森函数 $C(k)$ 随减缩频率的变化轨迹如图 3.2.4 所示。从该函数的幅值和相角的变化可以看出非定常效应对准定常气动载荷幅值和相角的修正效应。当减缩频率较小时，如 $k < 0.02$，则 $C(k)$ 幅值接近 1，相角也较小，可以想象此时的非定常气动力特征应与准定常相差不大。当 k 较大时，$C(k)$ 幅值也将趋于另外一个常数 0.5。但要注意，公式(3.2.30)中，气动载荷中还包括了惯性反作用项，该项在高减缩频率下将变得很大。

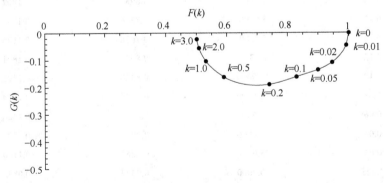

图 3.2.4 西奥道森函数 $C(k)$ 随减缩频率的变化轨迹

为了说明在非定常气动力公式中 $C(k)$ 及 k 的物理含义，下面对气动力和气动力矩中各项的物理意义进行一一考察。

公式(3.2.30)中的第一项，$-\pi\rho b^2\left(V\dot\alpha+\ddot h-ab\ddot\alpha\right)$可以写成$-\pi\rho b^2\dfrac{\mathrm{d}}{\mathrm{d}t}\left(V\alpha+\dot h-ab\dot\alpha\right)$。其中，$\pi\rho b^2$为单位展长翼型周围气流的质量，即底面圆半径为$b$的单位长度空气圆柱的质量；$\dfrac{\mathrm{d}}{\mathrm{d}t}(V\alpha+\dot h-ab\dot\alpha)$表示迎角为$\alpha$时翼剖面中点处的下洗加速度，两项乘积可表示翼型振动时带动空气一起振动而产生的惯性反作用力。这些力的合力作用点将通过翼型剖面中点，可用L_1表示。公式(3.2.30)中的第二项，如果暂不考虑$C(k)$的作用，那么正好是准定常空气动力理论中的升力表达式。由环量产生的升力，其合力通过气动力中心，可用L_2表示。显然，$C(k)$是考虑了自由涡作用而引出的修正项，这种修正不仅表现在升力大小上，而且由于$C(k)$是复数，还表示升力与翼型运动之间存在相位差。从公式(3.2.30)中的气动力矩的表达式可以看出，它由两部分组成，第一部分有两项，第一项是L_1产生的对刚心的力矩，第二项是在准定常空气动力公式中转动引起的阻尼力矩；第二部分是L_2产生的对刚心的力矩。

那么为什么自由涡对升力项L_2的修正与减缩频率有关系呢？这是由于减缩频率表征流动随时间变化的特征，如何来理解这一点呢？著名的空气动力学家冯·卡门是这样解释的：假定流体以速度V流过振动的翼型表面上某一点处时，受到振动的扰动，流体仍以平均速度V向下游流去，翼型振动的圆频率是ω，于是扰动的波长为$2\pi V/\omega$，则比值：

$$\frac{2b}{2\pi V/\omega}=\frac{b\omega}{\pi V}=\frac{1}{\pi}\cdot k \tag{3.2.34}$$

与减缩频率k成正比，说明k代表了翼型特征长度$2b$与扰动波长之比。也就是说，k代表了翼型上其他各点感受扰动的程度。由于振动翼型上每一点都扰动着气流，则减缩频率k代表了翼型各点处运动之间的相互作用。

在实际进行颤振计算时，直接采用气动力公式(3.2.20)是不方便的，注意该公式仅适用于翼型做简谐振动的前提是$h=h_0\mathrm{e}^{i\omega t}$、$\alpha=\alpha_0\mathrm{e}^{i\omega t}$，其中，$h_0$、$\alpha_0$为复振幅，说明两者之间的相位差。将$h=h_0\mathrm{e}^{i\omega t}$、$\alpha=\alpha_0\mathrm{e}^{i\omega t}$代入气动力公式(3.2.20)，并整理后得到：

$$\begin{cases} L=\pi\rho b^3\omega^2\{L_h\dfrac{h}{b}+[L_\alpha-(\dfrac{1}{2}+a)L_h]\alpha\} \\ M_E=\pi\rho b^4\omega^2\{[M_h-(\dfrac{1}{2}+a)L_h]\dfrac{h}{b}+[M_\alpha-(\dfrac{1}{2}+a)(L_\alpha+M_h)+(\dfrac{1}{2}+a)^2L_h]\alpha\} \end{cases} \tag{3.2.35}$$

其中，

$$L_h = 1 - i\frac{2}{k}[F(k) + iG(k)]$$

$$L_\alpha = \frac{1}{2} - i\frac{1}{k}\left\{1 + 2[F(k) + iG(k)]\right\} - \frac{2}{k^2}[F(k) + iG(k)]$$

$$M_h = \frac{1}{2}$$

$$M_\alpha = \frac{3}{8} - i\frac{1}{k}$$

为了计算方便，将上述 4 个系数制成表格(表 3.2.2)。这些系数除 M_h 外都是复数，虚部代表与位移有相位差的气动力，它的正负号取决于气动力是激励性质的还是阻尼性质。

表 3.2.2   不可压缩流中的气动力系数表

k	$1/k$	L_h	L_α	M_h	M_α
∞	0	1.0000+0.0000i	0.5000+0.000i	0.5	0.375+0.0000i
4	0.25	0.9848−0.2519i	0.4218−0.9423i	0.5	0.375−0.2500i
2	0.50	0.9423−0.5129i	0.1858−0.9841i	0.5	0.375−0.5000i
1.2	0.83	0.8538−0.8833i	−0.3823−1.5949i	0.5	0.375−0.8333i
0.8	1.25	0.7088−1.3853i	−1.5228−2.2712i	0.5	0.375−1.2500i
0.6	1.67	0.5407−1.9293i	−3.1749−2.8305i	0.5	0.375−1.6667i
0.5	2.00	0.3972−2.3916i	−4.8860−3.1860i	0.5	0.375−2.0000i
0.4	2.50	0.1752−3.1250i	−8.1375−3.5625i	0.5	0.375−2.5000i
0.34	2.94	−0.0221−3.8053i	−11.7140−3.7396i	0.5	0.375−2.9412i
0.3	3.33	−0.1950−4.4333i	−15.4730−3.7822i	0.5	0.375−3.3333i
0.27	3.70	−0.3798−5.1048i	−20.0337−3.6847i	0.5	0.375−3.7500i
0.24	4.17	−0.5520−5.8424i	−25.3190−3.5260i	0.5	0.375−4.1667i
0.2	5.00	−0.8860−7.2760i	−37.7665−2.8460i	0.5	0.375−5.0000i
0.16	6.25	−1.3450−9.5350i	−61.4370−1.1288i	0.5	0.375−6.2500i
0.12	8.33	−2.0020−13.4385i	−114.4920+3.2420i	0.5	0.375−8.3333i
0.1	10.00	−2.4460−16.6400i	−169.3460+7.8200i	0.5	0.375−10.0000i
0.08	12.50	−3.0100−21.5100i	−272.4100+16.1150i	0.5	0.375−12.5000i
0.06	16.67	−3.7530−29.7333i	−499.8530+32.8222i	0.5	0.375−16.6667i

3.2.3　阶跃响应模型

1. Wagner 模型

同前面两个模型一样，Wagner 气动力模型也是历史上首批可用的非定常气动力模型，为气动弹性动力学研究提供了有力支撑[35]。这种气动力模型通过描述翼型做阶跃运动的气动力响应特性来建立任意运动的气动力模型。下面以翼型俯仰运动产生的升力计算为例说明。考虑单位弦长的翼型，初始迎角为 α_0，在来流速度为 V 的流场中，假设是无黏不可压流动。然后，翼型的迎角突然增加 $\Delta\alpha$。若按定常的线化理论处理，则升力系数将立即增加。然而，对边界条件的改变，流动需要一定时间才能建立另一个平稳态，这种现象称为非定常流动的时滞现象。将升力系数归一化，并定义流过半弦长 b 的无量纲时间 $\tau = V \cdot t / b$，则升力系数随 τ 的时变响应如图 3.2.5 所示。在 0 时刻迎角突变后，相比于最终的稳定结果，升力系数在瞬时有 50% 的增量，当无因次时间达到 15，也就是流动流过 15 个半弦长后，升力系数的增量将达到最终定常增量的 90%，而当时间趋于无穷大时，最终达到定常值。该现象其实是一个启动涡从生成、脱落到向下游运动影响翼型表面环量整个过程的体现。图 3.2.5 描述的函数就是迎角阶跃变化下的 Wagner 函数。在势流理论中，用 3/4 弦长处的有效下洗描述迎角阶跃变化后作用于翼型 1/4 弦长上升力的变化过程，下洗为垂直于气流的速度分量，既包含迎角的瞬时变化，也包含翼面法向运动产生的下洗。当翼型迎角产生后，在单位展长上产生的升力质量可写为

$$\Delta L = \frac{1}{2}\rho V^2 c a_1 \Delta\alpha\, \varPhi(\tau) = \frac{1}{2}\rho V c a_1 w \varPhi(\tau) \tag{3.2.36}$$

其中，$w = V\sin\Delta\alpha \approx V\Delta\alpha$，为翼面的下洗量；$a_1$ 为升力线斜率；$\varPhi(\tau)$ 为本小节中的 Wagner 函数。在不可压流动中可近似为

$$\begin{cases} \varPhi(\tau) = 0, & \tau \leqslant 0 \\ \varPhi(\tau) = \dfrac{\tau+2}{\tau+4}, & \tau > 0 \end{cases} \tag{3.2.37}$$

为了便于在 Laplace 域内运算，不可压状态下的 Wagner 函数经常写成如下的指数函数形式：

$$\varPhi(s) = 1 - 0.165\mathrm{e}^{-0.0455s} - 0.335\mathrm{e}^{0.3s} \tag{3.2.38}$$

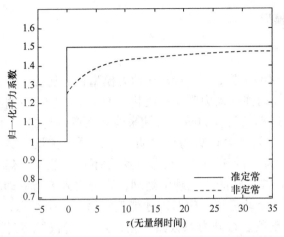

图 3.2.5　迎角阶跃变化后升力系数随 τ 的时变响应

　　Wagner 函数描述了一个简单阶跃运动的气动力变化特性，对于任意时域运动的非定常气动力或简谐运动的频域气动力如何进行计算呢？

　　Wagner 函数描述的是在小扰动势流前提下的非定常空气动力问题，因此可充分利用叠加原理进行分析。对于任意一个扰动形式 $\alpha(t)$，可以是非周期的，也可以是周期的。通过 Wagner 函数可以直接计算阶跃扰动下的升力或力矩响应特性，Wagner 函数又称为单位阶跃响应函数。一个任意的时域扰动可以理解为先后排列的若干个阶跃响应函数的叠加，如图 3.2.6 所示。每一个阶跃扰动对气动力响应的影响可以通过 Wagner 函数来求解，将这些影响进行线性叠加，就得到了整个扰动持续作用下的气动力响应，如图 3.2.7 所示。当离散的个数趋于无穷时，就可以用积分的形式计算，这种通过阶跃响应函数的积分来计算任意运动响应的方法被称为 Duhamel 积分原理(在非齐次振动问题的求解中，又被称为齐次化原理)，如式(3.2.39)所示：

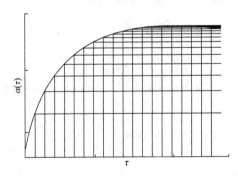

图 3.2.6　用阶跃型变化近似表示任意参数变化规律

$$\alpha(\tau) = \alpha(0) + \int_0^\tau \frac{\mathrm{d}\alpha}{\mathrm{d}\sigma} \mathrm{d}\sigma \tag{3.2.39}$$

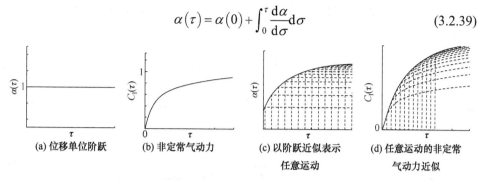

(a) 位移单位阶跃　　(b) 非定常气动力　　(c) 以阶跃近似表示　　(d) 任意运动的非定常
　　　　　　　　　　　　　　　　　　　　　　任意运动　　　　　　　　气动力近似

图 3.2.7　单位阶跃反应函数及非定常气动力合成

对于 $\tau < 0$，$\alpha(\tau) = 0$，则在 $\alpha(\tau)$ 运动下，升力系数的响应为

$$C_1(\tau) = a_1 \int_0^\tau \frac{\mathrm{d}\alpha}{\mathrm{d}\sigma} \varphi(\tau - \sigma) \mathrm{d}\sigma \tag{3.2.40}$$

上述俯仰运动对升力的响应计算过程可以推广到力矩响应，还可以推广到沉浮运动和舵面偏转对升力和力矩的响应求解。也可进一步通过试验对亚声速的压缩性效应进行修正。二维超声速问题也存在着相对简单的精确表达，但是由于通常超声速机翼的三维变形效应较强，使用不广泛。对于跨声速和三维流动，这种阶跃气动响应函数没有通用的解析结果，一般采用基于 CFD 的数值方法进行求解。

2. Küssner 模型

Küssner 模型是另外一种阶跃响应气动力模型，但与 Wagner 模型描述的翼型沉浮和俯仰运动的情况不同，其可用于计算翼型遭遇阵风时的气动力变化，Küssner 函数就是描述锐边阵风的升力响应[36]。

考虑弦长为 C 的单位展长翼型，以速度 V 在静止大气中运动，突然遭遇速度为 w_{g0} 的垂直锐边阵风，如图 3.2.8 所示。阵风的出现改变了翼型上的下洗，也就改变了局部迎角，因此，翼型上的升力分布将发生变化。其中，锐边阵风的公式为

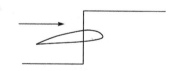

图 3.2.8　翼型运动中遭遇锐边阵风

$$w_g(x_g) = \begin{cases} 0, & x_g < 0 \\ w_{g0}, & x_g \geqslant 0 \end{cases} \tag{3.2.41}$$

若按照定常分析理论，翼型一旦全部进入阵风后，其升力系数立即有 $\Delta C_1 = a_1 \cdot \dfrac{w_g}{V}$ 的增量。

但实际上升力的增加有延迟效应,考虑延迟效应后升力系数的表达式可写为

$$\Delta C_1 = a_1 \cdot \frac{w_g}{V} \varphi(\tau) \tag{3.2.42}$$

其中,$\varphi(\tau)$ 为 Küssner 函数,描述了飞行器进入阵风后气动力的增加过程。该函数以无量纲时间 τ 表示的近似表达式为

$$\varphi(\tau) = \frac{\tau^2 + \tau}{\tau^2 + 2.82\tau + 0.80} \tag{3.2.43}$$

图 3.2.9 表示翼型进入锐边阵风后 Küssner 函数从 0 逐步过渡到 1 的变化过程。与 Wagner 函数相似,气动力恢复到定常值存在一个明显的滞后。对于计算任意阵风的气动力响应,与 Wagner 函数一样,可采用 Duhamel 积分进行求解。

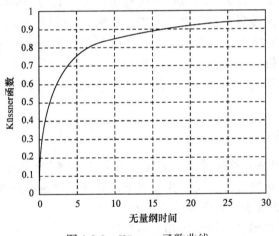

图 3.2.9　Küssner 函数曲线

3.2.4　活塞理论

活塞理论[37-39]由于其简单和实用性较好被广泛应用于超声速气动弹性问题的分析,这里首先对活塞理论进行介绍。

适合于超声速气动力计算的活塞理论诞生于 20 世纪 50 年代左右,活塞理论的前提是假设飞行马赫数很高($M_\infty^2 \gg 1$),流场的特征面几乎平行于翼面,翼面对流场的扰动形如活塞。由于马赫数很高,流动在空间上的特性体现为局部效应强,翼面上的压强与该点处的下洗边界条件形成一一对应的关系。另外,流动在时间上的特性体现为记忆效应弱。正是由于这些特点,活塞理论的表达式非常简洁。基于上面的假设,通过动量定理和等熵关系式就可导出活塞理论。

考察一个无限长的气缸，如图 3.2.10 所示，未经扰动的气体压力、密度和声速分别为 p_∞、ρ_∞ 和 a_∞。设活塞行进的速度为 W，且 $|W| \ll a_\infty$，由于活塞运动所产生的扰动属于微扰动，它的传播过程可以看作等熵过程。现在计算活塞表面的压力 p、密度 ρ 和声速 a。

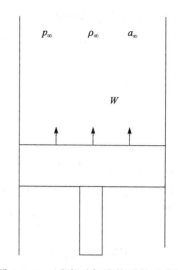

设在 dt 时间内，活塞运动速度变化了 dW，此时扰动传播的距离为 adt，而受扰动的气体质量为 $\rho a F$dt（F 表示活塞面积），故总的动量变化为 $\rho a F$d$t \cdot$dW。另一方面，压力变化为 dp，故活塞产生的冲量为 dpFdt。于是根据牛顿定律有 dpFd$t = \rho a F$d$t \cdot$dW，即

图 3.2.10　活塞对气流扰动的示意图

$$dp = \rho a \cdot dW \tag{3.2.44}$$

运用等熵公式：

$$\frac{p}{p_\infty} = \left(\frac{\rho}{\rho_\infty}\right)^\gamma \tag{3.2.45}$$

其中，γ 为比热容比。当地声速为

$$a^2 = \gamma \frac{p}{\rho} \tag{3.2.46}$$

将式(3.2.45)和式(3.2.46)代入式(3.2.44)，得

$$p^{-\frac{\gamma+1}{2\gamma}} dp = \frac{\gamma}{a_\infty} p_\infty^{\frac{\gamma-1}{2\gamma}} dW \tag{3.2.47}$$

积分得

$$\frac{2\gamma}{\gamma-1} p^{\frac{\gamma-1}{2\gamma}} dp = \frac{\gamma}{a_\infty} p_\infty^{\frac{\gamma-1}{2\gamma}} W + C \tag{3.2.48}$$

由于在无限远前方 $p = p_\infty$，相应地有 $W = 0$，故可确定式(3.2.48)中的积分常数 $C = \frac{2\gamma}{\gamma-1} p_\infty^{\frac{\gamma-1}{2\gamma}}$，代入并整理得

$$p = p_\infty \left(1 + \frac{\gamma-1}{2} \cdot \frac{W}{a_\infty}\right)^{\frac{2\gamma}{\gamma-1}} \tag{3.2.49}$$

由于活塞前进速度$|W| \ll a_\infty$，有$|W/a_\infty| \ll 1$，式(3.2.49)展开后可略去高阶微分项。当只保留一阶项时，称为一阶活塞理论，即扰动压力为

$$p - p_\infty = \rho_\infty a_\infty W \tag{3.2.50}$$

当保留二阶项时，可得到二阶活塞理论，即扰动压力为

$$p - p_\infty = \rho_\infty a_\infty^2 \left[\left(\frac{W}{a_\infty} \right) + \frac{\gamma+1}{4} \left(\frac{W}{a_\infty} \right)^2 \right] \tag{3.2.51}$$

对于三维空间中翼面的任意运动，设V_b为翼面某点处的振动速度；n为该点处翼面的外法向单位矢量；W为局部下洗速度，则$W = (V_\infty - V_b) \cdot n$。设$\theta$是局部气流入射角，$\theta = (V_\infty - V_b) \cdot n / |V_\infty|$。由此可得

一阶表达式：$C_p = 2\theta / M_\infty$；

二阶表达式：$C_p = 2\theta / M_\infty + 1.2\theta^2$；

精确解：$C_p = \dfrac{2}{\gamma M_\infty^2} \left\{ [1 + (\gamma-1)M_\infty \text{tg}\theta / 2]^{\frac{2\gamma}{\gamma-1}} - 1 \right\}$。

活塞理论表达简单，计算量小，因此在工程分析中使用广泛。但经典活塞理论存在以下局限性。

(1) 只适用于小迎角尖前缘薄翼面的气动力计算，Ma也不能太大或太小，一般在2~5。

(2) 不能考虑到膨胀、绕流和翼身干扰等三维效应。例如，它给出尖锥的压力分布与同角度的切楔结果相同，不能反映三维膨胀效应；不能考虑大后掠、有迎角机翼的绕流效应；也不能考虑翼面和弹身之间的干扰效应。

(3) 虽然二阶和二阶以上的活塞理论考虑到一定迎角和翼面厚度的非线性效应，但是其在状态空间复杂的非线性表达式给系统的分析和设计带来了很大的不便。

为了缓解活塞理论的使用局限，提高计算精度，作者先通过CFD方法获取超声速流动的定常流场，然后在流动局部使用活塞理论，计算非定常振动所产生的脉动载荷，这种方法被称为当地流活塞理论[40]。

对于超声速颤振的非定常流场，非定常效应引起的脉动项相对于定常项是一个小量。针对这一点作者实现了只用CFD方法求解一次定常流场，再运用活塞理论思路求解非定常脉动项，在超声速、高超声速小振幅振动的非定常流场中，实现定常CFD和活塞理论两种方法长处的完美结合。这种方法称为当地流活塞理论，极大地放宽了经典活塞理论对翼型形状、来流Ma和迎角的使用要求。该方法已经被成功推广到超声速和高超声速颤振分析，有效地缓解了超声速气动弹性分析精度和效率之间的矛盾，具体实现方法和结果可相关参考

文献[40]。

3.2.5　二维气动力模型的总结

3.2 节分别介绍了忽略尾迹中自由涡影响效应的格罗斯曼准定常模型、精确考虑非定常效应的西奥道森非定常模型、通过阶跃响应进行积分的时域非定常模型，以及超声速状态非常适用的活塞理论这四种模型。从形式上看，西奥道森非定常模型是一种翼型做简谐振动的气动力表达，是典型的频域模型，而其他三种模型都是时域表达模型。在线性模型的架构下，频域模型和时域模型之间可以通过一些方法转换。另外，格罗斯曼准定常模型和活塞理论本质属于导数模型，具有准定常特征，而西奥道森非定常模型和通过阶跃响应进行积分的时域非定常模型都是精确的非定常模型。

气动力准定常近似的本质是略去了非定常气动力模型中的部分时间记忆效应，并假设任何时刻的气动力仅与翼型在该时刻的运动状态有关。对翼型非定常绕流状态量的取舍不同，可得到不同层次上的准定常近似。因此，建立的准定常近似模型并不唯一。以上述二元两自由度振荡翼型为例，格罗斯曼准定常模型将 α、$\dot{\alpha}$ 和 $\dot{h}$ 视作非定常气动力系统的状态量，若对该模型进行进一步简化，略去 $\dot{\alpha}$ 的影响，则可得到更为简化的准定常模型。美国学者曾采用以试验结果为根据的准定常气动力计算公式，如下所示：

$$\begin{cases} L = qb(l_h h + l_{\dot{h}} \dot{h} + l_{\ddot{h}} \ddot{h} + l_\alpha \alpha + l_{\dot{\alpha}} \dot{\alpha} + l_{\ddot{\alpha}} \ddot{\alpha}) \\ M = qb^2(m_h h + m_{\dot{h}} \dot{h} + m_{\ddot{h}} \ddot{h} + m_\alpha \alpha + m_{\dot{\alpha}} \dot{\alpha} + m_{\ddot{\alpha}} \ddot{\alpha}) \end{cases} \tag{3.2.52}$$

其中，h 为无量纲坐标 h/b；l_h、$l_{\dot{h}}$、m_h、$m_{\dot{h}}$ 等含义类似于 $\dfrac{\partial C_l}{\partial h}$、$\dfrac{\partial C_l}{\partial \dot{h}}$、$\dfrac{\partial C_m}{\partial h}$、$\dfrac{\partial C_m}{\partial \dot{h}}$ 等，可称为气动导数，根据它们在气动力公式中的作用，也可把对位移的气动导数 l_h、l_α、m_h、m_α 称为气动刚度；把对速度的气动导数 $l_{\dot{h}}$、$l_{\dot{\alpha}}$、$m_{\dot{h}}$、$m_{\dot{\alpha}}$ 称为气动阻尼；把对加速度的气动导数 $l_{\ddot{h}}$、$l_{\ddot{\alpha}}$、$m_{\ddot{h}}$、$m_{\ddot{\alpha}}$ 称为气动惯性。

式(3.2.52)给出的准定常气动力模型不仅涉及模态位移和模态位移的一阶导数项，还涉及了模态位移的二阶导数项，使得模型的精度更高，但该模型仍然是一个准定常模型，式(3.2.52)右项还需添加足够多阶的导数项才能趋近于准确的非定常模型。准定常模型中项数的选择和物理问题中的减缩频率 k 与流动的马赫数密切相关。通常 k 越大，需要保留的阶数越高。超声速流场中，一般保留位移项和其一阶导数项就能得到较高的数值精度，因为从物理上看，超声速流动本身的记忆效应较小，尾涡不影响上游流动，所以这也是活塞理论在超声速小扰动情况下具有较高数值精度的主要原因。

下面以格罗斯曼准定常模型和西奥道森非定常模型为例，考察减缩频率 k

对准定常气动力模型计算精度的影响。

翼型在不可压流中以频率 ω 做简谐振动，有

$$\begin{cases} h = h_0 \mathrm{e}^{\mathrm{i}\omega t} \\ \alpha = \alpha_0 \mathrm{e}^{\mathrm{i}\omega t} \end{cases} \tag{3.2.53}$$

其中，h_0 和 α_0 可以是复数形式，其模为振动的幅值，相位为振动的初始相位角。

对于这样的简谐振动。不管采用格罗斯曼准定常模型，还是西奥道森非定常模型，翼型的升力系数和绕刚轴的力矩系数都可以写为如下复数形式：

$$C_L = A_{11}(k)h + A_{12}(k)\alpha \tag{3.2.54}$$

$$C_{M_E} = A_{21}(k)h + A_{22}(k)\alpha \tag{3.2.55}$$

其中，k 为减缩频率；A_{11}、A_{12}、A_{21} 和 A_{22} 为 4 个复系数，对于给定的气流马赫数和刚轴位置，它们是 k 的函数。这 4 个复系数的幅值和相位分别代表了某一模态运动对应的气动载荷系数的幅值和滞后情况。

对于格罗斯曼准定常模型，4 个复系数的表达式可写为

$$\begin{cases} A_{11} = -4\pi k\mathrm{i} \\ A_{12} = -\pi[2 + (1-2a)k\mathrm{i}] \\ A_{21} = \pi k(2a+1)\mathrm{i} \\ A_{22} = \pi\left[\left(\dfrac{1}{2}+a\right) - a^2 k\mathrm{i}\right] \end{cases} \tag{3.2.56}$$

对于西奥道森非定常模型，4 个复系数的表达式可写为

$$\begin{cases} A_{11} = 2\pi k^2 L_h \\ A_{12} = \pi k^2\left[L_\alpha - \left(\dfrac{1}{2}+a\right)L_h\right] \\ A_{21} = \pi k^2\left[M_h - \left(\dfrac{1}{2}+a\right)L_h\right] \\ A_{22} = \dfrac{\pi k^2}{2}\left[M_\alpha - \left(\dfrac{1}{2}+a\right)(L_\alpha + M_h) + \left(\dfrac{1}{2}+a\right)^2 L_h\right] \end{cases} \tag{3.2.57}$$

例如，对于在不可压流动中，刚轴位于距前缘 45% 弦长位置处($a=-0.1$)的薄翼型，通过式(3.2.56)和式(3.2.57)可以求出这 4 个复系数在不同减缩频率 k 下的对应值，其对应的幅值和相角随 k 的变化趋势如图 3.2.11～图 3.2.14 所示，实线为采用西奥道森非定常模型的计算结果，虚线为采用格罗斯曼准定常模型的计算结果。从图 3.2.11～图 3.2.14 中可见，当 k 趋于 0 时，流动本身趋于定

常，准定常模型和非定常模型的解也都同时趋于定常解。随着减缩频率 k 的增加，二者之间的差别逐步增大。由此可见，减缩频率 k 代表了流动非定常效应的强烈情况。这一对比结果还说明，若选用准定常气动力模型计算结构的颤振速度，准定常模型颤振分析结果的准确性可以通过无量纲的颤振临界频率 k^*

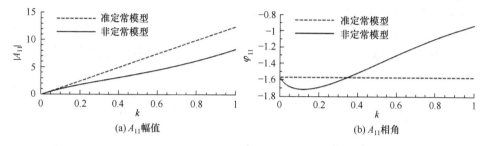

图 3.2.11　A_{11} 的幅值和相角随 k 的变化趋势

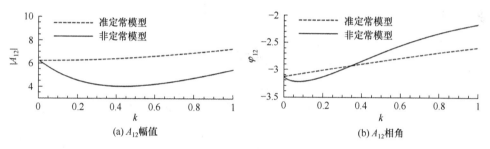

图 3.2.12　A_{12} 的幅值和相角随 k 的变化趋势

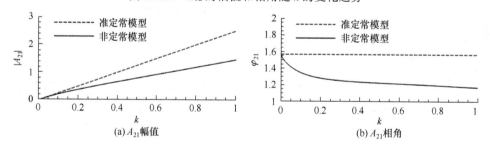

图 3.2.13　A_{21} 的幅值和相角随 k 的变化趋势

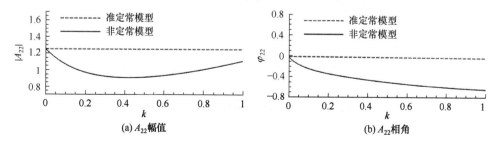

图 3.2.14　A_{22} 的幅值和相角随 k 的变化趋势

的大小来判断，若 k^* 较小，则准定常的颤振分析结果与非定常结果差别不大；若 k^* 较大，则准定常分析结果的误差会很大。

图 3.2.15 和图 3.2.16 给出了翼型绕刚轴($a = -0.1$)做简谐俯仰运动时，分别运用西奥道森非定常模型和格罗斯曼准定常模型计算的非定常载荷的响应。翼型的运动模式：$h = 0, \alpha = \alpha_0 \sin(\omega t)$，其中 $\alpha_0 = 5° = 0.0873\text{rad}$。图 3.2.15 给出了 $k = 0.06$ 时升力系数和力矩系数的对比计算结果，图 3.2.16 给出了 $k = 0.2$ 时升力系数和力矩系数的对比计算结果。这两幅图形象地说明了准定常模型的计算误差随 k 的增加而增大。

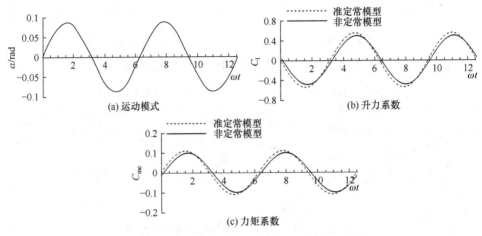

图 3.2.15　升力系数和力矩系数的响应($k=0.06$)

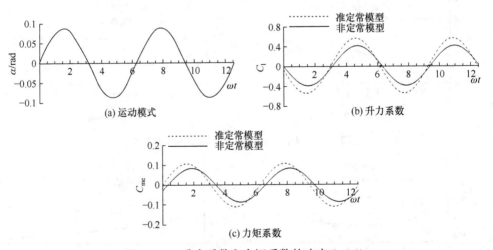

图 3.2.16　升力系数和力矩系数的响应($k=0.2$)

3.3　频域非定常气动力的状态空间拟合

3.3.1　状态空间概述

状态空间是一种近代时域方法，状态空间中的"状态"是指运动状态。状态变量是指足以表征系统运动状态最小个数的一组变量。R 个状态变量所构成的向量称作状态向量，记作：

$$\boldsymbol{x}(t)=\begin{bmatrix} x_1(t) \\ x_2(t) \\ \vdots \\ x_R(t) \end{bmatrix}=\begin{bmatrix} x_1(t) & x_2(t) & \cdots & x_R(t) \end{bmatrix}^{\mathrm{T}} \qquad (3.3.1)$$

以状态变量 $x_1(t), x_2(t), \cdots, x_R(t)$ 为坐标轴构成的 R 维空间，称为状态空间。由系统状态变量所构成的一阶微分方程组，称为系统的状态方程。状态变量不一定是能够测量的物理量，因此还有系统指定的输出。该输出与状态变量的关系式称为系统的输出方程。系统的状态空间表达式为状态方程和输出方程的总和。

一般地，系统状态空间表达式为

$$\dot{\boldsymbol{x}}=\boldsymbol{A}\boldsymbol{x}+\boldsymbol{B}\boldsymbol{u} \qquad (3.3.2)$$

$$\boldsymbol{y}=\boldsymbol{C}\boldsymbol{x}+\boldsymbol{D}\boldsymbol{u} \qquad (3.3.3)$$

式(3.3.2)为状态方程；式(3.3.3)为输出方程。其中，$\boldsymbol{x}$ 为状态向量；$\boldsymbol{u}$ 为输入向量；$\boldsymbol{y}$ 为输出向量；$\boldsymbol{A}$ 为状态矩阵；$\boldsymbol{B}$ 为输入(或控制)矩阵；$\boldsymbol{C}$ 为输出矩阵；$\boldsymbol{D}$ 为直接传递矩阵。

在状态空间的基础上处理系统动态问题的方法就是状态空间法。状态空间法可用于多变量系统、非线性系统、时变系统、随机过程和采样数据系统，有关内容在现代控制理论中有详细论述。

3.3.2　非定常气动力拟合方法

直接计算时域内任意运动的非定常气动力十分复杂，因此，常用的方法是利用频域上若干离散频率的非定常气动力，将其延拓至拉氏域中，称为用有理函数形式表示的时域气动力。目前国内外状态空间建模主要有 4 种方法：Roger法、修正矩阵法、最小状态法和拟合状态空间法。其中，前 3 种均采用气动力有理函数拟合方法，即将频域下的气动力延拓至状态空间。拟合状态空间法则采用不同的思路，通过直接拟合系统的频率响应，建立状态空间模型。在本小节中，主要介绍两种方法：Roger 法与拟合状态空间法。

1. Roger 法

非定常气动系数矩阵的有理函数表达式为

$$\tilde{A}(\bar{s}) = A_0 + A_1\bar{s} + A_2\bar{s}^2 + \sum_{j=1}^{l}\frac{A_{2+j}\bar{s}}{\bar{s}+\beta_j} \tag{3.3.4}$$

其中，$A_0 \sim A_{2+j}$ 为实待定矩阵；$\bar{s}=bs/V$，s 为拉氏复变量；β_j 为由经验给定的正实数。拟合的目的在于根据频率域中已知的气动力矩阵 $A(k)$ 确定式(3.3.4)中各待定矩阵。设 $\tilde{a}_{ij}$(以下用简单字符 $\tilde{a}$ 表示)为 $\tilde{A}(\bar{s})$ 中任意一个元素，则

$$\tilde{a}(\bar{s}) = a_0 + a_1\bar{s} + a_2\bar{s}^2 + \sum_{j=1}^{l}\frac{a_{2+j}\bar{s}}{\bar{s}+\beta_j} \tag{3.3.5}$$

其中，$a_0,a_1,a_2,\cdots,a_{l+2}$ 为该元素的实待定系数。已知条件为 m 个 k 下的非定常气动力矩阵 $A(k)$。将简谐条件代入式(3.3.5)中并分解为实部和虚部，则

实部平衡方程：

$$a(iw)_R = a_0 - k^2 a_2 + \sum_{j=1}^{l}\frac{k^2 a_{2+j}}{k^2+\beta_j^2} \tag{3.3.6}$$

虚部平衡方程：

$$a(iw)_I = ka_1 + \sum_{j=1}^{l}\frac{k\beta_j a_{2+j}}{k^2+\beta_j^2} \tag{3.3.7}$$

取 m 个 k 下的 $a(iw)$ 为拟合计算点，一般有 $m>l+2$，通过最小二乘法可求得式(3.3.6)与式(3.3.7)中的待定系数 $a_0,a_1,a_2,\cdots,a_{l+2}$。具体如下：

$$\begin{bmatrix} a_0 \\ a_1 \\ \vdots \\ a_{l+2} \end{bmatrix} = \left[\sum_{t=1}^{m}\left(B_{R,t}B_{R,t}^T + B_{I,t}B_{I,t}^T\right)\right]^{-1} \cdot \left[\sum_{t=1}^{m}\left(a(iw)_{R,t}B_{R,t} + a(iw)_{I,t}B_{I,t}\right)\right] \tag{3.3.8}$$

其中，

$$\begin{aligned} B_{R,t} &= \begin{bmatrix} 1 & 0 & -k_t^2 & \dfrac{k_t^2}{k_t^2+\beta_1^2} & \cdots & \dfrac{k_t^2}{k_t^2+\beta_l^2} \end{bmatrix} \\ B_{I,t} &= \begin{bmatrix} 0 & k_t & 0 & \dfrac{\beta_1 k_t}{k_t^2+\beta_1^2} & \cdots & \dfrac{\beta_l k_t}{k_t^2+\beta_l^2} \end{bmatrix} \end{aligned} \tag{3.3.9}$$

其中，k_t 为第 t 个减缩频率；$a(iw)_{R,t}$ 和 $a(iw)_{I,t}$ 分别为在减缩频率 k_t 下简谐非定常气动力矩阵 $A(k_t)$ 中元素 a 的实部和虚部。

采用 Roger 法进行状态空间拟合，其优点为拟合精度较高。但由于状态空间表达式中气动力增广向量维数高，使状态方程规模增大，又会使后继计算量增大。

2. 拟合状态空间法

对于拟合状态空间法所建立的状态空间模型，气动力矩阵 A 共有 n 对共轭复根，设为 $\lambda_i = \sigma_i \pm \omega_i \mathrm{i}$。可以证明存在一个满秩实数方阵 T，令 $x = T \cdot z$，则式(3.3.2)与式(3.3.3)化为

$$z = \bar{A} \cdot z + \bar{B} \cdot u \tag{3.3.10}$$

$$y = \bar{C} \cdot z + D \cdot u \tag{3.3.11}$$

其中，气动力矩阵 $\bar{A}$ 为块对角矩阵，形式如下：

$$\bar{A} = T^{-1} \cdot A \cdot T = \mathrm{diag}(\bar{A}_i)$$

$$\bar{A}_i = \begin{bmatrix} 0 & 1 \\ -\omega_i^2 - \sigma_i^2 & 2\sigma_i \end{bmatrix} \tag{3.3.12}$$

输入矩阵 $\bar{B} = T^{-1} \cdot B$；输出矩阵 $\bar{C} = C \cdot T$。

根据颤振求解的 PK 法，又称英国方法理论，给定一个速度值 V，即可确定一组颤振特征值 $\lambda_i = \sigma_i \pm \omega_i \mathrm{i}$，代入式(3.3.12)可确定气动力矩阵 $\bar{A}$。

拟合状态空间法不需要进行气动力有理函数拟合，通过拟合系统传递函数频率响应，可直接得到状态方程。拟合状态空间法无滞后根选取的问题，建立的状态方程不含气动力增阶。但是，拟合状态空间法得到的状态空间模型是数字离散形式，建立的状态空间模型不显含速度 V，对每个速度状态点都需要重新建模，使用不方便。

参 考 文 献

[1] HSU C H, LAN C E. Theory of wing rock[J]. Journal of Aircraft, 1985, 22(10): 920-924.

[2] NOLAN R C. Wing rock prediction method for a high performance fighter aircraft[R]. Air Force Inst of Tech Wright-Patterson Afb Oh School of Engineering, 1992.

[3] 赵梦熊. 载人飞船返回舱的动稳定性[J]. 流体力学实验与测量, 1995 (2):1-8.

[4] 龚卫斌. 再入体动导数试验技术[J]. 气动试验与测量控制, 1997, 11(1) : 30-34.

[5] 黄达, 李志强, 吴根兴. 大振幅非定常实验数学模型与动导数仿真实验[J]. 空气动力学学报, 1999, 17(2) : 219-223.

[6] 马家欢. 模型自由飞技术实验测试动导数的讨论[C]. 第十一届高超声速会议论文, 长

沙, 2001.

[7] KUSSNER H. A general method for solving problems of the unsteady lifting surface theory in the subsonic range[J]. Journal of the Aeronautical Sciences, 1954, 21(1): 17-26.

[8] ERICSSON L E. Generalized unsteady embedded Newtonian flow[J]. Journal of Spacecraft and Rockets, 1975, 12(12): 718-726.

[9] TONG B G, HUI W H. Unsteady embedded Newton-Busemann flow theory[J]. Journal of Aircraft, 1986, 23(2): 129-135.

[10] HASSAN D, SICOT F. A time-domain harmonic balance method for dynamic derivatives predictions[C]. 49th AIAA Aerospace Meeting including the New Horizons Forum and Aerospace Exposition, Orlando, 2011: 352-366.

[11] MURMAN S M, AFTOSMIS M J, BERGER M J. Numerical simulation of rolling airframes using a multilevel Cartesian method[J]. Journal of Spacecraft and Rockets, 2004, 41(3): 426-435.

[12] BRYAN G H, WILLIAMS W E. The longitudinal stability of aerial gliders[J]. Proceedings of the Royal Society of London, 1904, 73(488-496): 100-116.

[13] BRYAN G H. Stability in aviation: An introduction to dynamic stability as applied to the motions of aeroplanes[J]. Nature, 1912, 88(25): 406-407.

[14] TOBAK M, SCHIFF L B. Aerodynamic mathematical modeling-basic concepts[J]. AGARD Lecture Series, 1981, 77(114): 1-32.

[15] TOBAK M, SCHIFF L B. On the formulation of the aerodynamic characteristics in aircraft dynamics: NASA TRR-456[R]. Washington D C : NASA, 1976.

[16] ETKIN B, REID L D. Dynamics of Flight: Stability and Control[M]. New York: Wiley, 1996.

[17] 任玉新, 刘秋生, 沈梦育. 飞行器动态稳定性参数的数值计算方法[J]. 空气动力学学报, 1996, 14(2): 117-126.

[18] LEISHMAN J G, NGUYEN L T. State-space representation of unsteady airfoil behavior[J]. AIAA Journal, 1990, 28(5): 836-844.

[19] GOMAN M, KHRABROV A. State-space representation of aerodynamic characteristics of an aircraft at high angles of attack[J]. Journal of Aircraft, 1994, 31(5) : 1109-1115.

[20] 姜裕标, 沈礼敏. 飞行器非定常气动力试验与建模研究[J]. 流体力学实验与测量, 2000, 14(4) : 26-31.

[21] KONSTADINOPOULOS P, MOOK D T, NAYFEH A H. Subsonic wing rock of slender delta wings[J]. Journal of Aircraft, 1985,22(3): 223-228.

[22] 刘伟, 沈倩, 张鲁民, 等. 钝倒锥体动导数数值工程模拟[J]. 国防科技大学学报, 1998, 20(1) : 5-8.

[23] 李周复. 风洞特种试验技术[M]. 北京: 航空工业出版社, 2010.

[24] 陈琦, 陈坚强, 袁先旭, 等. 谐波平衡法在动导数快速预测中的应用研究[J]. 力学学报, 2014, 46(2): 183-190.

[25] ZHANG W W, GONG Y M, LIU Y L. Abnormal changes of dynamic derivatives at low reduced frequencies[J]. Chinese Journal of Aeronautics, 2018, 31(7): 1428-1436.

[26] LIU X, LIU W, ZHAO Y F. Navier-Stokes predictions of dynamic stability derivatives for air-breathing hypersonic vehicle[J]. Acta Astronautica, 2016, 118: 262-285.

[27] 比施根斯. 超声速飞机空气动力学和飞行力学[M]. 郭桢,等,译.上海: 上海交通大学出版社, 2009.

[28] 刘伟, 赵海洋, 杨小亮. 飞行器动态气动特性数值模拟方法及应用[M]. 长沙: 国防科技大学出版社, 2015.

[29] 刘绪, 刘伟, 周云龙. 吸气式内外流一体化飞行器动导数数值模拟[J]. 空气动力学学报, 2015, 33(2): 147-155.

[30] SCANLAN R H, TOMKO J J. Airfoil and bridge deck flutter derivatives[J]. Journal of Engineering Mechanics, 1971, 97(6): 1171-1737.

[31] 陈政清. 桥梁风工程[M]. 北京: 人民交通出版社, 2005.

[32] ZHOU Z Y, CHEN A R, XIANG H F. Numerical assessment of aerodynamic derivatives and critical wind speed of flutter of bridge decks by discrete vortex method[J]. Journal of Vibration Engineering, 2002, 15(3): 327-331.

[33] WALTHER J H. Discrete vortex method for two-dimensional flow past bodies of arbitrary shape undergoing prescribed rotary and translation motion[D]. Denmark: Technical University of Denmark, 1994.

[34] POULSEN N K, DAMSGAARD A, REINHOLD T A. Determination of flutter derivatives for the great belt bridge[J]. Journal of Wind Engineering & Industrial Aerodynamics, 1992, 41(1-3):153-164.

[35] GRIERSON D E, FRANCHI A, RIVA P. Progress in Structural Engineering[M]. Heidelberg: Springer, 1991.

[36] BISPLINGHOFF B L, ASHLEY H, HALFMAN R L. Aeroelasticity[M]. Boston: Addison-Wesley Publishing Company, 1955.

[37] ASHLEY H. Piston theory-a new aerodynamic tool for the aeroelastician[J]. Journal of the Aeronautical Sciences, 1956, 23(12): 1109-1118.

[38] GUPTA K, VOELKER L, BACH C, et al. CFD-based aeroelastic analysis of the X-43 hypersonic flight vehicle[C]. 39th Aerospace Sciences Meeting and Exhibit, Reno, 2001: 712.

[39] 张伟伟, 樊则文, 叶正寅. 超声速、高超声速机翼的气动弹性计算方法[J]. 西北工业大学学报, 2003, 21(6): 687-691.

[40] ZHANG W W, YE Z Y, ZHANG C A, et al. Supersonic flutter analysis based on a local piston theory[J]. AIAA Journal, 2012, 47(10): 2321-2328.

第4章 非定常流场降阶和气动力建模

4.1 非定常流场降阶与气动力建模的意义

在现代飞行器的设计中，准确的流体动力学模型是开展分析、控制和优化工作的重要基础。例如，飞行力学研究中的操纵性、稳定性分析，以及气动弹性研究中的颤振分析，均需要依赖高精度的非定常流动仿真，以得到精确的气动参数，用于对飞行器的性能评估。一个简洁、精确的流动分析模型，对于理解高维、非线性的复杂流动机理，进而开展流动控制同样具有重要意义[1]。为建立准确的非定常流体力学和空气动力学模型，研究者们相继发展了各种非定常气动力计算方法，如表 4.1.1 所示。

表 4.1.1 非定常气动力计算方法发展历程

时间	模型
20 世纪 30 年代～40 年代	二维的西奥道森模型、格罗斯曼模型，结合片条理论解决三维问题
20 世纪 50 年代～60 年代	三维线化升力面方法，求解频域亚、超声速谐振非定常气动力
20 世纪 70 年代～80 年代	基于频域气动力的状态空间拟合
20 世纪 80 年代～90 年代	基于 CFD 技术的非定常、非线性流场的数值模拟
20 世纪 90 年代至今	基于 CFD 技术的非定常气动力模型降阶，非线性气动力的谐波平衡法

20 世纪发展的基于线化理论的各种非定常气动力模型已经被广泛应用于各种型号工程的气动弹性分析，但是不能用于跨声速、大迎角等非线性气动弹性问题的研究。随着计算机水平的大幅提高，CFD 技术已经被广泛应用于各种工程。近年来，气动弹性计算逐渐采用以跨声速小扰动方程、Euler 方程或 N-S 方程为基础的 CFD 技术来计算非定常气动力。这种方法直接从流动的基本方程出发，使用的假设相对较少，模拟了流动的本质特性，可以反映出气动力的非线性特性。

基于非定常 CFD 技术的时域气动弹性模拟在解决非线性气动力问题中有着无可比拟的优越性，尤其在跨声速气动弹性模拟中被广泛使用，近十几年，该方面的文献层出不穷，已经成为气动弹性领域的研究热点之一。随着 CFD 方法在空间上和时间上对流动的描述越来越细致，更逼近实际物理特性，CFD 技术存在以下两个显著缺点：

(1) 计算量大，耗时多，不便于型号研制；

(2) 不便于系统的定性分析，也不便于开展伺服气动弹性分析和参数设计。

以一个典型的二维流场为例，空间上划分 10000 个网格，整个计算域就是由 10000×4(三维流场×5)个离散的非线性方程组成，该流场的变量个数也是 10000×4，故该系统的阶数高达 40000[2]。一般情况下，基于 CFD 技术的流场求解器的阶数为 $10^4 \sim 10^6$。这使得应用系统的分析和设计越来越困难，一定程度上阻碍了 CFD 技术在工程领域中的进一步应用。

针对上述两个主要缺点，研究所[3]和工业部门[4]都发出明确的呼吁，提出了一些希望[3]：

(1) 仍然是一个线性模型；

(2) 具有较高的置信度和较低的阶数，建议的技术路线有雷诺平均 (Reynolds averaged Navier-Stockes, RANS)气动力模型、结构化/非结构化网格、非线性有限元技术、气动力的降阶模型(reduced order model, ROM)方法等；

(3) 可以用于设计环节，而不仅仅用于事后的校核；

(4) 可以方便地与现有气动弹性分析模块融合；

(5) 具有较高的效率和鲁棒性。

针对上述的讨论，本书提出非定常气动力建模现阶段的两个主要矛盾：计算效率和计算精度；系统的复杂性和易分析、易设计性。因此如何缓和或解决这两个矛盾成为该学科的研究热点之一。

为了使非定常流体动力学模型能够满足工程研制中的高精度、高效率、低复杂度，以及理论研究中简洁、直观的要求，20 世纪 90 年代以来，研究者们陆续发展了多种基于 CFD 技术的非定常气动力 ROM[5-8]以降低全阶流场仿真的昂贵计算消耗，同时提取出流体系统的主要特征，为研究者解释、分析复杂系统提供依据。通过对少量 CFD 样本的学习，ROM 可以达到同 CFD 仿真相近的精度，同时使得非定常气动力的计算效率提高 1~2 个量级。这种优势使得 ROM 易于和其他学科模型相耦合，并用于多学科分析、控制和优化设计等研究。

根据 Dowell 等[8]的观点，非定常气动力模型总体上可以分成三类：①纯线性模型。该模型研究对象的静态和动态气动力均符合线性特征，如经典亚声速薄翼理论下的气动力模型等。②静态非线性、动态线性的模型。这种情况指流动在空间上为非线性，如存在空间上的不连续，而在时间上服从线性关系，也称为时间线化模型。采用线性系统辨识方法、状态空间法得到的均为这一类模型。该模型通常适用于跨声速、大攻角下，存在激波和流动分离时，结构在小扰动下产生的非定常流动等。③动态非线性模型。随着运动幅值变大，动态非线性的气动力特征逐渐明显，小扰动假设失效，此时必须引入动态非线性的气动力模型。完全的线性模型通常适用于势流假设下的小扰动情况，而基于系统辨识的非定常气动力 ROM 主要针对上述后两类动力学特征。

目前为止，ROM 主要应用于以下研究。

(1) 气动弹性。气动弹性力学研究弹性体在气流中运动时的力学行为，是一门涉及空气动力学、结构动力学和弹性力学的交叉学科。建立准确的气动力模型，不仅是开展气动弹性分析的重要基础，也是气动弹性力学研究中的关键。基于 CFD 技术的 ROM，则是用于解决 CFD 系统中计算量大、难以分析的复杂问题。当前，线性的 ROM 发展成熟，已经被广泛用于颤振分析、气动伺服弹性分析、颤振主动抑制、阵风响应分析和主动抑制等领域。非线性的 ROM 也被用于预测结构大幅运动下，非线性气动力引起的极限环振荡(limit-cycle oscillation，LCO)现象，以及建立不同流动条件(如 Ma 和迎角等)下统一的气动力模型。

(2) 飞行力学。为满足近距离格斗的需要，现代战斗机需要具有很高的机动性和敏捷性，使得飞机表面流场经历附着流、分离流、涡破裂和再附着流等激烈变化，导致气动力发生剧烈变化。机动过程中气动力的变化直接影响飞行器的飞行性能与品质。传统的基于动导数的飞行动力学分析法，无法准确描述这种强非线性、长时滞效应的非定常空气动力特性，而基于 CFD 技术的数值模拟代价昂贵，不便于飞行器的稳定性分析和控制。因此，气动力 ROM 也在飞行力学领域中逐步得到应用，通过与六自由度飞行动力学方程耦合，可以实现高效的飞行性能分析。

(3) 优化设计。飞行器气动外形设计中，直接基于 CFD 的设计受到高维流场计算的限制，同样存在周期长、代价高等问题。ROM 可以从两个角度改进优化过程：一是通过构建静态或动态低维代理模型，在保留原始高维 CFD 系统主要特征的基础上，加快优化迭代的收敛历程；二是通过数据降维技术，降低原始设计空间的设计变量维度，进而化繁为简，提高优化效率。目前这两种思路在气动外形优化设计研究中已得到广泛使用。

(4) 流动控制。由于流体动力学系统本身具有高维、多尺度和强非线性等特征，基于试验或数值模拟的直接控制设计大都停留在被动或主动的开环控制。与时间相关的闭环控制问题，需要基于一个准确、简洁的气动力模型来设计控制律。ROM 为复杂动力学系统的简化提供了有效工具，而基于 ROM 进行控制设计，也能大幅提高设计效率。

(5) 机理分析。除了气动弹性现象的机理解释与特征分析外，ROM 也被用于解释复杂流固耦合现象的产生机理，如低雷诺数、跨声速下的结构"锁频"

现象。另外，ROM 提供的有效的模态分解方法，也为流体力学复杂流动的研究提供了分析工具。这些模态分析方法，对于理解和捕捉湍流相干结构，以及复现和预测流动演化过程有重要意义。

根据数学方法、模型结构和数据来源的不同，当前的 ROM 主要分成两大类：第一类是基于输入、输出样本的系统辨识方法；第二类是基于特征提取的模态分解方法。这些不同的降阶方法，逐步成为流体力学、空气动力学和气动弹性等相关领域的研究热点，并展示出广阔的应用前景。

4.2　基于系统辨识方法的气动力建模技术

系统辨识是利用输入输出数据，在一类系统模型中确定一个系统模型，使之与被测系统等价。对非定常气动力系统而言，通常主要关注结构在给定动态变形时的模态气动力，而系统辨识方法只需要利用结构的位移和广义气动力样本，对系统模型进行训练，就能得到反映原始高维系统输入、输出关系的低阶模型。在气动弹性研究中，被测系统是基于 Euler 方程和 N-S 方程的非定常流场求解器，结构模态坐标对应系统的输入，模态气动力系数对应系统的输出。这种非定常气动力建模的前提是已知弹性体的结构模态，模型降阶过程基于模态坐标进行。因此，ROM 方法有时也被称为基于模态坐标的非定常气动力建模。ROM 方法不需要提取高维、海量的非定常流场数据，也不需要对求解器进行修改，而是利用系统中少量但是最主要的信息，通过系统辨识手段对非定常流场进行近似，因此可以进一步减少计算量。建立的降阶模型不仅能够实现快速、高精度的气动力获取，而且便于与其他系统耦合(如结构、热等)开展多场耦合系统的仿真、控制等研究。从现阶段的研究进展来看，用于非定常气动力的系统辨识模型主要有两大类，分别是积分类模型和差分类模型。积分类模型主要包括单位阶跃函数、Volterra 级数；差分类模型主要包括带外输入的自回归 (autoregressive with exogenous input, ARX) 模型、自回归滑动平均 (autoregressive moving average, ARMA)模型、径向基函数(radial basis function, RBF)神经网络模型、克里金(Kriging)模型和支持向量机模型等。由于同类模型之间的辨识方法存在差异，此处选择几种典型模型加以介绍。

4.2.1　一阶 Volterra 级数模型

Volterra 级数是一种典型的积分模型，它是一种泛函级数，描述了非线性时不变系统的输入输出关系，可以以任意精度逼近连续函数[9]。Wiener[10]首先将 Volterra 级数用于非线性系统分析。Volterra 级数是无穷级数，连续形式的

Volterra 级数可以表示为

$$y(t) = H_0 + \int_0^t H_1(t-\tau)u(\tau)\mathrm{d}\tau$$

$$+ \int_0^t \int_0^t H_2(t-\tau_1, t-\tau_2)u(\tau_1)u(\tau_2)\mathrm{d}\tau_1\mathrm{d}\tau_2 + \cdots \qquad (4.2.1)$$

$$+ \int_0^t \cdots \int_0^t H_s(t-\tau_1, \cdots, t-\tau_s)\prod_{i=1}^s \{u(\tau_i)\mathrm{d}\tau_i\} + \cdots$$

其中，H_s 为第 s 阶 Volterra 算子，表示输入和第 s 阶 Volterra 级数之间的 s 重卷积；第一项 H_0 为定常状态。离散形式的 Volterra 级数可以表示为

$$y(n) = H_0 + \sum_{k=0}^n H_1(n-k)u(k)$$

$$+ \sum_{k_1=0}^n \sum_{k_2=0}^n H_2(n-k_1, n-k_2)u(k_1)u(k_2) + \cdots \qquad (4.2.2)$$

$$+ \sum_{k_1=0}^n \cdots \sum_{k_s=0}^n H_s(n-k_1, \cdots, n-k_s)\prod_{i=1}^s u(k_i) + \cdots$$

其中，u 和 y 分别为模型的输入和输出。

从非定常气动力的角度，Volterra 级数模型本质上是一种准定常模型，利用高阶的输入延迟对非定常效应进行逼近。Volterra 级数的特点如下：①零阶 Volterra 核是一个常数，来源于系统的零输入响应；②对于任意系统，当 $\tau_1, \tau_2, \cdots, \tau_n$ 中的任意值小于零时，$h_n(t-\tau_1, \cdots, t-\tau_n)$ 为零，而且积分下限可以被设置为 0；③可以推断每一个核相对任何 $\tau_1, \tau_2, \cdots, \tau_n$ 的排列都对称。Volterra 级数可以用于连续时间、时不变、有限记忆的单输入多输出系统，因此可用于非定常气动力的预测。标准形式的 Volterra 级数为无穷级数，在实际应用中不便于计算，而对于真实物理系统，仅仅需要前几阶核就可以较准确地描述非线性系统的动态特性，各阶 Volterra 核可视为有限记忆，因而进一步减少了计算量。Volterra 级数对于弱非线性的动力学系统有很高的预测精度，只需二阶核甚至一阶核即可。在许多时域 Volterra 级数的辨识技术中，最直接的方法是求解连续时间的脉冲响应，并作为模型训练信号以确定核函数。

非定常流场 Volterra 级数降阶模型在 1993 年取得了突破性进展，Silva[11] 首先运用该模型开展非定常气动力的建模，提出离散气动力脉冲响应的概念，并发展了基于 CFD 技术求取 Volterra 核的辨识方法。Raveh[12]在研究中发现，采用系统阶跃响应方法计算 Volterra 核比采用脉冲响应方法的稳定性有很大提高，而二阶核的引入并不一定能提高系统辨识的精度；Marzocca 等[13]、Munteanu 等[14]则将该模型应用于非线性气动弹性的研究。从这些文献看，大多数应用算

例仅辨识了一阶或前两阶核，故这些气动力模型仅仅能够在一定程度上描述气动力非线性特征，较适合用于获取结构小幅运动下的非定常气动力。朱全民[15]认为，Volterra 级数有一个明显的缺点，需要相当多的被估计参数才能取得满意的精度。例如，当用一个 Volterra 级数模型去逼近二阶非线性时，需要10^{10}个参数。尽管 Volterra 级数对非线性理论、函数逼近和辨识方法的发展有着非常重要的推进作用，但现在普遍认为它很难用于工业过程的建模。因此，对复杂的非线性动力学系统进行建模时，需要采用更加可靠的训练信号设计及辨识方法。研究者相继发展了基于伪逆法、最小二乘法和优化算法的 Volterra 核辨识方法。典型的工作是 Balajewicz 等[16]发展的稀疏 Volterra 级数法，由于在高阶核的辨识过程中仅保留了对角项，建模方法的计算量随核函数阶数增加仅呈线性增长，相比于标准 Volterra 核的指数增长，计算量大大减少，同时保证了较高精度。该模型随后被用于预测气动弹性系统的非线性极限环振动(limit cycle oscillation, LCO)响应。

当采用 Volterra 级数辨识线性系统时，通常采用一阶 Volterra 级数：

$$y(n) = H_0 + \sum_{k=0}^{n} H_1(n-k)u(k) \tag{4.2.3}$$

该模型可通过三种信号实现辨识：①脉冲信号；②阶跃信号；③随机信号。辨识方法分别如下。

1) 脉冲响应法

对于离散时间系统，脉冲信号可定义为

$$u(k) = \begin{cases} \xi, k = 0 \\ 0, k > 0 \end{cases} \tag{4.2.4}$$

一阶 Volterra 系统的响应为

$$y(n) = H_0 + \xi H_1(n) \tag{4.2.5}$$

因此，一阶 Volterra 核可写为

$$H_1(n) = \frac{y(n) - H_0}{\xi} \tag{4.2.6}$$

2) 阶跃响应法

与基于脉冲响应的 Volterra 级数辨识方法相比，基于阶跃响应的模型对不同的输入和时间步长都具有较好的鲁棒性。该方法要求在时间步长为 0 和 1 时分别施加阶跃信号。在 0 时刻施加阶跃信号时，输入和响应可记为

$$u(k) = \xi, k \geqslant 0 \tag{4.2.7}$$

$$y_0(n) = H_0 + \xi \sum_{k=0}^{n} H_1(n-k) \tag{4.2.8}$$

时刻 1 下的输入和响应分别为

$$u(k) = \begin{cases} 0, k = 0 \\ \xi, k \geqslant 1 \end{cases} \tag{4.2.9}$$

$$y_1(n) = H_0 + \xi \sum_{k=1}^{n} H_1(n-k) \tag{4.2.10}$$

从两个时刻的阶跃响应中，可以得到一阶 Volterra 核：

$$H_1(n) = \frac{y_0(n) - y_1(n)}{\xi} \tag{4.2.11}$$

3) 伪逆法

由于一阶 Volterra 级数辨识本身是一个线性问题，一阶 Volterra 核同样可通过最小二乘法得到。最小二乘计算可通过伪逆法实现，且可以从随机信号中辨识出 Volterra 核。考虑 $N+1$ 个输入输出样本，分别定义为 $\boldsymbol{u} = [u(0), \cdots, u(N)]^{\mathrm{T}}$ 和 $\boldsymbol{y} = [y(0) - H_0, \cdots, y(N) - H_0]^{\mathrm{T}}$。一阶 Volterra 级数可以通过下述公式计算：

$$\boldsymbol{H}_1 = \boldsymbol{M}^+ \boldsymbol{y} \tag{4.2.12}$$

其中，+为 Moore-Penrose 伪逆；$\boldsymbol{H}_1$ 为包含一阶 Volterra 核所有项的矢量，即 $\boldsymbol{H}_1 = [H_1(0), H_1(1), \cdots, H_1(m)]^{\mathrm{T}}$ (m 为核的记忆效应，即延迟阶数)；矩阵 $\boldsymbol{M}$ 包含不同时间步内的输入，定义为

$$\boldsymbol{M} = \begin{bmatrix} u(0) & 0 & \cdots & 0 \\ u(1) & u(0) & \cdots & 0 \\ \vdots & \vdots & & \vdots \\ u(N) & u(N-1) & \cdots & u(N-m) \end{bmatrix} \tag{4.2.13}$$

为防止 $\boldsymbol{M}$ 中存在线性相关性，可以采用随机信号作为模型的输入。通过上述方法，即可得到随机运动下的 Volterra 核。

下面以低雷诺数圆柱绕流为例，分别通过三种辨识方法获得描述圆柱沉浮位移与升力系数关系的线性降阶模型。采用流动环境的雷诺数为 12，马赫数为 0.1，Volterra 级数模型的延迟阶数为 50。针对基于伪逆法的 Volterra 级数辨识，采用如图 4.2.1 所示的扫频训练信号。将得到的三种线性 Volterra 级数模型用于预测图 4.2.1 扫频运动下的气动力响应，结果如图 4.2.2 所示，可以看出，基于伪逆法得到的 Volterra 级数模型具有更高的精度。为了对比三种辨识方法对模型精度的影响，进一步考核随着延迟阶数——Volterra 核记忆长度增加，模型预测的相对误差变化过程，如图 4.2.3 所示。可以看出，基于伪逆法得到的 Volterra 级数模型随延迟阶数增加，具有更好的收敛性，说明这种辨识方法能够保证模型在更低的延迟阶数下实现更理想的精度。基于阶跃响应的 Volterra

级数模型则随延迟阶数增加，收敛性较差。此外，由于脉冲响应信号本身在计算中可能存在数值稳定性问题，通过脉冲响应得到的 Volterra 级数模型随着延迟阶数的增加，不仅精度收敛较慢，而且当延迟阶数充分大时，模型精度依然难以满足要求。

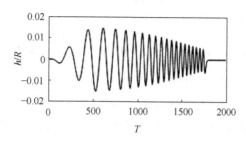

图 4.2.1　低雷诺数圆柱绕流的扫频训练信号(用于伪逆法 Volterra 级数辨识)

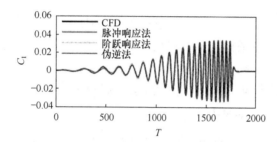

图 4.2.2　通过三种辨识方法建立的 Volterra 级数模型预测扫频训练信号的气动力响应

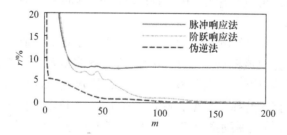

图 4.2.3　随延迟阶数增加，模型预测的相对误差变化

另外需要指出，对于非线性系统，可以采用更高阶的 Volterra 模型。针对高阶 Volterra 级数辨识，伪逆法同样具有较好的鲁棒性和较低的计算量。

4.2.2　ARX 模型

在结构受到小扰动时，非定常气动力可近似为动力学线性(即在时间上表现为线性)，因此通常对于此类气动力采用 ARX 模型进行近似。ARX 模型是一种典型的线性差分模型，其基本结构可以表示为

$$y(t) = \sum_{i=1}^{n} A(i)y(t-i) + \sum_{i=0}^{m-1} B(i)u(t-i) + \omega(t) \tag{4.2.14}$$

其中，A 和 B 为待辨识的系数矩阵；u 和 y 分别为系统的输入和输出；m 和 n 为延迟阶数；$\omega(t)$ 为噪声项。ARX 模型可以进一步写为矩阵形式：

$$\begin{cases} y(t) = \boldsymbol{\Theta} s(t) \\ s(t) = \begin{bmatrix} y^{\mathrm{T}}(t-1) & \cdots & y^{\mathrm{T}}(t-n) & u^{\mathrm{T}}(t) & \cdots & u^{\mathrm{T}}(t-m+1) \end{bmatrix}^{\mathrm{T}} \\ \boldsymbol{\Theta} = \begin{bmatrix} A(1) & \cdots & A(n) & B(1) & \cdots & B(m-1) \end{bmatrix} \end{cases} \tag{4.2.15}$$

通过式(4.2.15)可知，ARX 模型的辨识问题为线性回归方程组的求解问题。为确保计算的数值稳定性，通常采用最小二乘法进行参数辨识：

$$\begin{cases} \hat{\boldsymbol{\Theta}} = \boldsymbol{Y}\boldsymbol{S}^{\mathrm{T}}(\boldsymbol{S}\boldsymbol{S}^{\mathrm{T}})^{-1} \\ \boldsymbol{S} = \begin{bmatrix} s^{\mathrm{T}}(1) \\ s^{\mathrm{T}}(2) \\ \vdots \\ s^{\mathrm{T}}(N) \end{bmatrix}^{\mathrm{T}} = \begin{bmatrix} y^{\mathrm{T}}(0) & \cdots & y^{\mathrm{T}}(1-n) & u^{\mathrm{T}}(1) & \cdots & u^{\mathrm{T}}(2-m) \\ y^{\mathrm{T}}(1) & \cdots & y^{\mathrm{T}}(2-n) & u^{\mathrm{T}}(2) & \cdots & u^{\mathrm{T}}(3-m) \\ \vdots & & \vdots & \vdots & & \vdots \\ y^{\mathrm{T}}(N-1) & \cdots & y^{\mathrm{T}}(N-n) & u^{\mathrm{T}}(N) & \cdots & u^{\mathrm{T}}(N+1-m) \end{bmatrix}^{\mathrm{T}} \\ \boldsymbol{Y} = \begin{bmatrix} y(1) & y(2) & \cdots & y(N) \end{bmatrix} \end{cases} \tag{4.2.16}$$

其中，N 为全部的训练样本数；$\hat{\boldsymbol{\Theta}}$ 为估计的参数矩阵。如果上述方程在求解中存在不适定问题，可以采用正则化和奇异值分解(singular value decomposition, SVD)等方法解决。

给定 CFD 或试验的输入、输出样本，可通过最小二乘法辨识出该模型的待定系数。实践证明该模型适合于小扰动情况下非定常气动力的建模。此外，由于该模型为线性模型，可与结构方程耦合，构建流固耦合系统的状态空间模型。Cowan 等[17]首先选择该模型，建立了基于 CFD 技术的低阶非定常气动力模型。他们选择 3211 输入激励系统，算例给出了跨声速颤振的标准算例——AGARD Wing 445.6 模型的结果。Gupta 等[18]和张伟伟等[19-22]也运用离散差分方程模型开展了跨声速气动弹性研究，研究算例验证了跨声速 AGARD Wing 445.6、BACT Wing、Isogai Wing 等模型的颤振边界。文献[17]～[19]定量比较了基于 ROM 方法和 CFD/CSD 直接耦合仿真方法的效率，对比结果显示基于 ROM 的颤振分析技术将效率提高了 1～2 个数量级。张伟伟研究了二维 Isogai Wing S 型颤振边界产生的根本原因[20]——颤振分支随动压的变化而转移，并运用这种 ROM 方法研究了跨声速操纵面参数对气动弹性特性的影响[21]。基于系统辨识方法的 ROM 还被用于跨声速闭环气动弹性(伺服气动弹性)的研究。Zhang 等[23]首先建立了基于 ROM 方法的跨声速伺服气动弹性分析模型，算例研究了典型导弹的跨声速闭环气动弹性特性，分析了控制参数对系统颤振特性的影响。在此基础上运用基于输出反馈的次优控制方法设计控制律，率先开展了跨声速颤振的主动抑制研究[24]。近期，张伟伟等又将该模型应用于低雷诺数圆柱涡致振动和跨声速抖振流动中的锁频现象[25-26]、叶轮机气动弹性分析[27]和单自由度颤振的机理分析[28]研究中。

以跨声速流动中 NACA64A010 翼型两自由度运动标模的颤振分析为例，展示 ARX 模型在气动弹性分析中的应用。通过线性系统辨识方法，根据少量 CFD 样本，可以建立降阶的 ARX 气动力模型。在此基础上，耦合结构气动力模型与结构运动方程，可以得到气动弹性分析线性动力学状态空间模型，进而通过系统根轨迹判断稳定性。模型的流动状态与结构参数为 $\alpha_0 = 0^\circ$，$a = -0.6$，$x_\alpha = 0.25$，$r_\alpha^2 = 0.75$，$\omega_h / \omega_\alpha = 0.5$ [29-30]。此外，为了实现不同马赫数和质量比下的气动弹性分析，对比的流动马赫数范围为 0.7～0.9，质量比 μ 分别为 25 和 75。在各个马赫数下，分别建立气动力模型，采用的训练信号为如图 4.2.4 所示的滤波高斯白噪声(filtered white Gaussian noise，FWGN)随机信号。

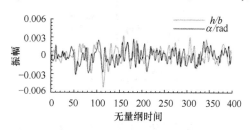

图 4.2.4　ARX 模型的训练信号

图 4.2.5 给出了基于气动弹性降阶模型得到的颤振特性分析结果，并与基于全阶 CFD 与结构方程耦合的仿真算法得到的颤振边界进行对比。从图中可知，降阶模型可以精确给出不同马赫数下气动弹性系统的颤振边界。需要指出的是，尽管在各个马赫数下分别建立了 ARX 气动力模型，但是在一个马赫数下，对于不同的结构参数，不需要重新建立气动力模型。此外从图 4.2.5 中还可以看出，当马赫数约为 0.82 时，随马赫数少量增加，系统颤振速度大幅下降。这一现象的发生机理难以直接通过 CFD 仿真得到，而基于降阶模型，通过根轨迹分析，可以对其诱因进行解释。图 4.2.6 给出了不同马赫数下气动弹性系统的根轨迹。从图中明显可以看出，随着马赫数变化，气动弹性系统在马赫数为 0.82 附近发生了失稳分支的改变。当马赫数小于 0.82 时，颤振现象是由于沉浮分支失稳；当马赫数大于 0.82 时，失稳分支变成了俯仰自由度。从颤振频率锁定与俯仰模态频率，颤振模态以俯仰模态占据主导等特征来看，高马赫数下的颤振表现为一种单自由度颤振。这种颤振主导分支的改变，引起了颤振

边界的较大变化。

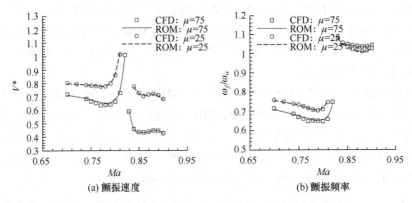

| (a) 颤振速度 | (b) 颤振频率 |

图 4.2.5　通过降阶模型与全阶仿真得到的颤振边界对比

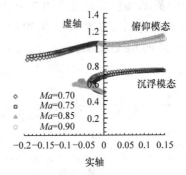

图 4.2.6　不同马赫数下气动弹性系统的根轨迹

4.2.3　RBF 神经网络模型

　　神经网络在模式识别和人工智能等领域已经得到了广泛应用。通过神经网络求解非定常气动力，其本质是通过神经网络模型逼近非线性系统方程中的非线性映射函数。神经网络模型的优点在于，不需要给出辨识系统的输入、输出之间的显式表达式，通过学习训练信号中输入、输出的特征，以及输入影响输出的方式，神经网络获取待辨识系统的特征，并用学得的“经验”预测新输入下的输出。

　　在气动力建模领域，有两类神经网络应用广泛，一类是静态的多层神经网络；另一类是动态的神经网络。考虑到非定常气动力的迟滞效应，代表动态非线性模型的动态神经网络具有更好的精度。动态神经网络包括递归神经网络和长短时记忆神经网络。

　　Marques[31]运用多层函数人工神经网络辨识了跨声速翼型的非定常气动力，但是预测信号减缩频率和振幅较小，样本数据本身的非线性特征不强。

Pesonen[32]运用神经网络开展静气动弹性的研究。由于采用的气动力模型是基于线化理论的升力面模型，无法体现神经网络在非线性辨识领域的优势。甘旭升等[33]将优化后的小波神经网络引入试飞气动力数据辨识过程中。Ghoreyshi等[34]使用自回归 RBF 神经网络建立气动力模型，并将模型结果和 CFD 求解结果进行比较，取得了较好的效果，但由于针对的是 $Ma=0.3$ 时的非定常问题，样本数据非线性特征较弱，很难准确评估模型的非线性性能。Lindhorst 等[35]通过组合使用本征正交分解(proper orthogonal decomposition, POD)和人工神经网络，建立的代理模型不仅可以获得集中载荷，还可以预测分布载荷，虽然分布载荷的预测精度较低，但集中载荷以及气动弹性响应中的位移响应与 CFD 结果吻合很好。Zhang 等[36]采用递归 RBF (recursive RBF, RRBF)神经网络，引入了非定常系统的时滞效应，能够准确描述跨声速非线性、非定常气动力特征。这类神经网络模型在模拟大幅扰动时的非线性特征时，很难兼顾微幅振荡时的线性特征。在此基础上，寇家庆等利用优化算法、POD 方法，进一步提高了 RRBF 神经网络气动力模型的泛化能力，实现了更高精度的气动力计算[37-38]。此外，他们还发展了线性与非线性模型叠加的气动力分层模型[39]，能够同时兼顾大幅扰动的气动力非线性特征和小扰动下的气动力线性动力学特征。

标准 RBF 神经网络辨识方法如下：

RBF 神经网络是一种三层的神经网络模型，具有简单的模型结构、较强的泛化能力和全局逼近能力。该模型由 Broomhead 等[40]首先提出，采用径向基函数作为隐含层激励函数。该网络具有三层结构，分别为输入层、隐含层和输出层。隐含层神经元是一种局部调节的非线性处理单元，各个神经元只对一定范围内的输入量产生响应。隐含层到输出层的映射规则为线性，即系统输出为所有隐含层神经元输出的线性叠加。RBF 神经网络模型的基本结构如图 4.2.7 所示。

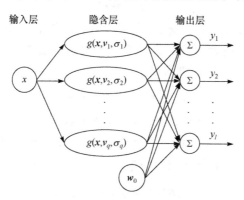

图 4.2.7 RBF 神经网络的基本结构

图 4.2.7 中，输入向量为 x，隐含层神经元数目为 q，l 为输出向量 y 的维

数，w_0 为偏差值，该值不随输入变化。RBF 神经网络的控制方程可以表示为

$$y = w_0 + \sum_{j=1}^{q} w_j \cdot g(\boldsymbol{x}, \boldsymbol{v}_j, \sigma_j) \qquad (4.2.17)$$

其中，g 为隐含层的径向基函数，通常采用高斯基函数。该函数包含的内部参数为中心 $\boldsymbol{v}$ 和宽度 σ，表示如下：

$$g(\boldsymbol{x}, \boldsymbol{v}_j, \sigma_j) = \exp(-\frac{\|\boldsymbol{x} - \boldsymbol{v}_j\|^2}{2\sigma_j^2}), \qquad \sigma_j > 0, \quad 1 \leqslant j \leqslant q \qquad (4.2.18)$$

其中，$\|\ \|$ 为两个向量之间的欧氏距离。根据式(4.2.18)可知，高斯基函数的中心表示该函数的平衡位置，即输出最大的位置；宽度表示该函数的作用范围。由于高斯基函数为局部函数，其作用范围和区域与这两个参数有很大关系。

标准 RBF 神经网络的训练过程主要包括输入和输出样本获取、模型参数确定、隐含层输出计算和输出层权值计算。假设存在 p 组训练信号，其中输入向量和输出向量分别表示为矩阵 $\boldsymbol{X} = [\boldsymbol{x}_1, \boldsymbol{x}_2, \cdots, \boldsymbol{x}_p]$ 和 $\boldsymbol{Y} = [\boldsymbol{y}_1, \boldsymbol{y}_2, \cdots, \boldsymbol{y}_p]$。确定各个隐含层神经元的基本参数后，隐含层的输出矩阵 $\boldsymbol{G}$ 可以表示为

$$\boldsymbol{G} = \begin{bmatrix} 1 & 1 & \cdots & 1 \\ g(\boldsymbol{x}_1, \boldsymbol{v}_1, \sigma_1) & g(\boldsymbol{x}_2, \boldsymbol{v}_1, \sigma_1) & \cdots & g(\boldsymbol{x}_p, \boldsymbol{v}_1, \sigma_1) \\ g(\boldsymbol{x}_1, \boldsymbol{v}_2, \sigma_2) & g(\boldsymbol{x}_2, \boldsymbol{v}_2, \sigma_2) & \cdots & g(\boldsymbol{x}_p, \boldsymbol{v}_2, \sigma_2) \\ \vdots & \vdots & & \vdots \\ g(\boldsymbol{x}_1, \boldsymbol{v}_q, \sigma_q) & g(\boldsymbol{x}_2, \boldsymbol{v}_q, \sigma_q) & \cdots & g(\boldsymbol{x}_p, \boldsymbol{v}_q, \sigma_q) \end{bmatrix} \qquad (4.2.19)$$

计算权值矩阵 $\boldsymbol{W} = [\boldsymbol{w}_0, \boldsymbol{w}_1, \cdots, \boldsymbol{w}_q]$ 的问题可被转化为求解如下方程的解：

$$\boldsymbol{Y} = \boldsymbol{W}\boldsymbol{G} \qquad (4.2.20)$$

求解式(4.2.20)，即可完成模型训练，得到最终的 RBF 神经网络模型。需要注意的是，在实际的非线性、非定常气动力建模过程中，RBF 神经网络模型需要辨识一个非线性的带外输入自回归模型：

$$\boldsymbol{y}(t) = f(\boldsymbol{u}^{\mathrm{T}}(t), \boldsymbol{u}^{\mathrm{T}}(t-1), \boldsymbol{u}^{\mathrm{T}}(t-2), \cdots, \boldsymbol{u}^{\mathrm{T}}(t-m), \boldsymbol{y}^{\mathrm{T}}(t-1), \boldsymbol{y}^{\mathrm{T}}(t-2), \cdots, \boldsymbol{y}^{\mathrm{T}}(t-n)) \quad (4.2.21)$$

其中，$\boldsymbol{u}(t)$ 和 $\boldsymbol{y}(t)$ 分别为 NARX 模型的输入和输出；t 为当前时刻。例如，对二维翼型建模时，系统输入分别为沉浮和俯仰自由度的位移 $\boldsymbol{u}(t) = [h(t)/b \quad \alpha(t)]^{\mathrm{T}}$（其中 b 为半弦长），输出分别为升力系数和力矩系数 $\boldsymbol{y}(t) = [C_1(t) \quad C_{\mathrm{m}}(t)]^{\mathrm{T}}$。系统的动力学特征体现在输入、输出的延迟效应上，$m$ 和 n 分别表示输入和输出的延迟阶数。因此，RBF 神经网络模型的输入为系统的状态量 $\boldsymbol{x}$，即

$$x(t) = [u^T(t), u^T(t-1), u^T(t-2), \cdots, u^T(t-m), y^T(t-1), y^T(t-2), \cdots, y^T(t-n)] \quad (4.2.22)$$

该模型为 Zhang 等[36]提出的 RRBF 神经网络气动力模型。在此基础上，通过改进的 RRBF 神经网络模型，可以实现更准确的 LCO 响应预测。在神经网络模型的训练过程中，模型内部参数对于其泛化能力有重要影响。因此，作者针对不同模型参数，发展了有效的改进 RRBF 神经网络模型。首先通过粒子群优化实现了宽度的确定，然后结合 POD 方法实现了中心的选择。这种新的神经网络模型被称为 POD-RBF 模型[38]。下文主要通过该模型对二元机翼的非线性气动弹性响应进行预测，展示非线性神经网络气动力模型在气动弹性仿真中的性能。基于无黏流动的跨声速 Euler 方程，以 NACA64A010 翼型在俯仰和沉浮两个自由度下的气动弹性模型为例，分别建立基于 RRBF 神经网络和 POD-RBF 神经网络的气动力模型，并用于气动力建模和气动弹性仿真。

考虑跨声速流动状态，马赫数为 0.8。为保证训练信号涵盖足够的频率信息，时间步长 DT 设置为 1。在 CFD 仿真中，为得到精确的极限环幅值，时间步长设置为 0.4。两输入(沉浮和俯仰位移)、两输出(升力和力矩系数)的 POD-RBF 神经网络与 RRBF 神经网络模型延迟阶数均设置为 $m = 2$, $n = 3$。模型训练同样采用 FWGN 信号，如图 4.2.8(a)所示。在初始阶段采用小幅样本以保证对线性动力学特征的兼顾。除了训练信号外，为了保证模型准确捕捉线性气动力特征，采用小幅随机运动作为验证信号用于宽度寻优，如图 4.2.8(b)所示。因此，建模过程中需要 CFD 计算的时间步总数为 4000 个。

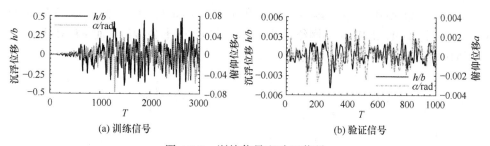

(a) 训练信号　　　　　　　　　　　　(b) 验证信号

图 4.2.8　训练信号和验证信号

图 4.2.9 展示了模型的训练信号和验证信号辨识结果，训练信号和验证信号的升力系数相对误差分别为 2.90%和 4.11%，力矩系数相对误差分别为 3.96%和 14.62%。由于力矩系数本身具有较强的非线性特征，且线性动力学样本有限，力矩系数的总体预测效果不如升力系数。

在验证气动力降阶模型的精度后，进一步通过气动弹性仿真验证模型精度。本节选择的气动弹性测试算例来源于文献[36]，具体参数：$Ma=0.8$, $\alpha_0 = 0°$, $a = -0.6$, $x_\alpha = 0.25$, $r_\alpha^2 = 0.75$, $\omega_h / \omega_\alpha = 0.5$ 和 $\mu = 75$。另外，也考虑了不同结

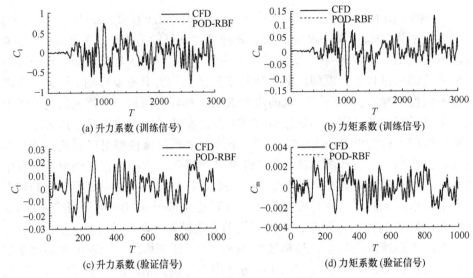

(a) 升力系数 (训练信号)　　　　　　　　　(b) 力矩系数 (训练信号)

(c) 升力系数 (验证信号)　　　　　　　　　(d) 力矩系数 (验证信号)

图 4.2.9　训练信号和验证信号辨识结果

构参数(频率比和质量比)下的气动弹性响应。为体现非线性 ROM 对线性动力学特征的兼顾,同样将非线性模型与线性 ARX 模型预测的颤振边界统一比较。基于 POD-RBF 神经网络、RRBF 神经网络和 CFD 求解器预测的 LCO 特性对比如图 4.2.10 所示。对于颤振边界的速度和频率预测,两种神经网络具有较高的精度,但是在较高的折减速度下,RRBF 神经网络的预测精度更差。

图 4.2.11 给出了两个典型折减速度 $V^*=0.76$ 和 $V^*=0.80$ 下的 LCO 时域响应。非线性 POD-RBF 神经网络的预测结果与 CFD 十分接近,而 RRBF 神经网络则在幅值和相位上有更大偏差。

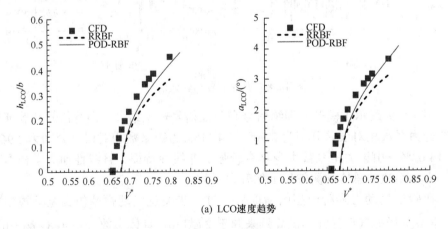

(a) LCO速度趋势

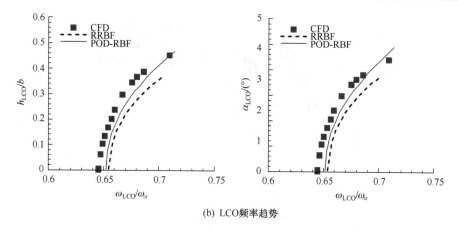

(b) LCO频率趋势

图 4.2.10　NACA64A010 翼型的 LCO 特性对比

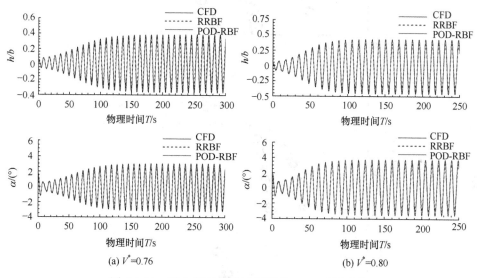

(a) V^*=0.76　　　　　　　　　　　(b) V^*=0.80

图 4.2.11　两个典型折减速度下的 LCO 时域响应

　　对比了不同的神经网络预测的典型 LCO 特性趋势后，进一步分析非耦合自然频率比 ω_h/ω_α 变化的非线性气动弹性特征。如图 4.2.12 所示，系统的 LCO 特性会受到各个自由度非耦合自然频率比的影响。当频率比接近 1 时，系统颤振边界会更低。该现象从频率重合理论的角度更好理解，两个频率比接近 1，两个自由度会在更低的速度下重合到一个频率。结果表明，非线性 ROM 对于不同频率比下的 LCO 响应同样具有较高的预测精度。

　　如图 4.2.13，当质量比变化时，同样可以观察到不同的 LCO 趋势。随着质量比的增加，系统的颤振速度和频率均变小。非线性 POD-RBF 神经网络依然

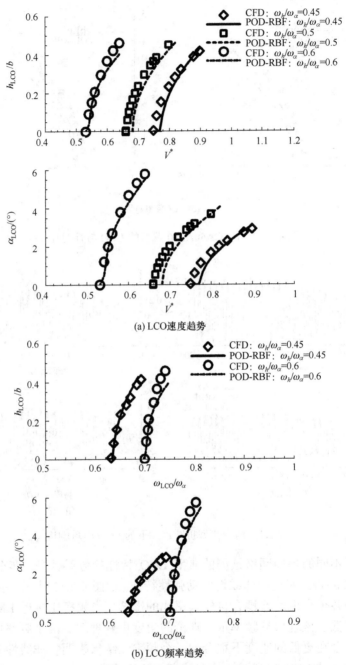

(a) LCO速度趋势

(b) LCO频率趋势

图 4.2.12　不同非耦合自然频率比下的 LCO 响应

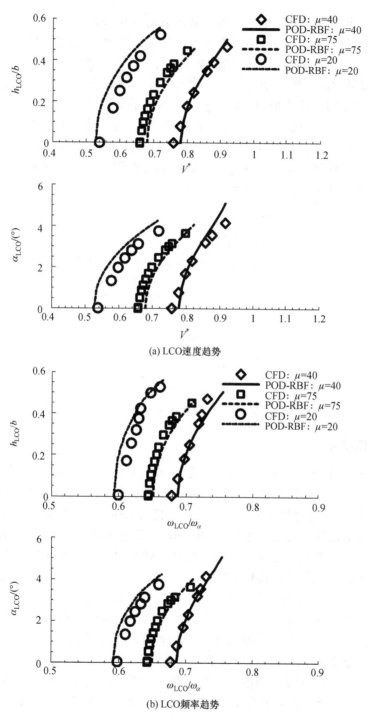

(a) LCO速度趋势

(b) LCO频率趋势

图 4.2.13　不同质量比下的 LCO 响应

能较为准确地捕捉 LCO 响应趋势。针对五组结构参数下的颤振速度和频率，通过 ARX 模型给出了预测的颤振边界，并将采用 POD-RBF 神经网络和 CFD 两种方法进行颤振分析得到的颤振边界进行了对比，如图 4.2.14 所示。由于 ARX 模型可以准确描述动态线性气动力特征，其颤振边界可以直接通过线性状态空间系统的特征值得到。结果表明，这里的非线性 ROM 在颤振边界的预测上，可以达到与纯线性 ARX 模型相当的精度。虽然相比于 CFD 计算的颤振边界仍有偏差，但是相对误差均小于 5%，考虑到效率和精度的平衡，该模型仍然具有很大优势。对于颤振边界的对比同样表明，提出的 POD-RBF 神经网络有助于更好地兼顾线性与非线性的气动力特征。

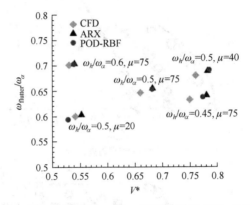

图 4.2.14　POD-RBF 神经网络、ARX 模型与基于 CFD 的颤振边界对比

4.2.4　其他模型

除上述模型外，近年来也发展了很多基于其他系统辨识类模型的非定常气动力辨识方法，包括 Kriging 模型、Wiener 模型和 SVM 模型。Glaz 等[41]提出一种基于代理模型的递归结构，其实质是利用 Kriging 模型引入输出延迟，对非线性、非定常气动力进行近似。该模型实现了变马赫数情况下的气动力预测。随后，Liu 等[42]将该模型推广到气动弹性问题的建模上，并预测了不同马赫数下 NACA64A010 翼型的颤振边界。

另外，模块式模型在非定常气动力建模上也得到应用。模块式模型主要有两类典型结构，一种是 Wiener 模型；另一种是 Hammerstein 模型。两种模型将非线性系统通过动态线性模块和静态非线性模块的串联过程进行近似，Wiener 模型是线性模块在前，非线性模块在后，而 Hammerstein 模型则相反。Kou 等[43]对传统的 Wiener 模型进行改进，在静态非线性模块的输入端引入延迟效应，将标准 Wiener 模型扩展为准动态的 Wiener 模型。这种模型能够更加准确地预测非线性、非定常气动力。

近年来, 机器学习中常用的支持向量机模型也在非定常气动力建模问题上取得了较好的效果。Chen 等[44]利用支持向量机, 将马赫数作为系统的额外输入, 通过随机信号训练模型, 耦合结构运动方程, 预测了不同马赫数下的极限环颤振响应。

4.3　基于流场特征提取的非定常流场降阶

流场特征提取方法的本质是寻找一组低维的子空间(即流动模态或相干结构), 将高维、复杂非定常流场表示为这些子空间在低维坐标系上的叠加, 从而在低维空间中描述流场演化。该方法需要高维、大规模的流场数据作为样本, 可以直观地展示出非定常流动随时间和空间的演化规律, 因此对于非定常流场的机理分析和建立降阶模型具有重要意义。典型的方法包括 POD 和动力学模态分解(dynamic mode decomposition, DMD)两类。

4.3.1　POD 方法

POD 方法是目前实现高维系统模型降阶的重要手段, 该方法的本质是通过对流场样本进行矩阵变换和正交分解, 从而得到使样本残差最小的若干正交基函数, 用于描述流场的主要规律。这种方法来源于 1940 年提出的适合于连续系统的 K-L(Karhunen-Loève)变换法。在模式识别领域, 该方法被称为主成分分析(principle component analysis, PCA)方法, 用于提取对象的主要特征。

在流体力学研究中, POD 首先被用于湍流的研究和湍流数据的处理[45]。许多研究运用 POD 开展湍流特性分析和试验中主导、相干的边界层流与自由剪切层流动的结构分析。对于定常流动, POD 可以进行流场主元分析, 是一种空间中静态数据的处理方法; 对于非定常流动, POD 可以利用空间信息在时间序列的演化过程, 提取流动的时空信息和主要模态。其中, Sirovich 发展的快照法大大减少了时域样本的提取量[46]。

在非定常流体力学研究中, 利用 POD 方法对流体动力学系统建模是研究者关注的重要问题。研究者们希望通过 POD 基提供重要的基函数, 使其能够组成合适的低维子空间, 以投影到控制方程上, 从而建立有效的降阶模型。为实现该目的, 首先需要通过 CFD 或试验采集足够的样本快照, 然后进行 POD 分析得到样本的主要模态及这些模态在各个快照上对应的模态系数。由于 POD 本身是一种数据处理方法, 需要通过其他方式对模态系数随时间的演化进行建模, 以体现流场随时间发展的动态历程。按照是否需要依赖控制方程, 可以将基于 POD 的动力学建模方法分成嵌入式方法和非嵌入式方法两类。嵌入式方法需要通过 Galerkin 投影，把控制方程投影到 POD 基上，同时利用 POD 基的正交性，实现偏微分方程到常微分方程的转换。这种方法的主要问题在于模型推导困难，鲁棒性差，且建立的模型稳定性难以保证。为解决这一问题，研究者们在原有的方法上不断改进。Xiao 等[47]提出了一种非线性 Petrov-Galerkin 方法，提高了降阶模型的稳定性。Romain 等[48]提出了有序数据同化技术以提高 POD-Galerkin 降阶模型的稳定性。Leblond 等[49]基于 POD 方法建立了一种先验的时空分离的降阶模型，该模型保证了当参数变化时模型的准确性。尽管如此，研究者们依然希望找到更加简洁，且不依赖于系统控制方程的 POD-ROM 方法。因此，发展了很多非嵌入式的 POD-ROM 方法。Mainini 等[50]结合 POD 方法和多项式响应面方法，构建了模拟从测量量到系统输出量的映射关系模型，对无人机的实时决策研究具有重大意义。Fossati[51]通过 POD 和多维插值构建了定常气动载荷的参数估计模型。Kato 等[52]结合 POD 和 RBF 神经网络方法构建降阶模型，用于误差分析中的设计参数空间取样。这些方法极大地扩展了 POD 方法在构建动力学模型上的能力。目前，POD 已被应用于包括圆柱绕流、跨声速抖振在内的多种复杂非定常流动问题的分析上，并在叶轮机、跨声速机翼的流固耦合问题上均有应用。Noack 等[53]在 POD 结合 Galerkin 建模上有深入研究，并关注了将其应用于圆柱绕流的不稳定流动从线性到非线性的发展过程。在气动弹性领域，Romanowski[54]首先开展了这一方向的研究。他基于时域 Euler 方程，运用 K-L 基实现了非定常气动力模型的降阶，耦合结构方程，建立了一个低阶的、考虑静态非线性的动态线性气动弹性模型。POD 的主要算法如下。

给定 N 个离散时刻的流场快照(如各个网格点的速度、压力、密度等)，整个流场可分解为基本流动和脉动量的叠加，即

$$u(x,t_i) = u_0(x) + u'(x,t_i) \tag{4.3.1}$$

POD 的目标是通过正交分解将脉动量用少数 POD 基和模态系数的乘积表示，即

$$u'(x,t_i) = \sum_{j=1}^{r} a_j(t_i) u_j(x) \tag{4.3.2}$$

其中，u_j 为 POD 基。第 t_i 时刻，第 j 个 POD 基的模态系数定义为 $a_j(t_i)$。要计算 POD 基，应先计算相关矩阵 C，定义为

$$C = P^T P \tag{4.3.3}$$

其中，$P = [u'(x,t_1), u'(x,t_2), \cdots, u'(x,t_N)]$ 为减掉均值的快照序列组成的矩阵。由于矩阵 C 是对称矩阵，具有非负特征值。进而求解特征值问题：

$$CA^{[j]} = \lambda_j A^{[j]} \tag{4.3.4}$$

其中,特征矢量 $A^{[j]}$ 为样本的第 j 阶模态系数矩阵 $A^{[j]} = [a_j(t_1), a_j(t_2), \cdots, a_j(t_N)]$。POD 基定义为

$$u_j(x) = \frac{1}{\sqrt{\lambda_j}} P A^{[j]} \tag{4.3.5}$$

根据特征值 λ,对模态按照能量进行排序,可以提取出主要的流动模态。此外,通常研究者会根据特征值或模态范数对各阶模态进行归一化,此时对应的模态系数会同比例变化。通过对模态系数建模,可以实现定常或非定常流场的重构和预测。需要指出的是,上述模态分解方法可以等价于直接对快照矩阵做 SVD,得到的左矩阵就对应各阶 POD 基。具体说明可参考文献[55]。

4.3.2　DMD 方法

尽管 POD 方法在非定常流场分析、动力学建模和流动控制等问题上已经得到了广泛应用,但是其本质是一种数据处理手段,而动力学模型的构建需要依赖控制方程或代理模型实现。因此 POD 方法只能做到从时间序列中提取空间信息,而无法获知系统演化规律。2008 年,基于线性动力学假设,Schmid[56-57]提出了 DMD 方法,这种模态分解方法可以同时获得非定常流场的空间模态信息和其对应的时间演化规律。因此是一种时空耦合的模态分解方法,具有广泛的应用前景。

DMD 方法的本质是将流动演化过程视为线性动力学过程,通过对整个过程的流场快照进行特征分析,得到表征流场信息的低阶模态和其对应的特征值(或 Ritz 值)。DMD 方法的最大特点在于分解得到的模态具有单一的频率和增长率,因此对于分析动力学线性和周期性流动有很大优势。为将该方法推广到非线性流动中,Rowley 等[58]讨论了 DMD 方法与 Koopman 模态分解之间的关系,并提出 DMD 模态是 Koopman 模态的一部分。通过描述非线性动力学系统的无穷维、线性 Koopman 算子[59],DMD 方法可以描述非线性流动中可观测量(如速度、压强、密度等)随时间的演化历程。在 2013 和 2017 年,*Annual Review of Fluid Mechanics* 期刊上,Mezić[60]与 Rowley 等[61]分别发表了 DMD 方法与 Koopman 算子的联系,以及其在模型降阶、流场分析和控制上的应用。寇家庆等[62]综述了 DMD 方法在流体力学中的应用。

POD 方法能够将高阶、非线性系统通过正交模态投影到低维状态空间,同时保证在给定数量模态下的最小残差[63-64]。相比于 POD 方法,DMD 方法有三大主要优势:①虽然 POD 方法能够保证最小的平均残差,并且将各个模态按照能量排序,但是得到的 POD 模态包含多种流动频率,不适用于物理现象的

解释，DMD 模态的单频特征则更方便研究者进行流动机理分析；②POD 方法无法得到模态稳定性特征，而 DMD 模态则具有对应的特征值，因此能够直接给出各阶模态的频率和增长率；③从建立非定常流场降阶模型的角度，POD 方法本身无法得到动力学模型，需要通过嵌入式或非嵌入式方法，对模态系数的演化进行建模，而 DMD 方法则可直接通过各个模态的特征值表征流动演化过程。这也是 DMD 方法的时空耦合建模优势[62]。

2008 年 DMD 方法被提出以来，由于其数学表达简单、计算易于实现，已被应用于很多复杂流动现象的分析上。Rowley 等[58]将 DMD 方法用于分析直接数值模拟计算得到的横向射流问题，并将其与 POD 方法得到的模态系数进行对比。Schmid[57]分析了数值模拟的平板 Poiseuille 流动、线化二维方腔流动和粒子图像测速(particle image velocimetry, PIV)试验测量的弹性膜尾流和双圆柱间射流问题。Pan 等[65]开展了 DMD 在试验数据上的应用，通过对 PIV 测量的 Gurney 襟翼尾流数据进行动力学模态分解，得到尾缘的主要涡脱模式及高阶流动模态。Grilli 等[66-67]将 DMD 方法应用于超声速激波-边界层干扰产生的非定常流动和转捩流动的模态分析。Tang 等[68]将 DMD 方法用于 PIV 试验测量的发卡涡生成过程，并与 POD 方法进行了对比研究。Sayadi 等[69]分析了直接数值模拟下平板边界层转捩之后的流动相干结构。Thompson 等[70]分析了低雷诺数下，从圆柱、椭圆柱发展到平板的尾迹动力学模态。Zhang 等[71]利用 POD 和 DMD 辨识了 PIV 测量单圆柱和双圆柱尾流的动力学模态。Wan 等[72]对空间发展的横向射流模态进行了分析。寇家庆等[73]对比了 POD 方法和 DMD 方法在分析跨声速抖振问题上的特点。

虽然 DMD 方法已经应用于各种复杂流动问题的分析，但是在处理实际问题的过程中，由于流场样本维度高、试验数据存在噪声和采样间隔受限等问题，标准 DMD 方法仍存在一定的局限性。为了解决这些问题，在 DMD 方法被提出后，发展了很多改进 DMD 方法。由于 DMD 方法的核心在于通过最小二乘法计算系统矩阵和快照投影的子空间，许多改进措施关注增强最小二乘计算的鲁棒性和子空间的最优性。Chen 等[74]提出一种优化的 DMD(optimized DMD, opt-DMD)方法，通过使重构流场在所有采样快照内的残差最小，降低标准 DMD 方法对快照的敏感性，并确保可得到更为准确的特征值。Wynn 等[75]提出一种最优模态分解(optimal mode decomposition, OMD)方法，将低阶子空间投影矩阵的计算变为以矩阵正交性为约束的凸优化问题，以保证计算出最优动力学模态。考虑到试验过程中传感器存在噪声，使标准 DMD 有偏差，Dawson 等[76]将计算系统矩阵的标准最小二乘法改为总体最小二乘法。另外，许多研究者也在关注如何从分解出的 DMD 模态中选择主要模态。Jovanović 等[77]提出一种稀疏增强的 DMD(sparsity-promoting DMD, SPDMD)方法，该方法将标准 DMD

与信号处理中的热点技术稀疏表示相结合，通过计算最小范数的最优化问题，得到少量模态表示的流场稀疏结构，再进一步优化剩余模态的幅值。在此基础上，Sayadi 等[78]改进了振幅优化过程，提出一种参数化 DMD 方法，对模态振幅的演化进行时间推进。为进一步确保标准 DMD 的模态能够正确排序，Kou 等[79]发展出一种改进模态选择准则的 DMD 方法，利用模态系数的时间积分表征各阶模态的重要性。对于 DMD 的非均匀采样[80]、存储量大[81]和不满足 Nyquist-Shannon 采样准则[82]等问题，研究者们同样发展了有效的改进措施。Williams 等[83]发展了一种扩展 DMD 方法，通过对原始流场观测量进行非线性变换和维度扩展，估计出主要的 Koopman 模态和其特征值。这种方法有望成为处理较强非线性流动问题的切入点。Noack 等[84]结合 POD 和 DMD 的主要特征，在保证类似 POD 方法的模态正交性、低截断误差及类似 DMD 方法的单频振荡模态特点的前提下，提出一种递归 DMD(recursive DMD, RDMD)方法，并用该方法准确描述了过渡段和极限环振荡过程的圆柱尾流。上述改进方法从计算和应用等多个角度增强了标准 DMD 方法的鲁棒性和普适性。

　　在上述 DMD 方法及其应用研究中，关注的对象均为无外扰下的流动演化或周期性振荡流场的非定常流动，不能适用于任意运动或附加控制时的非定常流动建模。这是由于 DMD 方法本质上是一种无外扰的自回归模型，即使目前的少部分研究对流场附加控制系统，也要求控制系统为周期性。Tu 等[85]通过数值模拟研究了在边界处附加正弦变化的开环合成射流控制后，椭圆前缘平板的动力学模态演化过程。Hemati 等[86]通过试验研究了该问题，并分析了剪切层附近的动力学模态，该研究中仍然采用周期性激励信号对流动进行开环控制。Kim 等[87]同样针对周期性激励作用下的流动进行了 DMD 分析。尽管上述部分研究考虑了在流动中加入控制系统的影响，但是由于 DMD 方法本身的限制，附加的外激励仅包含周期性载荷。为将 DMD 方法扩展到带外输入(如结构运动或作动器输入)的系统，研究者相继提出了带控制的 DMD(dynamic mode decomposition with control, DMDC)[88]和输入输出 DMD(input-output dynamic mode decomposition, IODMD)方法[89]。

　　DMD 方法的主要目的是在高阶系统线性演化的假设下，通过降维手段近似高维线性方程组的特征值和特征向量。在进行 DMD 分析之前，需要对非定常流场时间序列进行处理。通过试验或数值仿真得到的 N 个时刻快照，可以写成从 1 到 N 时刻的快照序列形式，即 $\{x_1, x_2, x_3, \cdots, x_N\}$，其中第 i 个时刻的快照表示为列向量 x_i，且任意两个快照之间的时间间隔均为 Δt。假设流场 x_{i+1} 可以通过流场 x_i 的线性映射表示为

$$x_{i+1} = A x_i \tag{4.3.6}$$

其中，A 为高维流场的系统矩阵。如果本身动态系统为非线性，则该过程是一个线性估计过程。根据假设的线性映射关系，矩阵 A 能够反映系统的动态特征。由于 A 的维数很高，需要通过降阶的方法从数据序列中计算出 A。利用从 1 到 N 时刻的流场快照，可构建两个快照矩阵 $X = [x_1, x_2, x_3, \cdots, x_{N-1}]$ 和 $Y = [x_2, x_3, x_4, \cdots, x_N]$。结合式(4.3.6)的假定，可知：

$$Y = [x_2, x_3, x_4, \cdots, x_N] = [Ax_1, Ax_2, Ax_3, \cdots, Ax_{N-1}] = AX \tag{4.3.7}$$

DMD 的目的是通过对上述快照矩阵进行数学变换，提取出主导特征值和主要模态。基于线性动力学假设，有两类典型的 DMD 方法：第一类方法采用快照之间线性无关性的假设，通过引入友矩阵对无穷维线性算子进行低阶描述；第二类方法结合了 POD 手段，通过 SVD 对高阶算子进行相似变换，得到系统的低阶表达。两种方法均可对流场进行重构，而后者具有较好的数值稳定性。

1) 基于友矩阵的 DMD 方法

友矩阵是一种特殊矩阵，其最后一列元素为任意值，主对角线上方或下方的元素均为 1，而主对角线元素及其余元素均为零。随着快照数目 N 增加，数据序列 $\{x_1, x_2, x_3, \cdots, x_N\}$ 已能够捕捉主要的物理特征，因此可以进一步假设，当超过某个快照数目后，流场快照之间为线性独立[54]。将最后一个快照表示为之前所有流场快照的线性叠加：

$$x_N = c_1 x_1 + c_2 x_2 + c_3 x_3 + \cdots + c_{N-1} x_{N-1} = Xc \tag{4.3.8}$$

式(4.3.7)可进一步表示为

$$AX = Y = XS \tag{4.3.9}$$

其中，矩阵 S 为友矩阵：

$$S = \begin{bmatrix} 0 & & & & c_1 \\ 1 & 0 & & & c_2 \\ & \vdots & \vdots & & \vdots \\ & & 1 & 0 & c_{N-2} \\ & & & 1 & c_{N-1} \end{bmatrix} \tag{4.3.10}$$

由于 S 中的未知量仅有 c 矩阵，则可求得使残差 r 最小的 c 以构造 S：

$$r = x_N - Xc \tag{4.3.11}$$

当残差最小时，S 的特征值就变成 A 的特征值的近似。相比于 A 矩阵，S 矩阵代表了整个系统降阶后的低维形式，其特征值能够代表 A 矩阵的主要特征值。S 的特征值被称为 Ritz 特征值。S 的特征分解为

$$S = T^{-1} \Lambda T, \quad \Lambda = \mathrm{diag}(\lambda_1, \lambda_2, \cdots, \lambda_{N-1}) \tag{4.3.12}$$

其中，Λ 为 S 的特征值组成的对角阵，对应的特征矢量为 T^{-1} 的列。定义 DMD

模态 d 为矩阵 D 的列向量，其中 $D = XT^{-1}$。为实现流场重构，可引入 Vander-monde 矩阵：

$$\tilde{T} = \begin{bmatrix} 1 & \lambda_1 & \cdots & \lambda_1^{N-2} \\ 1 & \lambda_2 & \cdots & \lambda_2^{N-2} \\ \vdots & \vdots & & \vdots \\ 1 & \lambda_m & \cdots & \lambda_m^{N-2} \end{bmatrix} \tag{4.3.13}$$

矩阵 $\tilde{T}$ 与友矩阵有很强的相关性，可以把没有重特征值的友矩阵对角化。因此，$\tilde{T}$ 也是 T 的准确估计，即 $D = X\tilde{T}^{-1}$。由此可将流场快照表示为

$$X = [x_1, \cdots, x_{N-1}] = D\tilde{T} = [d_1, \cdots, d_m] \begin{bmatrix} 1 & \lambda_1 & \cdots & \lambda_1^{N-2} \\ 1 & \lambda_2 & \cdots & \lambda_2^{N-2} \\ \vdots & \vdots & & \vdots \\ 1 & \lambda_m & \cdots & \lambda_m^{N-2} \end{bmatrix} \tag{4.3.14}$$

其中，m 为选择的 DMD 模态数目。任意时刻的流场快照可用前 m 个快照表示为

$$x_i = \sum_{j=1}^{m} \lambda_j^{i-1} d_j \tag{4.3.15}$$

第 j 个模态对应的增长率 g_j 和频率 ω_j 定义为

$$g_j = \mathrm{Re}\{\ln(\lambda_j)\} / \Delta t \tag{4.3.16}$$

$$\omega_j = \mathrm{Im}\{\ln(\lambda_j)\} / \Delta t \tag{4.3.17}$$

2) 基于相似变换的 DMD 方法

DMD 过程也可以通过相似来变换。对于矩阵 X，可以提供一个矩阵 $\tilde{A}$ 代替高维矩阵 A，且两个矩阵相似。为寻求相似变换的正交子空间，可通过对 X 做 SVD 得到：

$$X = U\Sigma V^{\mathrm{H}} \tag{4.3.18}$$

$$A = U\tilde{A}U^{\mathrm{H}} \tag{4.3.19}$$

其中，矩阵 Σ 为对角矩阵，对角线元素包含 r 个奇异值。在 SVD 过程中，可以选择只保留 r 个主要的奇异值而截断其余的小奇异值，从而降低数值噪声。SVD 得到的酉矩阵 U 和 V 满足 $U^{\mathrm{H}}U = I$ 和 $V^{\mathrm{H}}V = I$。矩阵 $\tilde{A}$ 的计算过程可视作 Frobenius 范数的最小化问题：

$$\underset{A}{\mathrm{minimize}} \|Y - AX\|_{\mathrm{F}}^2 \tag{4.3.20}$$

结合式(4.3.18)和式(4.3.19)，可将式(4.3.20)表示为

$$\underset{A}{\text{minimize}}\left\|Y - U\tilde{A}\Sigma V^{\mathrm{H}}\right\|_{\mathrm{F}}^{2} \tag{4.3.21}$$

此时可以将 A 近似为

$$A \approx \tilde{A} = U^{\mathrm{H}}YV\Sigma^{-1} \tag{4.3.22}$$

由于矩阵 $\tilde{A}$ 是 A 的相似变换，矩阵 $\tilde{A}$ 包含 A 的主要特征值。记 $\tilde{A}$ 的第 j 个特征值为 μ_j，特征向量为 w_j，则第 j 个 DMD 模态为

$$\boldsymbol{\Phi}_j = Uw_j \tag{4.3.23}$$

该模态对应的增长率和频率算法与基于友矩阵的算法相同。通过上述 DMD 分解方法，可以提取出流场动态模态。另外，根据降阶矩阵 $\tilde{A}$，可进一步估计流场演化过程。通过 SVD 得到投影矩阵 U，高维系统 x_i 可映射到子空间 z_i 上：

$$z_i = U^{\mathrm{H}}x_i \tag{4.3.24}$$

得到的降阶系统控制方程为

$$z_{i+1} = U^{\mathrm{H}}x_{i+1} = U^{\mathrm{H}}Ax_i = U^{\mathrm{H}}AUz_i = \tilde{A}z_i \tag{4.3.25}$$

令 W 为列向量是特征向量 w_j 的矩阵，N 为包含 $\tilde{A}$ 奇异值的对角阵，则 $\tilde{A}$ 的特征分解可表示为

$$\tilde{A} = WNW^{-1}, \qquad N = \text{diag}(\mu_1, \cdots, \mu_r) \tag{4.3.26}$$

因此任意时刻的快照可以估计为

$$x_i = Ax_{i-1} = U\tilde{A}U^{\mathrm{H}}x_{i-1} = UWNW^{-1}U^{\mathrm{H}}x_{i-1} = UWN^{i-1}W^{-1}U^{\mathrm{H}}x_1 \tag{4.3.27}$$

定义 $\boldsymbol{\Phi}$ 的每一列为一个 DMD 模态，且：

$$\boldsymbol{\Phi} = UW \tag{4.3.28}$$

定义模态振幅 $\boldsymbol{\alpha}$ 为

$$\boldsymbol{\alpha} = W^{-1}z_1 = W^{-1}U^{\mathrm{H}}x_1, \qquad \boldsymbol{\alpha} = [\alpha_1, \cdots, \alpha_r]^{\mathrm{T}} \tag{4.3.29}$$

其中，α_r 为第 r 个模态的振幅，代表了该模态对初始快照 x_1 的贡献。对于标准 DMD 方法，DMD 模态按照该振幅进行排序。将式(4.3.28)和式(4.3.29)代入式(4.3.27)，则可预测任意时刻的流场：

$$x_i = \boldsymbol{\Phi}\Lambda^{i-1}\boldsymbol{\alpha} = \sum_{j=1}^{r} \boldsymbol{\Phi}_j(\mu_j)^{i-1}\alpha_j \tag{4.3.30}$$

快照序列 X 可以写为

$$X = [x_1, x_2, x_3, \cdots, x_{N-1}] = \boldsymbol{\Phi} \boldsymbol{D}_\alpha \boldsymbol{V}_{\text{and}}$$

$$= [\boldsymbol{\Phi}_1, \boldsymbol{\Phi}_2, \cdots, \boldsymbol{\Phi}_r] \begin{bmatrix} \alpha_1 & & & \\ & \alpha_2 & & \\ & & \ddots & \\ & & & \alpha_r \end{bmatrix} \begin{bmatrix} 1 & \mu_1 & \cdots & (\mu_1)^{N-2} \\ 1 & \mu_2 & \cdots & (\mu_2)^{N-2} \\ \vdots & \vdots & & \vdots \\ 1 & \mu_r & \cdots & (\mu_r)^{N-2} \end{bmatrix} \quad (4.3.31)$$

式(4.3.31)说明流场演化过程主要靠 Vandermonde 矩阵 $\boldsymbol{V}_{\text{and}}$ 实现,该矩阵包含 r 个 $\boldsymbol{A}$ 矩阵的特征值。相比于基于友矩阵的 DMD 方法,基于相似矩阵和 SVD 的 DMD 方法不要求数据是连续的时间序列,仅需要每一个时刻及其下一步的演化数据即可,同时对噪声的鲁棒性也较好。

通过上述两种 DMD 方法,均可提取出流场的动态模态,并构造流体动力学系统演化的低阶模型。

4.3.3 POD 方法和 DMD 方法的对比

本节以典型跨声速抖振现象为例,简要说明 POD 方法和 DMD 方法各自的特点。算例的研究对象为 OAT15A 超临界翼型,基本条件:马赫数 $Ma = 0.73$,雷诺数 $Re = 3 \times 10^6$,平均攻角 $\alpha_0 = 3.5°$。时间步长 $d\tau = 0.0730$,选择模态分解的快照变量为各网格点压力。选择该流动条件是由于在此条件下抖振可以完全发展,且激波振荡范围接近 20%弦长。图 4.3.1 展示了升力系数的响应历程,平均流场压力云图及观测点如图 4.3.2 所示。图 4.3.1 中当 $\tau > 60$,激波的周期性简谐运动引起了升力的周期性简谐变化。在这种抖振状态下,对图 4.3.1 中标记范围内的 695 个快照进行模态分解,并对升力系数抖振响应进行 Fourier 分析,从而得到图 4.3.3 中不同减缩频率下的能量值。升力系数的 Fourier 分析结果在减缩频率为 0.186 时具有很强的能量,且两倍频的分量($k=0.372$)也包含了一定的能量,说明在当前条件下的抖振主频为 0.186。

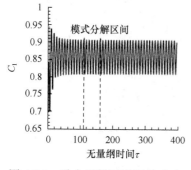

图 4.3.1 升力系数随时间的响应

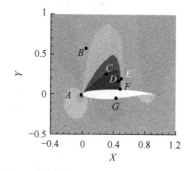

图 4.3.2 平均流场压力云图及观测点

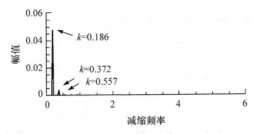

图 4.3.3　　OAT15A 超临界翼型升力系数的 Fourier 分析

采用 POD 方法得到的前 4 阶 POD 模态如图 4.3.4 所示；DMD 方法得到的前 4 阶模态如图 4.3.5 所示。选择前 5 阶 POD 模态和前 5 对共轭 DMD 模态进行流场分析。前 9 阶 DMD 模态及其对应的增长率和频率如表 4.3.1 所示，对应的特征值如图 4.3.6 所示。能够看到由于临界稳定状态，各个模态的增长率均很小，主要特征值均位于单位圆上，流动临界稳定。对于真实的临界稳定状态，其增长率应该为 0，而计算得到的小增长率同样可以归结为数值误差。第一阶模态频率为 0，因此是一个静态的流动成分。其余各个主要模态的频率基

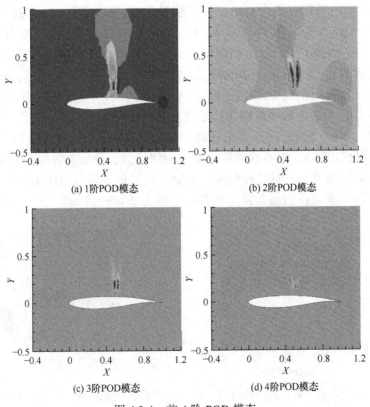

图 4.3.4　前 4 阶 POD 模态

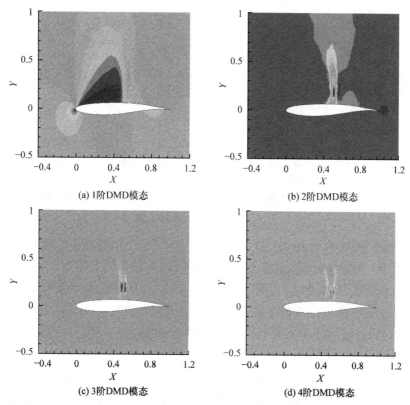

(a) 1阶DMD模态　　　　　　　　　　(b) 2阶DMD模态

(c) 3阶DMD模态　　　　　　　　　　(d) 4阶DMD模态

图 4.3.5　前 4 阶 DMD 模态(1 个静态模态和 3 对共轭模态)

本上为抖振主频(基频)0.186 的倍数。前 3 对 DMD 模态的频率与 Fourier 分析得到的主要频率基本一致，说明通过前 4 阶模态就能把握流动的大部分频率特征。图 4.3.5 中展示了前 4 阶模态，且仅展示了各个复模态的实部。通过观察可以发现，虚部与实部存在一定的相位差异，而在流场特征上区别不大。

表 4.3.1　前 9 阶 DMD 模态及其对应的增长率和频率

模态	增长率	频率/Hz
1	0	0
2 和 3	-1.127×10^{-5}	0.186
4 和 5	-3.886×10^{-5}	0.372
6 和 7	-3.620×10^{-5}	0.558
8 和 9	-6.110×10^{-5}	0.744

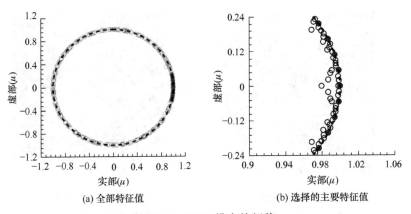

(a) 全部特征值　　　　　　　　　(b) 选择的主要特征值

图 4.3.6　DMD 模态特征值

　　为对比 POD 方法和 DMD 方法分解得到的模态特征频率，需要对模态系数进行计算。计算 POD 的模态系数可直接将样本投影到基函数上，第 i 时刻的 DMD 模态系数为 $(\mu_j)^{i-1}\alpha_j$。图 4.3.7 给出了 POD 和 DMD 各阶模态系数的变化。因为 DMD 模态 1 为静态模态，其振幅不随特征值变化，所以图中并未给出。主要 POD 模态的模态系数并不完全符合简谐特征，说明单个 POD 模态中可能包含多个频率成分。

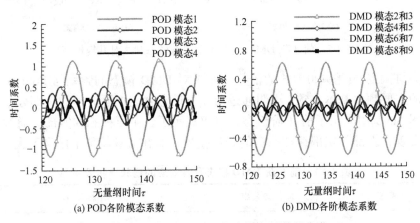

(a) POD各阶模态系数　　　　　　　(b) DMD各阶模态系数

图 4.3.7　POD 和 DMD 各阶模态系数的变化

　　将模态系数做 Fourier 分析，可以观察到不同模态的主要频率。图 4.3.8(a)展示了 POD 模态的 Fourier 分析结果。图 4.3.8(b)展示的 DMD 模态的 Fourier 分析结果中，每个模态对应的频率仅有一个。DMD 模态按照频率进行排序，且随着频率从小到大，幅值逐渐衰减，说明在当前飞行条件下，抖振的主频为 0.186，这与图 4.3.3 的结论一致，且对于能量较强的频率 0.372，也可通过 DMD 模态 4 和 5 体现出来。观察各个 POD 模态系数的主要频率，可以看出按照能量进行排序的模态可能包含多个频率成分。虽然各个模态的主频特征明显，但是其他频率流动结构的存在引起了模态系数的非简谐变化。从 POD 模态 4 和模态 5 中，可以看到由于更重要的频率成分 0.372 的能量小于 0.557，模态 5 被排列到模态 4 之后。实际上频率为 0.372 的流动对流场的影响要大于频率为 0.557 的流动。因此，对于跨声速抖振这种主频特征明显的问题，采用 POD 模态分解可能会忽略某些能量较小，但是接近主导频率的流动成分。这些主频成分对于后续的流场特征分析和流场重构等研究更为重要。

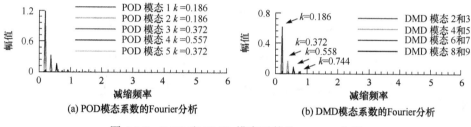

图 4.3.8 POD 和 DMD 模态系数的 Fourier 分析

为进一步观察两种模态分解方法对流场特征的提取，将得到的 POD 模态和 DMD 模态进行流场重构。选择图 4.3.2 中的几个特征点随时间变化进行对比，如图 4.3.9 所示，主要选择三个特征点(翼型上方点 C，激波间断前方点 D 和激波间断后方点 E)。能够看出这三个点均靠近激波间断，这是为了进一步比较两模态分解方法对于激波间断处的捕捉能力。对于除激波附近以外的其他点，当前选择的模态已足以较为准确的叠加出流场的演化过程。从 C 点处的压强对比能够看到，真实的 C 点处压强基本呈简谐变化，通过 DMD 的各个频率谐波分量叠加能够将周期性特征反映出来；而 POD 叠加得到的压强值也存在周期性，但是在峰值处有较大的偏差；对于激波间断前方点 D，能够看到由于激波间断处的周期性运动，点 D 的压强变化具有很强的非线性，无论是采用 DMD 方法的不同频率叠加还是 POD 方法的能量叠加，都无法准确反映该点的变化趋势；相比而言，DMD 对峰值点的把握比 POD 准确得多。在光滑下降的区域，DMD 和 POD 都出现了一定程度的波动，但是显然 DMD 的误差相比于 POD 是可接受的，而 DMD 叠加产生的振荡可以归因于谐波叠加产生的吉布斯效应。激波间断后方 E 点的变化也有很强的非线性。能够注意到 DMD 准确把握了峰值处的高频分量，对压强随时间的变化趋势也比 POD 把握得更准确。由于跨声速抖振具有明显的主频特性，相比于 POD 方法，按照频率排序得到的 DMD 模态可以更加精确地捕捉到不同范围和强度的激波间断[73]。

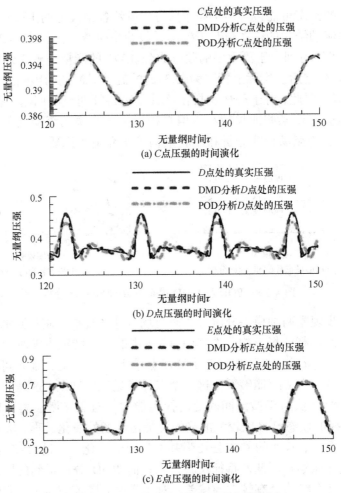

图 4.3.9　三个特征点随时间的压强变化

　　图 4.3.10 是两种模态分解方法各个时刻各节点模型的预测值与真值的均方根误差对比，能够看到较大误差均在激波间断处附近。激波间断处两种模型差异不大，DMD 方法得到的降阶流场误差更大。然而通过特征点的对比，能够发现两种模态分解方法存在误差的原因有所不同。DMD 方法是不同频率成分的叠加，因此误差主要来源于激波间断点叠加过程中的吉布斯效应；POD 方法的误差主要来自对极值点不能准确预测，这实际上不利于激波的准确捕捉。综上所述，从激波间断捕捉的角度，基于频率成分的 DMD 方法优于基于能量成分的 POD 方法。

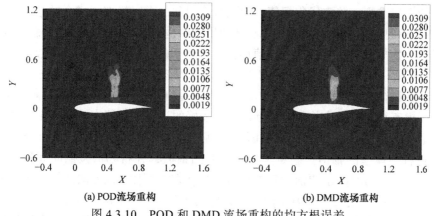

(a) POD流场重构　　　　　　　　　　　(b) DMD流场重构

图 4.3.10　POD 和 DMD 流场重构的均方根误差

4.3.4　改进模态选择准则的 DMD 方法及其应用

除了用于流体动力学问题的物理机理分析外，DMD 方法的另一个重要应用是构建降阶模型。DMD 方法可以同时得到动力学系统的空间模态特征和时间演化规律，具有时空耦合的特点，因此可以不借助外部手段直接得到 ROM。同时，随着各种改进方法的发展，DMD 方法本身的鲁棒性也在不断增强，使得构建的 ROM 具有更好的重构和预测能力。

在 ROM 的构建中，如何保证在最简化的结构中，捕捉到最多的流动特点，是一个关键问题；而对于物理问题的分析过程，同样需要合理的方法选择出重要的流动模态。这些问题的本质是 DMD 方法的模态选择，即通过最少的 DMD 模态数，得到一个非定常流动的准确表达，以对物理特征进行最优估计。不同于 POD 方法直接按照能量信息进行排序，DMD 方法的排序准则并不唯一，这也导致目前的 DMD 模态排序准则存在问题。综合起来，主要有两种问题：①可能挑选出数值误差引起的伪模态，即衰减很快的数值模态；②模态排序的顺序不合理，无法用有限的模态数目得到主要的若干个模态。Rowley 等[58]和 Wan 等[72]按照各个模态的范数实现模态排序，该方法适用于基于友矩阵的 DMD 方法，但是当大范数和大的负阻尼模态同时存在时，方法可能失效。Schmid 等[90]通过将数据序列投影到模态上定义了模态振幅，而投影的系数表明了各个模态的重要性。该方法同样可能忽略各个模态的稳定性特征。此外，根据基于相似变换的 DMD 方法推导可知，式(4.3.29)中的模态振幅也是模态的重要指标。Sayadi 等[69]采用该指标提取了湍流边界层的结构，但是由于模态振幅来自第一个快照在 DMD 模态的投影，同样可能优先筛选到大振幅，同时具有大衰减率的次优模态。Jovanović 等[77]基于模态在降维快照上的贡献定义了振幅，同时得到最优稀疏结构后，在整个数据段中优化幅值。然而，该研究在第一步的模态筛选中依然采用传统的振幅准则，并未优化幅值，导致数值引起的瞬时模态同样会被错误引入稀疏结构。这种数值引起的瞬时模态在其他研究中也有讨论。Tu 等[91]为缓解此问题，将模态范数与 DMD 特征值的幅值加权，构建新的目标函数以剔除范数大和衰减快的伪模态。该准则在一定程度上反映了各个模态的贡献，其精度优于仅仅通过模态范数进行排序的准则。此外，Tissot 等[92]提出基于时均模态能量贡献的准则，考虑了模态在样本段内的整体贡献，具有较好的模态捕捉能力。Sayadi 等[78]提出的参数化 DMD 方法中，先采用和稀疏增强 DMD[77]相同的方法获得稀疏结构，然后将各个模态的幅值重新定义为模态时间系数，并将幅值按照时间积分以实现数据外插。与时间上幅值固定的标准 DMD 方法相比，该方法能够根据时间演化历程，辨识出主要的动力学模态，并应用于热声耦合的不稳定系统中。

上述提到的所有模态选择准则，均能够精确捕捉周期性流动或者纯线性流动的模态特征。由于在大多数线性和周期性流动中，各个模态的量级差异很大，很容易从初始快照或模态范数中观察到各个模态的贡献。然而，对于不稳定系统(如低雷诺数圆柱绕流的过渡段或者涉及激波运动的跨声速流动)或高复杂度的湍流，主模态捕捉十分困难。这是由于此类系统中可能存在多个基频，且通过DMD 分析后可能存在大量的瞬时数值模态，这些瞬时数值模态确保了样本拟合的高精度。因此，为了将各个模态的重要性正确排序，需要同时兼顾初始条件和模态在采样段的发展情况。Sayadi 等[78]提出的参数化方法是一个很好的切入点。在此基础上，本小节提出了一个普适性的 DMD 模态选择准则，该准则同时考虑了采样系统的初始条件和各个模态的时间演化，将两者共同用于评估模态贡献，且该准则适用于不同类型的 DMD 方法。为实现该准则，首先将 DMD 分析后的系统表示为各个归一化 DMD 模态和其时间系数的叠加。其次将归一化的时间系数按照时间积分，以代表各个 DMD 模态在整个采样空间的重要性。最后将积分得到的指标作为模态排序的准则。该准则不仅能捕捉周期性和线性流动中的重要模态，而且对不稳定或者过渡段流动具有更好的重构效果。准则表示如下。

以二维流场为例，通过不同 DMD 方法，最终得到的流场可以表示为如下统一形式：

$$x_i = \sum_{j=1}^{N-1} b_{ij}(t) \Phi_{Nj}(x, y) \tag{4.3.32}$$

其中，Φ_{Nj} 为按照 Frobenius 范数归一化的第 j 个 DMD 模态，"N" 表示归一化 "normalized"；b_{ij} 为在第 i 时刻下，第 j 个归一化模态的时间系数。根据式(4.3.32)，各个模态对整个数据段的贡献仅仅体现在时间系数 b_{ij} 上。如果 $|b_{ij}|$ 很大，表明对应模态在该时刻占据较高的能量。因此，将 $|b_{ij}|$ 按照时间积分，得到的参数

I_j 代表了第 j 个模态在整个采样空间的影响。I_j 表示为

$$I_j = \int \left| b_j(t) \right| \mathrm{d}t \approx \int_{i=1}^{N} \left| b_{ij} \right| \mathrm{d}t \tag{4.3.33}$$

本节的模态选择准则为通过 I_j 顺序提取出主要的 DMD 模态。与之前的模态选择准则相比，该准则包含了各个模态随时间的演化过程，同时能够剔除大量的瞬时数值模态。在友矩阵或相似矩阵的 DMD 算法下，I_j 可分别表示为

$$I_j = \sum_{i=1}^{N} \left| (\lambda_j)^{i-1} \right| \left\| \boldsymbol{d}_j \right\|_{\mathrm{F}}^{2} \times \Delta t \tag{4.3.34}$$

$$I_j = \sum_{i=1}^{N} \left| \alpha_j (\mu_j)^{i-1} \right| \left\| \boldsymbol{\Phi}_j \right\|_{\mathrm{F}}^{2} \times \Delta t \tag{4.3.35}$$

需要指出，目前各种改进的 DMD 算法，也是基于上述两种基本 DMD 算法发展的，因此这种模态选择准则同样适用于改进的 DMD 算法。例如，其可以被用于 SPDMD 方法或 Parametrized DMD 算法第一步中选择稀疏结构的过程，而第二步可以继续采用原始算法。需要指出，采用这种准则并不改变原始的 DMD 分析过程，因此本节将采用这种准则的 DMD 算法命名为改进准则的 DMD 算法。当采用这种模态选择准则时，使用者不需要将 DMD 模态投影到全部快照上，仅仅需要各个模态的范数、时间步长和其对应系数的值。因此，该准则的计算效率很高，不需要大量的矩阵计算消耗。

为测试改进准则的 DMD 算法在提取主要模态和进行流场重构和预测方面的优势，这里采用一种典型的非定常、非线性流动算例，即跨声速抖振现象进行说明，重构并预测了流动演化过程中压强随时间的变化趋势。需要指出，流场重构与预测是两个不同的过程。流场重构是指复现采样段内的流场，而预测则是指获得采样段外随时间演化的流场。由于非定常流场饱和后的周期性激波振荡行为是典型的周期性问题，DMD 可以直接得到各阶倍频模态，当前研究主要关注的是主模态更难得到的跨声速抖振的过渡段。研究中采用 $Ma = 0.7$ 的 NACA0012 翼型，通过求解非定常雷诺平均 N-S 方程进行流场模拟，湍流模型为 SA(Spalart-Allmaras)模型。根据声速和远场密度对压力场进行归一化；根据声速和弦长对物理时间步长进行归一化。

和圆柱绕流相似，发生在跨声速流动区的抖振现象也是流场的不稳定特性所引起的激波周期性振荡。相比于圆柱，抖振过程中的周期性脉动载荷对结构的疲劳寿命会产生更大的影响，甚至会使飞行器破坏。因此跨声速抖振的机理研究，对工程中理解和抑制抖振有重要作用。通过 DMD 方法，不仅能够得到跨声速抖振中的主要频率特性，而且能够进一步分析抖振现象与圆柱绕流之间的相关性。

算例模型为 NACA0012 翼型，选择的流动条件：$Ma = 0.7$，$Re = 3 \times 10^6$，

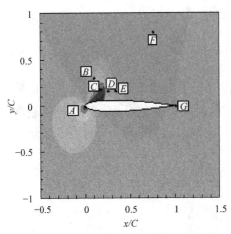

图 4.3.11 定常流场和选择的参考点

该流动条件下的抖振起始攻角 $\alpha_0 = 4.8°$。当前算例中,平均攻角 $\alpha_0 = 5.5°$,即抖振发生的状态。为防止在流动初期就完全发展为极限环,首先需要得到不稳定定常解。当前采用的不稳定定常解获取手段是利用后缘舵面偏转,可通过闭环控制流动得到,具体可见 Gao 等[93]的抖振控制研究。该定常解和圆柱的定常解相同,满足流动控制方程和边界条件,是不稳定流动的一个真解。定常流场和选择的参考点如图 4.3.11 所示,其中翼型弦长为 C。随定常解演化的升力系数如图 4.3.12 所示。与低雷诺数圆柱绕流相同[74],根据升力系数的发展趋势,跨声速抖振的升力系数响应同样可以分成不稳定平衡态、过渡状态和极限环状态。与纯线性的不稳定平衡态和饱和的周期性极限

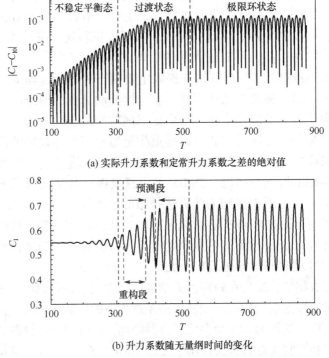

(a) 实际升力系数和定常升力系数之差的绝对值

(b) 升力系数随无量纲时间的变化

图 4.3.12 NACA0012 翼型跨声速抖振流动的升力系数响应

环状态不同，对过渡状态的分析与重构存在较大的难度，因为在过渡状态中，流动非线性随时间逐渐产生并增强，同时可能会导致特征频率的变化。与圆柱绕流不同的一点在于，抖振发展的整个过程中，流动主频变化不大，减缩频率 $k = \omega b / V_\infty$ 始终在 0.195 左右波动。不稳定平衡态采用了无量纲时间 $T = 321.7$ 与 $T = 389.5$ 之间的压强分布作为快照，快照数目为 114 个，预测段终点的无量纲时间为 419.5。在跨声速状态，运动的激波和边界层存在较强的非线性干扰，加上流动存在分离现象，这些为准确重构流场带来了困难。因此，两种方法均选择前 7 阶模态用于流场动力学建模。

图 4.3.13 给出了标准 DMD 方法和改进准则的 DMD 方法得到的 7 个主要模态的振幅。可以看出，标准 DMD 方法得到了 3 个连续的零频模态。从图 4.3.14 中的特征值对比可以看出，按照振幅得到的其中一个零频模态是一个衰减率很大的瞬时模态，特征值距单位圆很远。从表 4.3.2 可以看出，最大衰减率模态为 DMD 得到的第 5 阶模态，而改进准则的 DMD 方法并未提取出该模态。另外，表中明显看出除第一个和最后一个模态为零频外，改进准则的 DMD 方法得到的模态均为不稳定模态。由于采样段正好位于不稳定平衡区域之后，存在更多不稳定模态是合理现象。

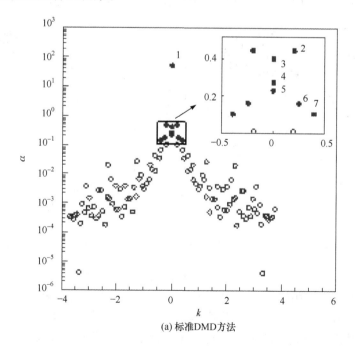

(a) 标准DMD方法

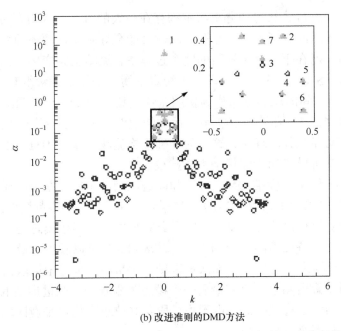

(b) 改进准则的DMD方法

图 4.3.13　DMD 模态振幅与减缩频率 k 的关系及选择的七阶主要模态

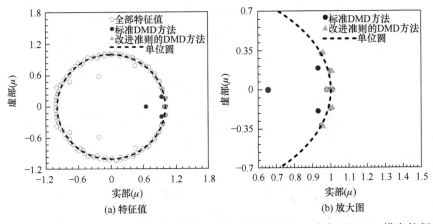

(a) 特征值　　　　　　　　(b) 放大图

图 4.3.14　标准 DMD 方法和改进准则的 DMD 方法得到的 7 个主要 DMD 模态特征值

图 4.3.15 展示了 7 个主要 DMD 模态系数的演化规律，从图中可以看出，标准 DMD 方法按照振幅排序得到了 3、5、6 三阶瞬时数值模态，这些模态对样本空间之外的流场预测不产生影响，其存在主要是为了补偿除主要动力学模态之外，对样本段重构的残差。对于非线性更强的跨声速抖振流动，由于复杂性更强，瞬时模态的数目也更多。改进准则的 DMD 方法仅仅捕捉到第 7 阶一个瞬时模态。

表 4.3.2　标准 DMD 方法和改进准则的 DMD 方法得到的过渡段抖振流动主要 DMD 模态

模态	标准 DMD 增长率	k	模态	改进准则的 DMD 增长率	k
1	0	0	1	0	0
2	1.9363×10^{-2}	0.1963	2	1.9363×10^{-2}	0.1963
3	-3.7684×10^{-2}	0	3	1.6420×10^{-2}	0
4	1.6420×10^{-2}	0	4	3.4293×10^{-2}	0.1893
5	-7.2770×10^{-1}	0	5	3.0243×10^{-3}	0.3874
6	-8.5522×10^{-2}	0.2412	6	2.2038×10^{-2}	0.3947
7	3.0243×10^{-3}	0.3874	7	-3.7684×10^{-2}	0

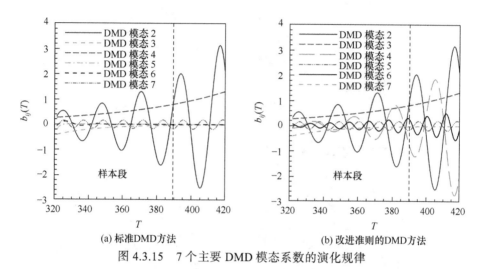

(a) 标准DMD方法　　　　　　　　(b) 改进准则的DMD方法

图 4.3.15　7 个主要 DMD 模态系数的演化规律

　　图 4.3.16 展示了改进准则的 DMD 方法得到的前 4 阶 DMD 动态模态。图 4.3.16(a) 中的 1 阶静态模态接近整个采样流场不稳定过程中的平均值，因此与图 4.3.11 的定常流场略有差异。其余模态均反映了激波处的振荡特性，由于各阶模态存在多道激波，需要更多模态捕捉激波特性。流场重构和预测的比较如图 4.3.17～图 4.3.19，其中图 4.3.17 展示了在无量纲时间 $T = 385.3$ 时刻，样本空间内的重构特性；图 4.3.18 和图 4.3.19 则分别展示了 $T = 394.9$ 和 $T = 403.3$ 时刻，样本空间之外的流场预测特性。为体现改进准则的 DMD 方法优势，在对比中引入了 SPDMD[77] 得到的流场建模结果。通过 SPDMD 的振幅优化过程，首先选择 7 个主要模态，对应的正则化系数为 $\gamma = 289.03$。然后通过优化过程进一步调整幅值，并将得到的模型用于构建流场 ROM。由图 4.3.17 可见，即使对于样本空间内的流场重构问题，标准 DMD 方法依然会在激波后的流场上产生误差，导致激波不光滑。SPDMD 同样出现了很小的重构误差。通过改进准则的 DMD 方法重构的流场则具有更高的精度。图 4.3.18 中 $T = 394.9$ 时刻的流场预测结果表明，标准 DMD 方法和 SPDMD 方法得到的流场在激波附近

均呈现出较大误差，且激波前后出现振荡现象。改进准则的 DMD 方法得到的流场则基本准确地描述了激波的位置和高度。当流场进一步演化至 $T = 403.3$ 时刻，标准 DMD 方法预测的激波被分成两块，这显然不符合 CFD 的计算结果。SPDMD 方法预测的激波同样出现了不连续的现象。与这两种方法相比，改进准则的 DMD 方法在描述激波间断时保持了很好的完整性，且并没有发生类似标准 DMD 方法的过量预测激波高度现象。

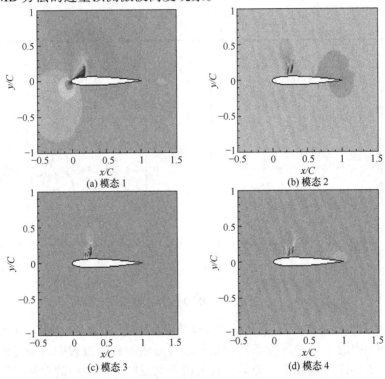

(a) 模态 1   (b) 模态 2

(c) 模态 3   (d) 模态 4

图 4.3.16 改进准则的 DMD 方法得到的前 4 阶动态模态

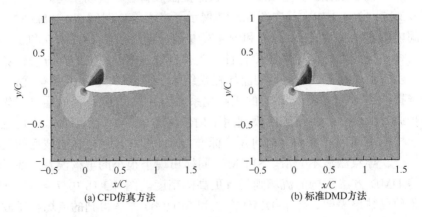

(a) CFD仿真方法   (b) 标准DMD方法

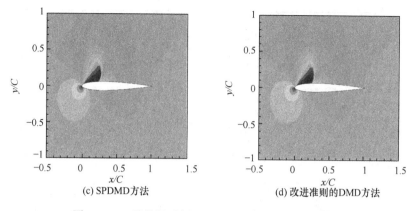

(c) SPDMD方法　　　　　　　　　　(d) 改进准则的DMD方法

图 4.3.17　无量纲时间 $T = 385.3$ 时的流场重构结果

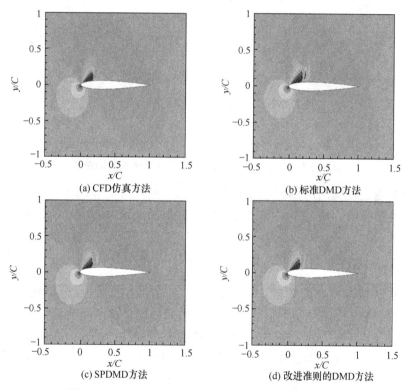

(a) CFD仿真方法　　　　　　　　　　(b) 标准DMD方法

(c) SPDMD方法　　　　　　　　　　(d) 改进准则的DMD方法

图 4.3.18　无量纲时间 $T = 394.9$ 时的流场预测结果

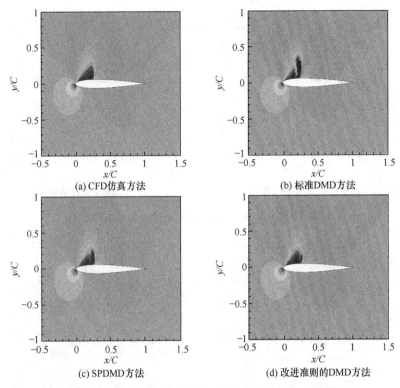

(a) CFD仿真方法　　　　　　　　　(b) 标准DMD方法

(c) SPDMD方法　　　　　　　　　(d) 改进准则的DMD方法

图 4.3.19　无量纲时间 $T = 403.3$ 时的流场预测结果

　　为全面比较提出的模态选择准则在流场预测上的优势，图 4.3.20 进一步给出了样本预测段，通过不同算法得到的均方根误差云图。均方根误差定义为

$$\text{rmse} = \sqrt{\frac{1}{N_{\text{p}}} \sum_{i=1}^{N_{\text{p}}} \left| \boldsymbol{x}_{\text{CFD}}(i) - \boldsymbol{x}_{\text{DMD}}(i) \right|^2} \tag{4.3.36}$$

其中，N_{p} 为预测快照的数目；$\boldsymbol{x}_{\text{CFD}}(i)$ 和 $\boldsymbol{x}_{\text{DMD}}(i)$ 分别为 CFD 计算和标准 DMD 方法预测的第 i 个流场快照。将误差云图按照相同量级归一化后，可以看到在跨声速抖振流场的预测过程中，无论按照哪种准则选择模态，在描述激波附近的流场时均有一定误差。尽管 SPDMD 方法与标准 DMD 方法相比误差明显降低，但是改进准则的 DMD 方法依然展现出最低的预测误差。图 4.3.21 对比了所有参考点处，压强随时间的演化规律。选择的参考点位置既有靠近激波的，也有后缘远离激波的，以全面评估提出准则的效果。在 A 点处，SPDMD 方法和改进准则的 DMD 方法均准确捕捉了压力的变化。由于 B 点靠近激波外侧附近，压强不存在间断，SPDMD 方法和改进准则的 DMD 方法预测精度依然很高。D 点处压强的变化是激波运动引起的，由于激波幅值仍在发展，压强呈现

出非周期的增长行为，改进准则的 DMD 方法对这种强非线性现象的鲁棒性更好。E 点由于激波的影响，在一段时间内产生了高频成分，但是 SPDMD 方法和改进准则的 DMD 方法均能与数值模拟吻合。G 点不受激波的影响，增长过程较为缓慢，且基本以线性变化。图 4.3.21 展现出改进准则的 DMD 方法在接近激波和远离激波处，精度明显比标准 DMD 方法更高。在这些点处，虽然 SPDMD 方法的预测性能与改进准则的 DMD 方法类似，但是后者在接近激波处展现出了更高的精度，如 D 点。上述抖振过渡段的验证算例表明，改进准则的 DMD 方法不仅优于标准 DMD 方法，而且在流场具有复杂非线性特征的情况下，如存在跨声速激波运动时，比 SPDMD 等改进方法更有效。

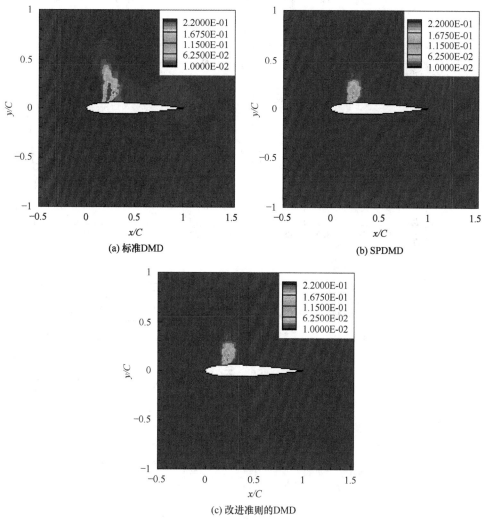

图 4.3.20 预测段的均方根误差云图

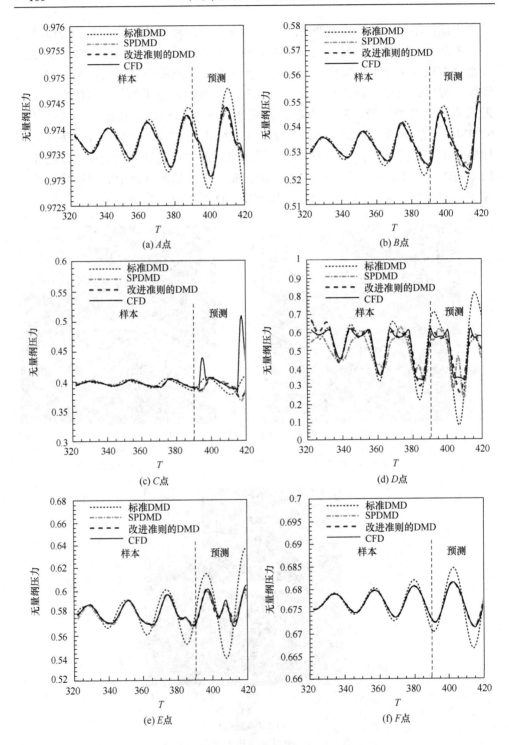

(a) A点

(b) B点

(c) C点

(d) D点

(e) E点

(f) F点

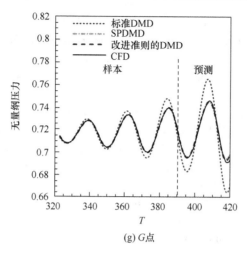

(g) G 点

图 4.3.21　参考点压强的时间演化历程

本章以非定常气动力建模与流场降阶为主题，论述了主要的降阶和建模方法及其应用。根据数学方法、模型结构和数据来源的不同，分别介绍了三种基于系统辨识类的非定常气动力模型(一阶 Volterra 级数模型、ARX 模型和 RBF 神经网络模型)和两种基于特征提取类的非定常流场降阶方法(POD 方法和 DMD 方法)。以低 Re 圆柱绕流的气动力建模、跨声速非线性颤振仿真和跨声速抖振流动分析为例，介绍了各种降阶模型或气动力建模方法的实施过程。

由于能够提供简洁、精确的气动力模型和非定常流场信息，非定常气动力模型具有很多潜在的应用领域。将得到的气动力模型用于飞行力学研究，可以提高飞行力学分析的精度和效率；在优化设计中，气动力模型可以加速迭代周期，减少计算耗时；低维的气动力模型也便于发展非定常流动控制方法和控制律设计；此外，基于非定常气动力降阶模型，可以实现高维、复杂流动的机理分析，进一步实现多场耦合动力学问题的建模与分析。因此，非定常气动力建模本身不仅是重要的非定常流体力学问题，也为其他相关领域的研究提供了分析手段和技术支持。

参 考 文 献

[1] 张伟伟, 叶正寅. 基于 CFD 的气动力建模及其在气动弹性中的应用[J]. 力学进展, 2008, 38(1): 77-86.

[2] BENNETT R, EDWARDS J. An overview of recent developments in computational aeroelasticity[C]. 29th AIAA, Fluid Dynamics Conference, Albuquerque, 1998: 2421.

[3] SCHUSTER D M, LIU D D, HUTTSELL L J. Computational aeroelasticity: Success,

progress, challenge[J]. Journal of Aircraft, 2003, 40(5): 843-856.

[4] YURKOVICH R. Status of unsteady aerodynamic prediction for flutter of high-performance aircraft[J]. Journal of Aircraft, 2003, 40(5): 832-842.

[5] 陈刚, 李跃明. 非定常流场降阶模型及其应用研究进展与展望[J]. 力学进展, 2011, 41(6): 686-701.

[6] LUCIA D J, BERAN P S, SILVA W A. Reduced-order modeling: New approaches for computational physics[J]. Progress in Aerospace Sciences, 2004, 40(1-2): 51-117.

[7] GHOREYSHI M, JIRÁSEK A, CUMMINGS R M. Reduced order unsteady aerodynamic modeling for stability and control analysis using computational fluid dynamics[J]. Progress in Aerospace Sciences, 2014, 71: 167-217.

[8] DOWELL E H, HALL K C. Modeling of fluid-structure interaction[J]. Annual Review of Fluid Mechanics, 2001, 33(1): 445-490.

[9] VOLTERRA V. Theory of Functionals and of Integral and Integro-Differential Equations[M]. New York: Dover, 1959.

[10] WIENER N. Response of a non-linear device to noise[R]. Massachusetts Institute of Technology Technical Report, 1942: 129.

[11] SILVA W A. Discrete-time linear and nonlinear aerodynamic impulse responses for efficient CFD analyses[D]. Williamsburg: The College of William and Mary, 1997.

[12] RAVEH D E. Reduced-order models for nonlinear unsteady aerodynamics[J]. AIAA Journal, 2001, 39(8): 1417-1429.

[13] MARZOCCA P, SILVA W A, LIBRESCU L. Open/closed-loop nonlinear aeroelasticity for airfoils via Volterra series approach[J]. AIAA Journal, 2004, 42(4): 673-686.

[14] MUNTEANU S, RAJADAS J, NAM C, et al. A Volterra kernel reduced-order model approach for nonlinear aeroelastic analysis[J]. AIAA Journal, 2005, 43(3): 560-571.

[15] 朱全民. 非线性系统辨识[J]. 控制理论与应用, 1994, 11(6): 641-652.

[16] BALAJEWICZ M, DOWELL E H. Reduced-order modeling of flutter and limit-cycle oscillations using the sparse Volterra series[J]. Journal of Aircraft, 2012, 49(6): 1803-1812.

[17] COWAN T J, ARENA S A J, GUPTA K K. Accelerating computational fluid dynamics based aeroelastic predictions using system identification[J]. Journal of Aircraft, 2001, 38(1): 81-87.

[18] GUPTA K, VOELKER L, BACH C, et al. CFD-based aeroelastic analysis of the X-43 hypersonic flight vehicle[C]. 39th Aerospace Sciences Meeting and Exhibit, Reno, 2001: 712.

[19] 张伟伟, 叶正寅. 基于非定常气动力辨识技术的气动弹性数值模拟[J]. 航空学报, 2006, 27(4): 579-583.

[20] 张伟伟, 叶正寅. 基于气动力降阶模型的跨声速气动弹性稳定性分析[J]. 计算力学, 2007, 24(6): 768-772.

[21] 张伟伟, 叶正寅. 操纵面机构对跨声速二元机翼气动弹性特性的影响[J]. 航空学报, 2007, 28(2): 257-262.

[22] 张伟伟. 基于 CFD 技术的高效气动弹性分析方法研究[D]. 西安: 西北工业大学, 2006.

[23] ZHANG W W, YE Z Y, ZHANG C A. Aeroservoelastic analysis for transonic missile based on computational fluid dynamics[J]. Journal of Aircraft, 2009, 46(6): 2178-2183.

[24] ZHANG W W, YE Z Y. Control law design for transonic aeroservoelasticity[J]. Aerospace Science and Technology, 2007, 11(2-3): 136-145.

[25] ZHANG W W, LI X T, YE Z Y, et al. Mechanism of frequency lock-in in vortex-induced vibrations at low Reynolds numbers[J]. Journal of Fluid Mechanics, 2015, 783: 72-102.

[26] GAO C Q, ZHANG W W, LI X T, et al. Mechanism of frequency lock-in in transonic buffeting flow[J]. Journal of Fluid Mechanics, 2017, 818: 528-561.

[27] SU D, ZHANG W W, YE Z Y. A reduced order model for uncoupled and coupled cascade flutter analysis[J]. Journal of Fluids and Structures, 2016, 61: 410-430.

[28] GAO C Q, ZHANG W W, YE Z Y. A new viewpoint on the mechanism of transonic single-degree-of-freedom flutter[J]. Aerospace Science and Technology, 2016, 52: 144-156.

[29] THOMAS J P, DOWELL E H, HALL K C. Nonlinear inviscid aerodynamic effects on transonic divergence, flutter and limit cycle oscillations[J]. AIAA Journal, 2002, 40(4): 638-646.

[30] KHOLODAR D B, THOMAS J P, DOWELL E H, et al. Parametric study of flutter for an airfoil in invisicid transonic flow[J]. Journal of Aircraft, 2003, 40(2): 303-313.

[31] MARQUES F D. Identification and prediction of unsteady transonic aerodynamic locals by multi-layer functions[J]. Journal of Fluids and Structures, 2001, 15: 83-106.

[32] PESONEN U J. Artificial neural network prediction of aircraft aeroelastic behavior[D]. Wichita: Wichita State University, 2001.

[33] 甘旭升,端木京顺,孟月波,等. 基于粒子群优化的 WNN 飞行数据气动力建模[J]. 航空学报, 2012, 33(7): 1209-1217.

[34] GHOREYSHI M, JIRÁSEK A, CUMMINGS R M. Computational approximation of nonlinear unsteady aerodynamics using an aerodynamic model hierarchy[J]. Aerospace Science and Technology, 2013, 28(1): 133-144.

[35] LINDHORST K, HAUPT M C, HORST P. Efficient surrogate modelling of nonlinear aerodynamics in aerostructural coupling schemes[J]. AIAA Journal, 2014, 52(9): 1952-1966.

[36] ZHANG W W, WANG B B, YE Z Y, et al. Efficient method for limit cycle flutter analysis based on nonlinear aerodynamic reduced-order models[J]. AIAA Journal, 2012, 50(5): 1019-1028.

[37] KOU J Q, ZHANG W W. An approach to enhance the generalization capability of nonlinear aerodynamic reduced-order models[J]. Aerospace Science and Technology, 2016, 49: 197-208.

[38] ZHANG W W, KOU J Q, WANG Z Y. Nonlinear aerodynamic reduced-order model for limit-cycle oscillation and flutter[J]. AIAA Journal, 2016, 54(10): 3302-3310.

[39] KOU J Q, ZHANG W W. Layered reduced-order models for nonlinear aerodynamics and aeroelasticity[J]. Journal of Fluids and Structures, 2017, 68: 174-193.

[40] BROOMHEAD D S, LOWE D. Multivariable functional interpolation and adaptive networks[J]. Complex Systems, 1988, 2(3): 321-355.

[41] GLAZ B, LIU L, FRIEDMANN P P. Reduced-order nonlinear unsteady aerodynamic modeling using a surrogate-based recurrence framework[J]. AIAA Journal, 2010, 48(10): 2418-2429.

[42] LIU H, HU H, ZHAO Y,et al. Efficient reduced-order modeling of unsteady aerodynamics robust to flight parameter variations[J]. Journal of Fluids and Structures, 2014, 49:728-741.

[43] KOU J, ZHANG W, YIN M.Novel Wiener models with a time-delayed nonlinear block and their identification[J]. Nonlinear Dynamics, 2016, 85(4):2389-2404.

[44] CHEN G, ZUO Y, SUN J, et al.Support-vector-machine-based reduced-order model for limit cycle oscillation prediction of nonlinear aeroelastic system[J]. Mathematical Problems in Engineering,2012,1:1-12.

[45] BERKOOZ G, HOLMES P, LUMLEY J L. The proper orthogonal decomposition in the analysis of turbulent flows[J]. Annual Review of Fluid Mechanics, 1993, 25(1): 539-575.

[46] SIROVICH L. Turbulence and the dynamics of coherent structures. I . Coherent structures[J]. Quarterly of Applied Mathematics, 1987, 45(3): 561-571.

[47] XIAO D, FANG F, DU J, et al. Non-linear Petrov-Galerkin methods for reduced order modelling of the Navier-Stokes equations using a mixed finite element pair[J]. Computer Methods in Applied Mechanics and Engineering, 2013, 255: 147-157.

[48] ROMAIN L, CHATELLIER L, DAVID L. Bayesian inference applied to spatio-temporal reconstruction of flows around a NACA0012 airfoil[J]. Experiments in fluids, 2014, 55(4): 1699.

[49] LEBLOND C, ALLERY C. A priori space-time separated representation for the reduced order modeling of low Reynolds number flows[J]. Computer Methods in Applied Mechanics and Engineering, 2014, 274: 264-288.

[50] MAININI L, WILLCOX K. Surrogate modeling approach to support real-time structural assessment and decision making[J]. AIAA Journal, 2015, 53(6): 1612-1626.

[51] FOSSATI M. Evaluation of aerodynamic loads via reduced-order methodology[J]. AIAA Journal, 2015, 53(8): 2389-2405.

[52] KATO H, FUNAZAKI K. POD-driven adaptive sampling for efficient surrogate modeling and its application to supersonic turbine optimization[C]. ASME Turbo Expo 2014: Turbine Technical Conference and Exposition Düsseldorf, Germany, 2014, 45615: V02BT45A023.

[53] NOACK B R, AFANASIEV K, MORZYŃSKI M, et al. A hierarchy of low-dimensional models for the transient and post-transient cylinder wake[J]. Journal of Fluid Mechanics, 2003, 497: 335-363.

[54] ROMANOWSKI M. Reduced order unsteady aerodynamic and aeroelastic models using Karhunen-Loeve eigenmodes[C]. 6th Symposium on Multidisciplinary Analysis and Optimization, Bellevue, 1996: 3981.

[55] 邱亚松. 基于数据降维技术的气动外形设计方法[D]. 西安: 西北工业大学, 2014.

[56] SCHMID P J. Dynamic mode decomposition of numerical and experimental data[C]. Sixty-First Annual Meeting of the APS Division of Fluid Dynamics, San Antonio, 2008: 52.

[57] SCHMID P J. Dynamic mode decomposition of numerical and experimental data[J]. Journal

of Fluid Mechanics, 2010, 656: 5-28.

[58] ROWLEY C W, MEZIĆ I, BAGHERI S, et al. Spectral analysis of nonlinear flows[J]. Journal of Fluid Mechanics, 2009, 641: 115-127.

[59] MEZIĆ I. Spectral properties of dynamical systems, model reduction and decompositions[J]. Nonlinear Dynamics, 2005, 41(1-3): 309-325.

[60] MEZIĆ I. Analysis of fluid flows via spectral properties of the Koopman operator[J]. Annual Review of Fluid Mechanics, 2013, 45: 357-378.

[61] ROWLEY C W, DAWSON S T M. Model reduction for flow analysis and control[J]. Annual Review of Fluid Mechanics, 2017, 49: 387-417.

[62] 寇家庆, 张伟伟. 动力学模态分解及其在流体力学中的应用[J]. 空气动力学学报, 2017, 36(2): 163-179.

[63] HOLMES P, LUMLEY J L, BERKOOZ G, et al. Turbulence, Coherent Structures, Dynamical Systems and Symmetry[M]. Cambridge: Cambridge university press, 2012.

[64] NOACK B R. From snapshots to modal expansions-bridging low residuals and pure frequencies[J]. Journal of Fluid Mechanics, 2016, 802: 1-4.

[65] PAN C, YU D, WANG J. Dynamical mode decomposition of Gurney flap wake flow[J]. Theoretical and Applied Mechanics Letters, 2011, 1(1): 42-46.

[66] GRILLI M, SCHMID P J, HICKEL S, et al. Analysis of unsteady behaviour in shockwave turbulent boundary layer interaction[J]. Journal of Fluid Mechanics, 2012, 700: 16-28.

[67] GRILLI M, VÁZQUEZ-QUESADA A, ELLERO M. Transition to turbulence and mixing in a viscoelastic fluid flowing inside a channel with a periodic array of cylindrical obstacles[J]. Physical Review Letters, 2013, 110(17): 174501.

[68] TANG Z Q, JIANG N. Dynamic mode decomposition of hairpin vortices generated by a hemisphere protuberance[J]. Science China Physics, Mechanics and Astronomy, 2012, 55(1): 118-124.

[69] SAYADI T, SCHMID P J, NICHOLS J W, et al. Reduced-order representation of near-wall structures in the late transitional boundary layer[J]. Journal of Fluid Mechanics, 2014, 748: 278-301.

[70] THOMPSON M C, RADI A, RAO A, et al. Low-Reynolds-number wakes of elliptical cylinders: From the circular cylinder to the normal flat plate[J]. Journal of Fluid Mechanics, 2014, 751: 570-600.

[71] ZHANG Q, LIU Y, WANG S. The identification of coherent structures using proper orthogonal decomposition and dynamic mode decomposition[J]. Journal of Fluids and Structures, 2014, 49: 53-72.

[72] WAN Z H, ZHOU L, WANG B F, et al. Dynamic mode decomposition of forced spatially developed transitional jets[J]. European Journal of Mechanics-B/Fluids, 2015, 51: 16-26.

[73] 寇家庆, 张伟伟, 高传强. 基于 POD 和 DMD 方法的跨声速抖振模态分析[J]. 航空学报, 2016, 37(9): 2679-2689.

[74] CHEN K K, TU J H, ROWLEY C W. Variants of dynamic mode decomposition: Boundary condition, Koopman, and Fourier analyses[J]. Journal of Nonlinear Science, 2012, 22(6):

887-915.

[75] WYNN A, PEARSON D S, GANAPATHISUBRAMANI B, et al. Optimal mode decomposition for unsteady flows[J]. Journal of Fluid Mechanics, 2013, 733: 473-503.

[76] DAWSON S T M, HEMATI M S, WILLIAMS M O, et al. Characterizing and correcting for the effect of sensor noise in the dynamic mode decomposition[J]. Experiments in Fluids, 2016, 57(3): 42.

[77] JOVANOVIĆ M R, SCHMID P J, NICHOLS J W. Sparsity-promoting dynamic mode decomposition[J]. Physics of Fluids, 2014, 26(2): 024103.

[78] SAYADI T, SCHMID P J, RICHECOEUR F, et al. Parametrized data-driven decomposition for bifurcation analysis, with application to thermo-acoustically unstable systems[J]. Physics of Fluids, 2015, 27(3): 037102.

[79] KOU J Q, ZHANG W W. An improved criterion to select dominant modes from dynamic mode decomposition[J]. European Journal of Mechanics-B/Fluids, 2017, 62: 109-129.

[80] GUÉNIAT F, MATHELIN L, PASTUR L R. A dynamic mode decomposition approach for large and arbitrarily sampled systems[J]. Physics of Fluids, 2015, 27(2): 025113.

[81] HEMATI M S, WILLIAMS M O, ROWLEY C W. Dynamic mode decomposition for large and streaming datasets[J]. Physics of Fluids, 2014, 26(11): 111701.

[82] TU J H, ROWLEY C W, KUTZ J N, et al. Spectral analysis of fluid flows using sub-Nyquist-rate PIV data[J]. Experiments in Fluids, 2014, 55(9): 1805.

[83] WILLIAMS M O, KEVREKIDIS I G, ROWLEY C W. A data-driven approximation of the koopman operator: Extending dynamic mode decomposition[J]. Journal of Nonlinear Science, 2015, 25(6): 1307-1346.

[84] NOACK B R, STANKIEWICZ W, MORZYŃSKI M, et al. Recursive dynamic mode decomposition of transient and post-transient wake flows[J]. Journal of Fluid Mechanics, 2016, 809: 843-872.

[85] TU J, ROWLEY C, ARAM E, et al. Koopman spectral analysis of separated flow over a finite-thickness flat plate with elliptical leading edge[C]. 49th AIAA Aerospace Sciences Meeting including the New Horizons Forum and Aerospace Exposition, Oriando, 2011: 38.

[86] HEMATI M, DEEM E, WILLIAMS M, et al. Improving separation control with noise-robust variants of dynamic mode decomposition[C]. 54th AIAA Aerospace Sciences Meeting, San Diego, 2016: 1103.

[87] KIM J, MOIN P, SEIFERT A. LES-based characterization of a suction and oscillatory blowing fluidic actuator[C]. 54th AIAA Aerospace Sciences Meeting, San Diego, 2016: 0572.

[88] PROCTOR J L, BRUNTON S L, KUTZ J N. Dynamic mode decomposition with control[J]. SIAM Journal on Applied Dynamical Systems, 2016, 15(1): 142-161.

[89] ANNONI J, SEILER P. A method to construct reduced-order parameter-varying models[J]. International Journal of Robust and Nonlinear Control, 2017, 27(4): 582-597.

[90] SCHMID P J, VIOLATO D, SCARANO F. Decomposition of time-resolved tomographic PIV[J]. Experiments in Fluids, 2012, 52(6): 1567-1579.

[91] TU J H, ROWLEY C W, LUCHTENBURG D M, et al. On dynamic mode decomposition: Theory and applications[J]. Journal of Computational Dynamics, 2014, 1(2): 391-421.

[92] TISSOT G, CORDIER L, BENARD N, et al. Model reduction using dynamic mode decomposition[J]. Comptes Rendus Mécanique, 2014, 342(6-7): 410-416.

[93] GAO C Q, ZHANG W W, YE Z Y. Numerical study on closed-loop control of transonic buffet suppression by trailing edge flap[J]. Computers and Fluids, 2016, 132: 32-45.

第 5 章　非定常空气动力学试验

非定常空气动力学试验是空气动力学研究的重要手段，与定常试验相比，非定常空气动力学试验模型周围的流场分布和模型上的气动力特性会随时间变化。由于非定常空气动力学试验可以测量非定常物理量和非定常流动，已成为研究先进飞行器气动布局和扰流流动机理、预测飞行器非定常气动特性的重要组成部分。非定常空气动力学的试验手段包括动态测力、动态测压和动态流动显示等技术。非定常空气动力学试验的主要试验设备为风洞。目前，各类风洞能进行的非定常试验项目主要有动态测力试验、动态测压试验、动导数试验、抖振试验、颤振试验、大迎角非定常试验、外挂投放和捕获轨迹试验、非定常流动显示与测量试验等。

5.1　动态响应的测量

很多结构试验迫切需要测量弹性体的非定常(动态)响应，如今弹性体动态响应的测量方法越来越多，如利用加速度传感器、应变式传感器、激光位移传感器和三维数字图像相关(three-dimensional digital image correlation, 3D-DIC)法等。基于加速度传感器的高灵敏度、高信噪比和激光位移计的非接触测量、高可靠性的特性，Uchiyama 等[1]将加速度传感器和激光位移传感器所测结果用于肌力图(mechanomyograms，MMGs)的系统辨识；Tezuka[2]将激光位移传感器用于低速流动下薄膜的振动，从而获得物体表面压力的测量；Godler 等[3]发展了一种旋转式加速度传感器，扩大了测量范围，并将其用于伺服控制系统的加速度测量。3D-DIC 是一种结合计算机视觉原理对物体变形进行测量的光学测量方法，具有非接触、精度高、可全场测量等优点[4]，Baraniello 等[5]研究了利用 3D-DIC 技术测量大柔性无人机的结构变形，并进行了数值仿真验证；Hammer 等[6]将 3D-DIC 技术用于动态冲压机位移的测量，并将所测位移与分离式霍普金森杆所测结果进行比较，获得了较高的精度；Lichter 等[7]提出了利用远距离 3D-DIC 技术结合无迹卡尔曼滤波实时监测大柔性空间太阳能电站结构变形的概念。基于电阻应变片的灵敏度高、测量精度高、测量范围广、自身尺寸和质量小等优点，发展应变片在分布式动态位移测量中的应用具有相当大的潜力。宋彦君[8]根据梁的弹性变形原理推导了一维梁的位移和应变之间的关系，并将其用于梁式桥的动态位移响应测量；根据弹性结构应变与位移的关系，可将应变测量技术进行推广，用于二维甚至三维弹性结构的动态位移的测量。

加速度传感器是测量结构振动响应最常使用的传感器之一，广泛用于动态加速度响应的测量。其通常由质量块、阻尼器、弹性元件、敏感元件和适调电路等部分组成。根据传感器敏感元件的不同，加速度传感器可分为压电式、压阻式、电容式和伺服式等。压电式加速度传感器属于惯性式传感器，组成如图 5.1.1 所示。其原理是利用压电陶瓷或石英晶体的压电效应，当加速度传感器受到振动时，质量块施加在压电材料上的力随之变化，当振动频率远低于加速度传感器的固有频率时，力的变化与被测加速度成正比。压电式加速度传感器是最常见的加速度传感器。通常，加速度计的灵敏度越高越好，但是，灵敏度越高的加速度计必然大且重，其自身的固有频率必然较低，从而限制了加速度计的使用范围。压阻式加速度传感器具有体积小、功耗低等优点，易于集成在各种模拟电路和数字电路中，主要应用于汽车碰撞试验、测试仪器和设备振动监测等领域。电容式加速度传感器基于电容原理的极距变化，采用了微机电系统工艺，具有较低的成本，广泛应用于安全气囊和手机移动设备等领域。伺服式加速度传感器是一种闭环测试系统，具有线性度好、动态范围大和动态性能好等优点，广泛应用于惯性导航、惯性制导系统和高精度的振动测量与标定中。

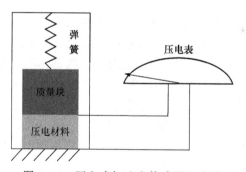

图 5.1.1　压电式加速度传感器组成图

应变式传感器是一种基于被测物体受力变形所产生应变的传感器，其利用金属弹性体将力转换为电信号的功能元件，一般包括电阻应变片、弹性体和传输电路。应变式传感器工作的基本原理是通过安装在被测物表面的电阻应变片组成的惠斯通电桥电路，在外接电源的激励下，实现"力-应变-电阻-电压(或电流)"四个环节的转换进行应变测量。电阻应变片一般由敏感栅、基底、引线、盖层和黏结剂组成，如图 5.1.2 所示。其中，敏感栅是电阻应变片中将应变量转换成电量的敏感部分，是用金属或半导体材料制成的单丝或栅状体；基底用以保持敏感栅、引线几何形状和相对位置的部分；引线是从敏感栅引出电信号的镀银线状或镀银带状导线，一般直径为 0.15～0.3mm；盖层是用来保护敏感栅而覆盖在敏感栅上的绝缘层；黏结剂用以将敏感栅固定在基底上，或者将应变片黏结在被测构件上，具有一定的电绝缘性能。在测试时，将应变片牢固地粘贴在被测物表面上，随着被测物受力变形，应变片的敏感栅也发生同样的变形，从而使应变片的电阻发生变化。由于电阻的变化和被测物的应变成比例，故可通过一定的测量线路将电阻的变化转换为电压或电流的变化，并将其记录下来，即可知道被测物应变的变化。由于应变式传感器具有尺寸小、质量轻、分辨率高、测量范围大和误差小等优点，已被广泛应用于结构应力/应变、力矩和压力的测量。根据结构应力/应变与变形之间的对应关系，应变式传感器也可用于弹性结构在小变形状态下的动态位移场的测量。

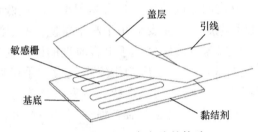

图 5.1.2　电阻应变片的构造

激光位移传感器是利用激光技术进行测量的传感器，由激光器、激光检测器和测量电路等组成，如图 5.1.3 所示[9]。激光位移传感器可实现对被测物体位置和位移的精确、非接触测量，广泛用于检测物体的位移、厚度、振动、距离和直径等物理量。激光位移传感器测量原理包括激光三角测量法和激光回波分析法。激光三角测量法是通过激光发射器将可见红外激光射向物体表面，反射后通过接收器镜头，被内部的电荷耦合器件(charge coupled device, CCD)相机接收，根据距离的不同，CCD 相机可以从不同的角度观察反射光点，通过特定的观察角度和传感器内部激光和相机之间的距离，数字信号处理器便能计算出传感器和被测物体之间的距离，该方法一般适用于高精度、短距离的测量；激光回波分析法是利用激光发射器每秒发射一百万个激光脉冲到达检测物体并返回至接收器，反射激光处理器通过计算激光脉冲遇到监测物并返回至接收器所需的时间来计算传感器和检测物的距离，该方法适用于远距离测量，其精度略低于激光三角测量法。由于激光位移传感器具有较高的精度和可实现非接触测量的优点，已获得广泛应用。但是，激光的产生装置相对比较复杂且体积较大，限制了其进一步推广。

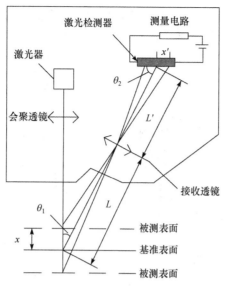

图 5.1.3　激光位移传感器原理图

3D-DIC 法是一种可实现非接触全场测量的高效光学测量方法,该方法结合计算机视觉原理,可以准确测量物体的三维形貌和变形。3D-DIC 使用两个固定的相机,首先从不同的角度拍摄被测物体表面变形前后的数字图像, 其次利用图像匹配算法获得变形前后数字图像中待测点的图像坐标,再根据事先标定好的相机的内外部参数,计算出变形前后待测点的空间坐标,最后计算出全场的三维应变或位移,图 5.1.4 为 3D-DIC 的计算流程[10]。3D-DIC 的关键技术包括 4 个方面:①相机标定, 需要标定两个相机的内部参数和相对位置关系;②图像采集,需要保证两个相机同步获取被测物体表面的数字图像;③图像匹配,保证在两幅图像中寻找相同或最接近的对应点;④三维重建,利用标定的相机参数和图像匹配对应点的图像坐标计算监测点的三维空间坐标,进而由变形前后的坐标计算获得全场的应变和位移。目前, 随着数字相机分辨率的提高,该方法已成为光学测量的重要方法之一,被广泛应用于各种工程测量领域。但是,该方法的计算精度主要取决于相机的分辨率和图像的视场尺寸,因此很难实现对大型结构的小变形测量,同时由于计算量和计算速率的问题,该方法目前很难实现实时性测量。

3D-DIC 也可以测量弯曲表面的三维位移和变形,因此被测物表面可以是曲面,也允许其在离面方向发生运动/变形。但是必须保证被测物的运动/变形始终在两个相机的视场和景深范围之内。在实际试验中,需要根据被测物的运动/变形情况选用不同的镜头甚至相机,两个相机图像之间的同步性对于测量和标定的精度都非常重要，为了提高其同步性，如今大部分工业相机支持外部电平信号的触发采集。

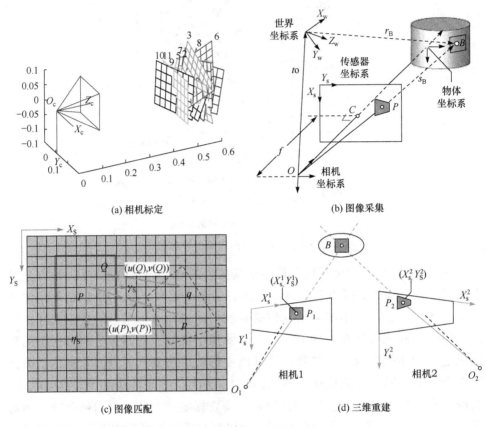

(a) 相机标定　　　　　　　　　　　　　　(b) 图像采集

(c) 图像匹配　　　　　　　　　　　　　　(d) 三维重建

图 5.1.4　3D-DIC 的计算流程

图 5.1.5　弹簧钢薄板试验模型

如图 5.1.5 所示，在弹簧钢薄板的地面模态试验中，利用 3D-DIC 测量系统可以简洁有效地获取全场的位移响应，随后利用稀疏时域(spare time domain, STD)模态参数识别方法[11]获得薄板的模态信息。弹簧钢板的尺寸为 100mm × 150mm × 0.2mm，后掠角为 30°，试验时将模型根部固支。

采样敲击法对模型施加类似脉冲激励，采集模型全场的脉冲响应数据，图 5.1.6 为模型表面部分监测点的脉冲响应曲线及频响函数曲线。仿真计算得到的模型前 2 阶模态频率分别为 9.88Hz 和 37.16Hz，

由频响函数曲线可以看出，试验得的模态频率与仿真计算结果吻合较好。

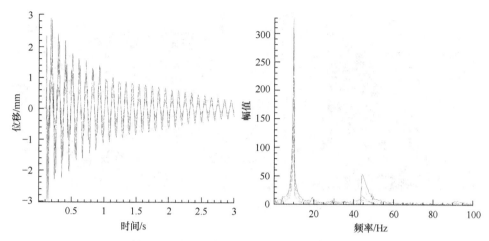

图 5.1.6　模型表面部分监测点的脉冲响应曲线及频响函数曲线

由图 5.1.6 可知，地面模态试验利用敲击法较好地激励起了模型的前 2 阶模态。因此，针对全场每个监测点利用 STD 模态参数识别方法获得其前 2 阶模态振型，对其进行最大振型归一化处理后的结果如图 5.1.7 所示，其中 px 表示像素。该结果与 Nastran 模态分析结果基本相似，证明该测量系统结合时域法模态参数识别方法可以进行地面模态试验，较为准确地获取模态频率和模态振型，必要时还可以获得模态阻尼比。

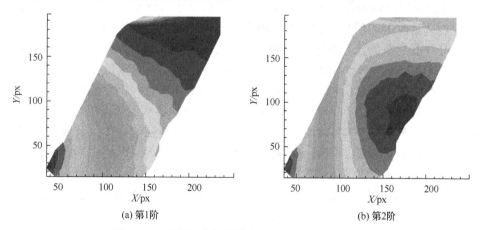

(a) 第1阶　　　　　　　　　　　　　　　(b) 第2阶

图 5.1.7　弹簧钢薄板的模态振型归一化处理结果

如图 5.1.8 所示为试验风洞及测量设备，基于 3D-DIC 技术，可以快速、高效、可靠地得到被测物的物理响应。在此基础上可以采用一种高效颤振预测方法[12]来进行颤振分析。

图 5.1.8　试验风洞及测量设备

5.2　动态压力测压

非定常压力是指幅值、相位和频率均随时间发生变化的压力，包括飞行器在附着流下做周期性振荡运动时产生的谐振压力和在分离流作用下产生的随机脉动压力[13]。谐振压力测量和脉动压力测量分别是分析和研究飞行器抖振与颤振等其他动态气动力特性和机理的重要依据。谐振压力测量通过测量飞行器做周期性振荡运动时的表面压力分布，研究谐振压力与飞行器振荡参数的关系。其测量目的是根据风洞试验数据检验当前非定常气动力计算方法的可靠性并作为今后改进的依据。谐振压力测量可用来研究飞行器气动弹性和大迎角分离流等一些复杂的流动现象和流动机理，为新流动现象的探索和新理论的发展提供参考和依据。脉动压力测量是研究和测量飞行器在分离流中或激波边界层干扰下产生的表面压力脉动规律。其测量目的是利用风洞试验测量的飞行器沿其轴向或界面圆周方向各个测点的脉动压力幅值和功率谱密度的量值，以确定脉动压力的最大值、频率和轴向位置等参数，为飞行器的总体设计和结构设计提供有效的载荷数据。目前，脉动压力测量已逐渐成为空气动力学常规试验项目，是新型号设计阶段必须考虑的问题。

非定常压力测量试验的主要过程包括风洞选择、模型设计、测点布置、测量系统选择和安装、试验方法、数据处理和结果对比。下面针对以上过程进行简要说明。

风洞的功能是尽可能提供准确的飞行器在飞行中的绕流状态，以确保可以获得准确的空气动力数据。首先，非定常压力分布试验应该尽可能选择在尺度较大的风洞中进行，这是由于风洞尺度越大，模型便可以做得更大，即模型中可以有足够的空间安装更多的动态压力传感器和其他附件。此外，模型尺度越大，试验雷诺数与全尺寸雷诺数的差别越小，即分离流动的模拟可以更好地接近全尺寸条件,有利于提高脉动压力测量的准确度和可靠性。然后,应选择噪声较小的风洞,即试验段非定常气流品质较好的风洞。对于有频谱函数数据的风洞,应保证风洞试验段的 $\sqrt{nF(n)}$(频谱函数)小于 0.002;对于没有 $\sqrt{nF(n)}$ 数据的风洞,可用风洞试验段核心流的脉动压力系数不超过 0.5%作为参考。

非定常压力测量的模型一般为刚性缩比模型,模型设计时需要同时考虑几何相似、雷诺数效应和尺度效应问题。其中,几何相似是非定常压力测量试验必须满足的基本相似准则,模型的几何尺度容易受到风洞阻塞度和洞壁干扰的限制,因此试验中往往要求模型的水平投影面积不能引起风洞阻塞,以及流场不能出现过大畸变。刚性缩比模型试验一般会引入雷诺数效应,通常风洞模型试验的雷诺数都远小于飞行器的真实飞行雷诺数,容易造成与气流黏性有关的气动力差异,进而影响气流分离、激波诱导分离等气动现象,故非定常压力测量试验要求风洞提供尽可能高的雷诺数,以减少雷诺数效应的影响。由于物面边界层一般不会随几何缩尺的改变而改变,往往会出现尺度效应问题。尺度效应的出现会导致动态试验中的斯特劳哈尔数小于真实状态的值,严重影响高机动性飞行器的试验结果。

试验飞行器的种类、试验目的和对试验数据的使用要求决定了模型上测压点的分布位置和动态压力传感器数量的选取。飞行器表面的脉动压力具有较强的局部特性,同时动态压力传感器的安装需要较大的空间,导致模型表面测压点的数量不能过多,因此,在测量脉动压力时应预先计算或估算出飞行器周围绕流的大致情况,优先在脉动压力最严重的位置布置尽可能多的动态压力传感器,以测量模型的脉动压力载荷。在测量谐振压力的试验中,模型做周期性振荡,由于模型不可能是完全刚性的,会存在一定的弹性变形,如要测量模型的振荡幅值和相位,需将动态压力传感器尽可能布置在弹性变形较小的位置。

电测法是非定常压力测量最常用的方法之一。测量过程是动态压力传感器将作用在其上的非定常压力载荷转换为电信号,通过信号调理器放大、滤波后进入数据采集器供数据处理和分析使用。完整的测量系统一般包括动态压力传感器、信号调理器、数据采集器和数据分析仪四个模块。动态压力传感器是非定常压力测量系统的敏感元件和核心部分,如何正确选用和精确标定、安装性能好的动态压力传感器是非定常压力测量的关键。按照敏感元件的种类,动态压力传感器可分为应变式、电容式、电感式、压电式和半导体压阻式等。作为非定常压力测量的传感器,必须满足体积小、灵敏度高、自振频率高、动态测量范围宽、性能稳定可靠等特点。实际使用中,应根据测量要求和试验条件选择最合适的动态压力传感器,目前应用较多的是压电式和半导体压阻式。使用动态压力传感器前必须进行静态校准和动态校准,动态校准的目的是确定传感器的输出与作用在其上的动态压力之间的关系，即传递函数。一般的动态校准项目包括频响特性、相频特性、灵敏度系数、线性度、压力范围和精度等。动态校准方法根据输入信号的不同可分为正弦压力信号输入法和阶跃压力信号输入法，校准时任选其一即可。动态压力传感器在模型上的安装方式包括表面安装、嵌入安装和管路系统安装。表面安装是指将传感器安装在机翼或机身的表面，并与表面齐平。其优点是动态压力可以直接作用在传感器上，缺点是在实际安装中很难做到齐平，而且限制了模型表面测点的布置间距。脉动压力测量多用此种安装方式。嵌入安装是指将传感器安装在模型的内部，通过管路与模型表面的孔口相连。嵌入安装解决了表面安装模型表面测点布置间距受限的问题，但是随着待测压力频率的升高，会出现管腔效应，即传感器的输出波形会产生严重的畸变，且压力传递出现滞后现象。嵌入安装适用于频率较低的非定常压力测量，应尽可能使用较短的管路，多应用于谐振压力测量。管路系统安装是指将放置在模型内或风洞试验段外的传感器通过导管与模型上的测压点相连。这种安装方式解决了表面安装中的齐平问题，但是管路长度的增加会带来较严重的管腔效应，影响非定常压力相位的测量精度。因此，该方法多用于低速谐振压力的测量。信号调理器是将输出信号进行放大和滤波的设备，动态压力传感器输出的信号通常在毫伏量级，远低于目前常用的 A/D 转换器对输入信号的要求(伏级)，为了提高测量系统的测量精度和分辨率，保证足够的动态频响范围，需要选择合适的放大倍数和滤波频带。数据采集器是记录由信号调理器处理的气动力载荷数据，非定常压力测量通常要求各通道信号具有同步性，即要求数据采集器具有并行采集和同步触发能力。为了满足上述要求和适应不同的试验条件，数据采集器每个通道都有独立的采集系统和 A/D 转换器，而且具有外触发和内触发多种触发方式。数据分析仪的主要功能是处理试验数据，计算特征参数。

　　脉动压力测量通常是在一定的马赫数和攻角范围内，测量模型表面典型测压点处的动态压力，图 5.2.1 为脉动压力测量仪器框图[13]。试验前，应将动态压力传感器安装在预先选择好的位置处，将试验模型支撑在风洞试验段，要求传感器和模型安装都是刚性连接，且试验过程中无结构振动干扰。试验开始时风洞的开车方式和常规的测力试验相似，在连续式风洞进行试验时，应先调节风洞的来流马赫数和试验雷诺数，再调节模型的角度，等流场稳定后开始记录数据；在脉冲式风洞进行试验时，应先调节模型的角度，再调节风洞前室的总压，利用风洞试验段总压的上升沿触发采集系统，开始记录数据。脉动压力测量一般要求测量出模型表面脉动压力的峰值大小和所在位置，由于脉动压力的峰值大小和所在位置对 *Ma* 较为敏感，在跨声速试验时一般采用连续变 *Ma* 的扫描试验方法，以确定准确的脉动压力峰值和对应的 *Ma* 范围。谐振压力测量包括角位移信号和动态压力的测量，图 5.2.2 为谐振压力测量框图[13]。先将传感器安装在模型的合适位置处，利用角位移传感器测量角位移信号，利用动态压力传感器测量动态压力信号，模型安装与脉冲压力测量相同。试验时利用激励器使模型按照预定的振幅和频率振动，谐振压力的测量分为直接测量和间接测量。直接测量方法是模型的每个测点处都安装动态压力传感器，采用表面安装或嵌入安装，试验时给定模型的攻角，启动激励器并调节到预定的频率和振幅，然后启动风洞，等稳定在试验风速时开始记录数据。间接测量方法是在模型的每个测点处都安装测压导管，将其与压力扫描阀连接后，再与压力传感器连通。间接测量方法可以用较少的传感器进行试验，但是测得的压力与真实值有较大差别，试验后需对测量结果进行修正。

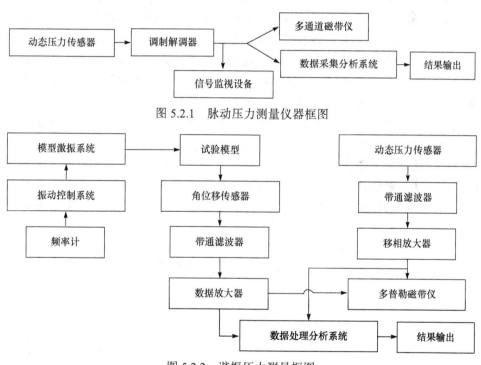

图 5.2.1　脉动压力测量仪器框图

图 5.2.2　谐振压力测量框图

　　脉动压力是随时间变化的各态历经的随机信号，受采样频率和采样长度的限制，数据高频段和低频段的分析误差都较大，因此在数据处理时应先确定频率的上限和下限。当确定的频率上、下限不能涵盖需要关心的频率范围时，试验测得的脉动压力将会低于真实飞行器的脉动压力。此外，还要根据要求选择合适的频率分辨率，分辨率过低，不能反映关心频率处的细节；反之，频率曲线会不光滑、误差较大。脉动压力测量的原始数据是离散的脉动压力时间序列，数据处理关心的是脉动压力的均方根值、脉动压力系数、自功率谱密度和相干函数等统计特征参数。谐振压力测量是计算非定常压力与飞行器振动位移和相位之间的关系。其数据处理过程：首先，对各测点的非定常压力数据进行数字滤波，计算信号的振幅和其与位移的相位；其次，根据地面试验确定测量设备的传递特性和传感器的灵敏度系数，并将所得的电信号转换为非定常压力信号；再次，确定风洞噪声和测量设备对非定常压力幅值和相位的影响，并进行修正；最后，计算各测点的非定常压力系数和相位及两者之间的关系。

上述动态压力测量方法是在模型表面布置测压孔或安装压力传感器来测量压力分布，这些方法更加直观，测量结果也相对比较准确。但是受结构和传感器的限制，测压孔的布置十分困难，模型表面能安装的传感器数量也比较有限，会导致模型压力分布的空间分辨率不高，影响测量结果。随着计算机技术和光学测量的发展，利用压敏涂料(pressure sensitive paint, PSP)测量模型表面压力分布的光学测量方法得到不断发展。如图 5.2.3 所示[13]，PSP 光学压力测量方法是将一种特殊的压敏涂料覆盖在模型表面上，通过测定涂料被一定波长的光照射后发射光的强度场，计算出相应的压力分布。该方法的基本原理是利用氧分子对磷光或荧光的淬灭效应，根据磷光或荧光的亮度变化或者发光寿命的变化，通过光学方法测量压力。PSP 光学压力测量方法的最大特点是不需要传统的测压管路和各种压力传感器，而且可以测量连续变化的、大范围的压力场，获得流场的大量信息。该方法不仅可以测量常规模型的表面压力，而且可以测量无法布置测压孔或安装压力传感器区域的压力，如襟翼、平尾、垂尾和机翼与发动机短舱的结合部位。在风洞中进行 PSP 测压试验时，首先将 PSP 涂

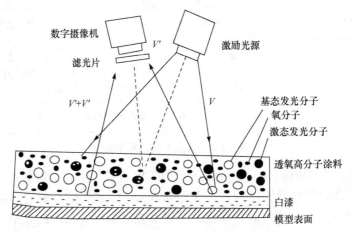

图 5.2.3　PSP 光学压力测量的具体方法

在模型表面，利用激励光照射模型表面使 PSP 发出荧光，其次用摄像机将无风状态和吹风状态的荧光图像抓拍下来，最后根据预先测得的 PSP 特性曲线对两幅图像的对应点进行一一对比计算，获得模型表面的压力分布。目前该方法主要应用于高速和跨声速风洞试验，由于在低速时模型表面压力差较小、信噪比低，因此利用 PSP 进行压力测量的精度较低。

光学压力敏感涂料测量技术应用在试验空气动力学领域始于 20 世纪 80 年代，最早的应用研究分别由苏联中央空气动力研究院[14]和美国华盛顿大学联合波音公司与 NASA 的阿姆斯研究中心[15]独立进行。德国宇航中心、英国航空航天公司和英国国防评估与研究局、法国航空航天研究院、意大利宇航研究中心、瑞士 RUAG Aerospace 以及欧洲空中客车工业公司等研究机构和公司在光学压力敏感涂料应用与研究方面十分活跃，图 5.2.4 给出了德-荷风洞机构(DNW-TWG)跨声速风洞的 PSP 测量系统示意图。

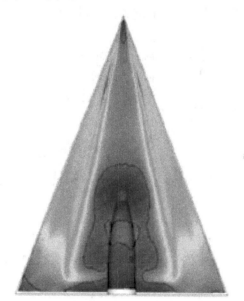

图 5.2.4　DNW-TWG 跨声速风洞的 PSP 测量系统

美国军方也十分重视 PSP 方法的应用，美国空军研究实验室、阿诺德工程发展中心和美国海军研究生学院也开展了应用研究，并在大型风洞中安装全向 PSP 测量系统，如图 5.2.5 所示，对 F-16 和 F-18 的比例模型等进行了大量的风洞试验。

原中国科学院感光化学研究所于 20 世纪 90 年代初进行了以钌基化合物为探针分子的磷光类涂料特性研究。中国航空工业空气动力研究院(原沈阳空气动力研究所)于 20 世纪 90 年代末引进 PSP 测量方法，并与中国科学院化学研究所合作进行自主开发单组分和双组分压力敏感涂料，应用于跨声速风洞的试验研

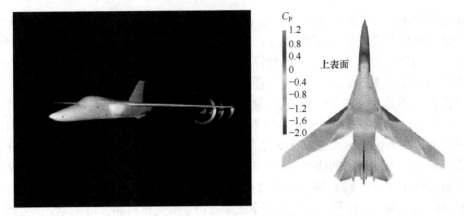

图 5.2.5　阿诺德工程发展中心 PWT 风洞 PSP 测量系统

究。图 5.2.6 给出了应用国产 FOP-1 单组分 PSP 方法对模型机翼的试验测量结果与传统测量方法的对比情况[16]，表明 PSP 方法测量的精度很好。

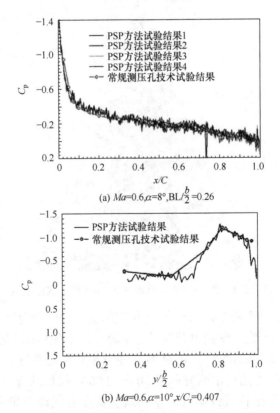

(a) Ma=0.6,α=8°,BL$\frac{b}{2}$=0.26

(b) Ma=0.6,α=10°,x/C_r=0.407

图 5.2.6　应用国产 FOP-1 单组分 PSP 方法对模型机翼的试验测量结果与传统测量方法的对比

国内航空航天领域的研究所与高等学校自 2000 年起相继开展了 PSP 测量技术的研究与应用。其中，西北工业大学在自主建立光学压力测量系统的基础上，采用中国科学院化学研究所提供的单组分荧光涂料分别进行了单叶片在高亚声速平面叶栅风洞和对转压气机出口导流叶片吸力面的试验测量，并取得了成功，如图 5.2.7 所示[17]。

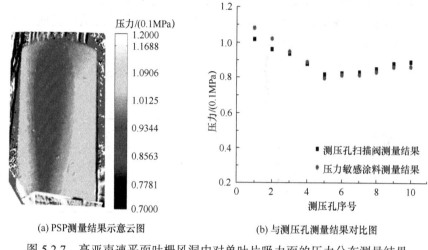

(a) PSP测量结果示意云图　　　　　　　(b) 与测压孔测量结果对比图

图 5.2.7　高亚声速平面叶栅风洞中对单叶片吸力面的压力分布测量结果

5.3　流动显示技术

流动显示是指让流体运动的过程可视化，为人们发现新的流动现象，建立新的流动模型和流动概念提供依据。流动显示技术可以帮助人们了解复杂的流动现象，探索潜在的物理机理，也可以用来解决实际的工程问题。流体力学的发展促使着流动显示技术的发展，流动显示技术的进步又推动着流体力学的进步。例如，1883 年雷诺的转捩试验、1888 年马赫对激波的观察、20 世纪初普朗特边界层概念的提出、1919 年冯卡门对卡门涡街现象的观察等都在流动显示技术的基础上进行。传统的流动显示技术以丝线法、示踪法和光学法为标志，新一代流动显示技术以计算机辅助技术为标志，包括粒子图像测速(particle image velocimetry, PIV)、激光诱导荧光(laser-induced fluorescence, LIF)和激光分子测速(laser molecule velocimeter, LMV)等。未来流动显示技术应以瞬时、定量、三维流动显示为目标，多种流动显示技术综合使用，并结合计算机图像处理和计算流体力学技术[13]。常用的流动显示技术有烟线法、油流法、丝线法、片光流动显示技术、热线风速仪和粒子图像测速技术。

烟线法是通过在涂油的金属丝上通电加热释放烟粒子来显示绕流图谱。其基本原理框图如图 5.3.1 所示[13]，在模型试验段上游适当位置安装细金属电阻丝，在电阻丝的表面涂上甘油、煤油或石蜡油，由于油的表面张力，电阻丝表面会形成一系列的小油滴，当电阻丝通电加热时，油滴汽化变成油蒸汽，油蒸汽离开电阻丝后在常温气流中又会立即凝结为细小的油雾滴，这些油雾滴随气流流动会显示出可见的绕流形态，配置适当的光源，并在发烟点后照相，就能获得烟线的绕流图谱。烟线法流动显示技术的基本装置包括电源、烟线、发烟控制装置、高速摄像机和延时摄影控制装置等。该技术目前被广泛应用于边界层结构、旋涡流和分离流的机理研究中。

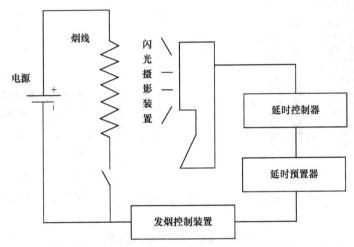

图 5.3.1　烟线法流动显示技术基本原理框图

油流法是一种用于显示分离流和旋涡流等复杂流动非常简单有效的手段，用于显示物面的流动图谱[13]。通过分析表面油流的流动图谱，可以了解流体发生分离的位置、分离方式和旋涡的形成等特点。该方法的基本原理是将带有细小示踪粒子的油剂涂在模型的表面上，要求其油膜厚度小于边界层厚度，在风洞中来流气流的作用下，油膜在边界层内做缓慢的黏性运动并形成油流谱。目前，风洞试验中常用的油流法有常规油流法和荧光油流法，两者的不同之处主要反映在配置涂层的选材、记录和涂刷方法上。常规油流法以示踪粒子为粉末染料，如氧化镁、广告颜料粉等，载体为油剂，如煤油、柴油等。油剂的黏性会影响油层在气流剪应力作用下油流轨迹线的清晰程度、形成时间及气流停止后油层保持其状态的能力，故选择油剂时需主要考虑其黏性。通常情况下，黏性小的油剂适用于低速风洞试验，黏性较大的油剂适用于跨声速和超声速风洞试验。荧光油流法是为克服常规油流法在高速风洞试验中其涂层较稠、较厚的缺点而发展的一种油流方法。该方法在油剂配置中减少了示踪粒子的加入量，因而减小了涂层稠度，示踪粒子选用的是荧光广告颜料或红、绿、蓝色的荧光粉。由于荧光油流法的图谱只有在特定的紫外光照射下才能显示出来，因此在照相或录像时必须使用紫外光源。

丝线法是在试验模型的表面检测区粘贴一簇一定长度的丝线，根据每根丝线指示所在位置的点流向，判别附体和分离流动，或显示空间集中涡[13]。丝线的粗细会影响试验过程中观察和记录的效果，因此要保证在一定距离内丝线的形态必须可以被清晰地观察或被摄像机记录。为了减小丝线刚度对流动显示结果的影响，要求丝线应具有一定的长度，以保证其较小的刚度和易弯曲变形的特点。为了避免在高速风洞中丝线的抖动导致分离区丝线大面积断裂的情况，丝线应具有足够的强度。为了避免丝线的相互缠绕，丝线之间的间隔距离应为其长度的 0.5～1.0 倍，这使得丝线法的空间分辨率较低，不能用于小尺度特征的流动显示，只适用于较大尺度特征的流动显示。根据选用材料的不同，丝线法可分为常规丝线法和荧光微丝法。常规丝线法一般采用较粗的针织纱线或缝纫线，选用高度白光碘钨灯为光源。荧光微丝法利用丝线中荧光物质的光学增亮原理，可较大程度地提高丝线的可观察性，荧光微丝只在紫外光激光的照射下才能产生荧光色，因此光源要选用连续紫外光源，如商用黑光灯。

片光流动显示技术根据在流场中某些特定的区域，其流速与周围流场的流速有显著的差异这一特点，在该区域的上游加入示踪粒子，用强光照射该区域和周围流场的某个截面。当示踪粒子流过该截面时会被照亮，速度较低的粒子在片光区内会滞留较长的时间，而速度较高的粒子滞留的时间较短，因此在某个较短的时间间隔内，截面流场中速度较低区域的示踪粒子数量密度将大于速度较高区域的粒子数量密度，出现较强的散射光。因此，根据片光截面的示踪粒子散射的光强差别可显示出流场中该截面的流速差异。片光流动显示技术不仅可以显示涡流场的稳态过程，还可以显示流场连续变化的动态过程。因此，该技术不但可用于对旋涡的产生、发展和破裂的全过程进行研究，而且可用于评估各种探针对流场的干扰程度，以确定测量结果的可信度，甚至可用于进行各种外界干扰和涡历程的动态模拟试验。片光流动显示基本试验装置如图 5.3.2 所示[13]。

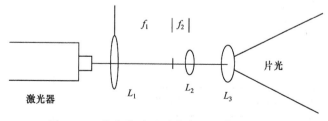

图 5.3.2　片光流动显示基本试验装置示意图

热线风速仪是将流速信号转变为电信号的一种测速仪器。其基本原理是将一根通电加热的细金属丝(热线)放在运动的气流中，金属丝和流体介质将发生热交换，热线的热量损失与流体介质的流速有关，而热量损失会导致热线的温度变化，进而引起电阻变化，即将流速信号转换为电信号，利用事先校准的电量与流速之间的关系，实现流体流速的测量。热线风速仪常用的工作模式有恒温式和恒流式两种，如图 5.3.3 所示[13]，恒温式热线风速仪供给热线的加热电流随热线电阻的变化而变化，以保持热线在工作过程中具有恒定的温度；恒流式热线风速仪保持流经热线的加热电流不变。热线风速仪具有探头尺寸小、频率响应高、测量速度范围大、测量精度高等特点，目前广泛应用于平均流动速度和方向的测量、来流脉动速度及频谱的测量、湍流中雷诺应力及两点的速度相关性和时间相关性的测量、壁面切应力的测量和流体温度的测量等领域。

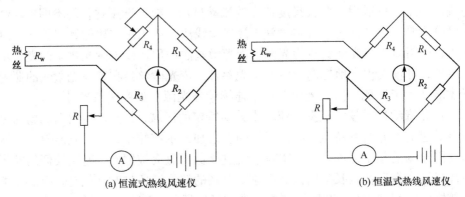

(a) 恒流式热线风速仪　　　　　　　　　　(b) 恒温式热线风速仪

图 5.3.3　热线风速仪工作原理图

　　粒子图像测速技术是一种非接触、瞬态、多点流场速度测量技术[13]。其测量原理如图 5.3.4 所示，在流场中投放示踪粒子，利用脉冲片光光源照射要检测

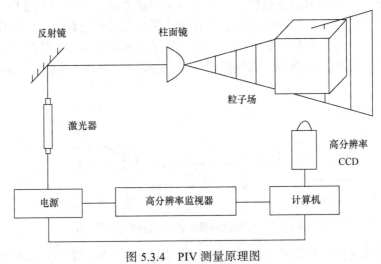

图 5.3.4　PIV 测量原理图

的流场区域，通过连续两次或多次曝光，将粒子图像记录在 CCD 相机或胶片的底片上，采用杨氏条纹法、自相关法或互相关法，逐点处理 CCD 相机或底片记录的 PIV 图像，获得流场的速度分布。

　　PIV 系统主要包括成像系统、分析显示系统及示踪粒子发生和投放系统。其中，成像系统包括激光器、片光发生装置、同步控制器和 CCD 相机；分析显示系统包括计算机、帧抓取器和图像分析软件；示踪粒子发生和投放系统包括示踪粒子发生器和示踪粒子投放装置。PIV 系统光路布置如图 5.3.5 所示。

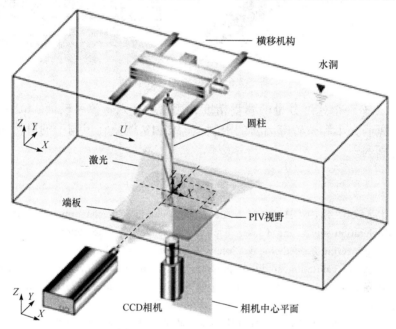

图 5.3.5　PIV 系统光路布置

　　PIV 技术因具有非接触测量、测量精度高、测速范围大、能瞬间测量某个时间的面或整个流场、可测量两相流等特点，广泛应用于风洞中的场景测量、湍流流场测量和颗粒流的研究等领域。目前，二维 PIV 技术已在湍流、分离流、喷流和非定常流的应用中取得重要成果，如图 5.3.6 所示。其中，Jet 表示射流孔，横射流直径为 4mm，射流大小 U_{Jet} 是来流 U_0 的 6 倍左右。

　　立体 PIV 技术是目前发展较为成熟的三维 PIV 技术，该技术基于立体成像原理，模仿人眼的立体视觉功能，使用两个或多个相机从不同的角度对检测区片光照亮的粒子同时进行拍摄。一次测量可以得到两幅或多幅有差别的二维速度矢量图，其中含有第三维速度分量的信息，经过计算可得到速度的每一维分量，从而实现三维测量。与二维 PIV 测量相比，三维 PIV 测量可以获得检测区域内粒子的 U、V、W 三个速度分量，粒子速度可以得到完整的描述，而且能够

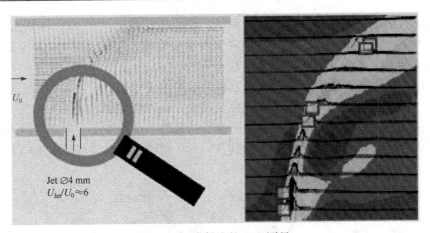

图 5.3.6 横射流的 PIV 测量

提高 U 和 V 两个速度分量的测量精度；其缺点是试验效率较低、试验成本高，同时受风洞大小和位置等因素的限制，三维 PIV 测量在风洞中的可行布局受到较大的制约。

参 考 文 献

[1] UCHIYAMA T, SHINOHARA K. System identification of mechanomyograms detected with an acceleration sensor and a laser displacement meter[C]. International Conference of the IEEE Engineering in Medicine & Biology Societ, Boston, 2011: 7131-7134.

[2] TEZUKA A. Validation study of pressure-measurement system with laser displacement sensor and film[C]. 46th AIAA Aerospace Sciences Meeting and Exhibit, Reno, 2008 (1): 272-282.

[3] GODLER I, AKAHANE A, OHNISHI K, et al. A novel rotary acceleration sensor[J]. IEEE Control Systems Magazine, 1995, 15(1): 56-60.

[4] SŁADEK J, OSTROWSKA K, KOHUT P, et al. Development of a vision based deflection measurement system and its accuracy assessment[J]. Measurement, 2013, 46(3): 1237-1249.

[5] BARANIELLO V R, CICALA M, CICALA L. An algorithm for real time estimation of the flexible UAV structural motions using a video-based system[C]. 14th International Conference on Information Fusion, Chicago, 2011: 1-8.

[6] HAMMER J T, LIUTKUS T J, SEIDT J D, et al. DIC in dynamic punch testing[J]. Dynamic Behavior of Materials, 2015(1): 27-33.

[7] LICHTER M D, UENO H, DUBOWSKY S. Vibration estimation of flexible space structures using range imaging sensors[J]. The International Journal of Robotics Research, 2006, 25(10): 1001-1012.

[8] 宋彦君. 梁式桥监测中的应变–位移转换技术及裂缝损伤识别方法研究[D]. 长春:吉林大学, 2012.

[9] CHEN J, WANG X, CAO J D, et al. Development of high-speed CCD laser displacement

sensor[J]. Optics and Precision Engineering, 2008, 16(4): 611-616.

[10] 第五强强. 无忧虑颤振试飞方法缩比验证系统研制[D]. 西安: 西北工业大学, 2018.

[11] IBRAHIM S R.An approach for reducing computational requirements in modal identification[J]. AIAA Journal, 1986, 24(10), 1725-1727.

[12] ZHANG W W, LV Z, DIWU Q Q, et al. A flutter prediction method with low cost and low risk from test data[J]. Aerospace Science and Technology, 2019, 86: 542-557.

[13] 李周复. 风洞试验手册[M]. 北京: 航空工业出版社, 2015.

[14] PERVUSHIN G E, NEVSKY L B. Composition for indicating coating: 1065452[P]. 1981-11-24.

[15] PETERSON J I, FITZGERALD R V. New technique of surface flow visualization based on oxygen quenching of fluorescence[J]. Review of Scientific Instruments, 1980, 51(5): 670-671.

[16] 张永存, 程厚梅, 张然, 等. 光学压力测量技术的应用与开发研究[C]. 中国空气动力学会第四届低跨超声速专业委员会第一次学术技术交流会, 青岛, 2001: 127-132.

[17] 陈柳生, 周强, 金熹高, 等.压力敏感涂料及其测量技术[J].航空学报, 2009, 30(12): 2435-2448.

第6章 生物运动中的非定常流动

　　飞行和游动的生物已经过若干亿年的进化,它们为了攫取食饵、逃避敌害、生殖繁衍和集群运动等生存需要,经历了漫长的环境适应和自然选择过程,形成了各具特色的在空中飞行或水中游动的非凡能力。这是当前人造飞行器和水下航行器的整体性能所无法比拟的[1],因此极大地激发了来自不同学科人员开展鱼类游动、鸟类飞行和昆虫悬停仿生研究的热情。

　　飞行和游动生物力学的研究具有重要的理论和工程应用价值。一是对它们复杂高效的飞行/游动物理机制的研究可以极大地促进相关学科的发展,并可以从中汲取设计灵感改进或设计新型运载工具;二是可以直接研制仿生机器人(扑翼飞行器、机器鱼等)用于环境监测、目标跟踪和军事侦察等。

　　仿生研究是一门以流体力学为先导的前沿学科,而生物运动的非定常流动机理是该学科的关键核心问题。以上各类生物之所以具有出色的飞行/游动能力,是由于其运动过程是一个非定常的过程,鱼类、鸟类和昆虫能够高效利用非定常流动的机理产生升力、推进力和实施机动控制。本章将详细阐述生物运动中的非定常流动机制。

6.1　昆虫飞行的非定常流体力学问题

　　昆虫是出现最早、数量最多和体积最小的飞行者。经过数亿年的漫长进化,它们现已具有令人惊叹的飞行能力,能悬停、跃升、急停、快速加速和转弯,飞行技术十分高超[2]。昆虫尺寸很小(翅长 1~50mm),翅膀相对空气的扑动速度较低,导致进行上述飞行所需要的升力系数很大。然而昆虫飞行的雷诺数却很低(10~4000)。它们是如何在如此低的雷诺数下产生高升力的,这是流体力学研究者十分关心的问题。

　　昆虫飞行时,翅膀近似在一个拍动平面内快速扑动和翻转,犹如直升机桨叶的转动。不同的是,直升机桨叶始终向一个方向转动,而昆虫的翅膀是一种往复运动,每经过半个扑动周期,方向改变一次。早期人们认为昆虫翅膀与旋翼桨叶、飞机机翼产生升力的原理一样,没有新机制的存在。然而,当研究者用定常或准定常方法计算昆虫翼的升力时,发现翅膀产生的升力远不足以平衡昆虫的重力。因而,人们逐渐认识到扑翼飞行的非定常流动效应是昆虫在低雷诺数下产生高升力的根本原因。

6.1.1　昆虫的运动形式与相似参数

如前所述,大部分昆虫的翅膀近似在一个拍动平面内往复拍动,如图6.1.1所示。小尺寸昆虫的翅膀柔性变形很小,可以近似为一个刚性板,因此翅膀的运动可以用三个欧拉角来描述:方位角ϕ、抬升角θ和几何攻角ψ(或α)。方位角的变化幅度称为拍动幅度(Φ),Φ的变化范围为$60°\sim120°$,大多数昆虫在120°左右。大部分昆虫的抬升角θ较小,一般小于10°,这也是“昆虫翅膀近似在一个平面内拍动”的原因。几何攻角α通常约为35°或者更大。不同昆虫的拍动频率(n)为$25\sim400$Hz。

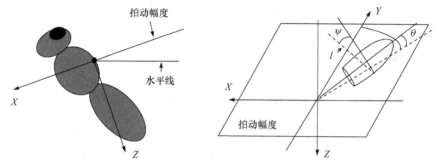

图6.1.1　昆虫翅膀拍动运动示意图

昆虫飞行具有低马赫数(Ma约为0.02)和低雷诺数($Re=10\sim4000$)的特点,流动可以近似为不可压缩层流。以翅膀弦长C为参考长度;翅膀回转半径r_2处的平均速度U为参考速度($U=2\Phi r_2 n$);上拍或下拍的周期T_h为参考时间($T_h=1/2n$),则无量纲流动控制方程为

$$\begin{cases} Sr\dfrac{\partial u}{\partial t}+u\cdot\nabla u=-\nabla p+\dfrac{1}{Re}\nabla^2 u \\ \nabla\cdot u=0 \end{cases} \tag{6.1.1}$$

其中,雷诺数$Re=CU/v=2\Phi r_2 nC/v$;斯特劳哈尔数$Sr=C/(UT_h)=C/(\Phi r_2)$;v为运动黏性系数。

因为r_2和C均正比于翅膀长度R,所以Re正比于n和R^2。如前所述,不同昆虫的拍动频率n为$25\sim400$Hz,R为$0.5\sim50$mm,故Re为$10\sim4000$(对于极小的昆虫,Re甚至小于10)。由定义可知,Sr与拍动频率无关,反比于Φ和r_2/C,它是描述翅翼运动的一个重要无量纲参数。大量试验研究表明,扑动翼型的最佳推进效率在$0.2<Sr<0.4$内取得[3-5]。Taylor等[6]通过试验研究证实大多数昆虫、鸟类和蝙蝠巡航飞行时的斯特劳哈尔数也在上述很窄的范围之内,图6.1.2总结了常见飞行和游动生物在巡航状态下的Sr数。此外,如果昆虫具

有前飞速度V_∞,那么还需定义表征飞行速度与翅膀拍动平均速度之比的无量纲参数前进比$J = V_\infty / U$。

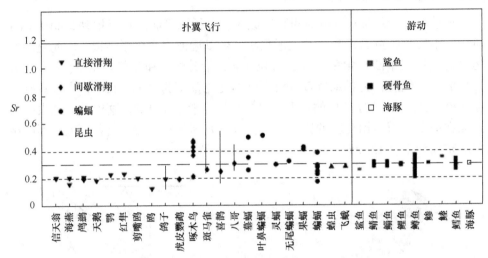

图 6.1.2　常见飞行和游动生物在巡航状态下的 Sr 数

由于 Sr 为常数,方程(6.1.1)中的无量纲参数只有 Re。这说明几何相似和拍动运动相似的昆虫,无论尺寸大小,拍动频率如何,只要 Re 相同,气动力系数便相同。这给人们的研究带来了很大方便,从基于某一代表性昆虫的研究可推广至其他昆虫。同时也说明,尺寸大小和拍动频率不同的昆虫产生气动力的机理相同。

6.1.2　昆虫飞行高升力的产生机理

从 20 世纪定常流体力学的完整理论,到非定常流体力学,其研究对象均为高Re下的大型物体。对于小型昆虫在高频拍动下飞行的低Re强非定常流动问题,现有的理论已经不足以解释。早期研究者通过试验测得昆虫的运动学参数,如拍动频率、方位角和拍动幅度等,然后计算出翅膀的运动速度,并将翅膀放置于风洞定常来流中,测得相应的气动力。结果表明,上述定常条件下测得的升力远不足以平衡昆虫的重力,否定了昆虫采用定常流模式产生升力这一想法。此后,人们开始具体研究昆虫的非定常流动过程与机理,目前已得到比较好的解释。

Ellington[7]利用风洞试验开展了鹰蛾拍翼运动的流动显示工作,并给出了高清晰度的三维流谱,如图 6.1.3。可以发现拍动翅膀上的前缘涡在整个拍动过程中都不脱落,即动态失速的高升力可在平动过程中得以保持,这一重要机制被称为“不失速机制”,并得到后续试验和数值计算的证实。Ellington 在观测到前缘涡的同时,还观察到从翅根到翅尖的轴向流,他们认为是该轴向流将涡量输送到翅尖而流入下游，避免了涡量增大导致的涡脱落现象，从而能够使前缘涡一直稳定在翅膀前缘。然而 Birch 等[8]通过果蝇的模型翼试验，发现当 $Re=120$ 时几乎无轴向流，而当 $Re=1400$ 时有很强的轴向流。因而他们认为当 Re 不同时，前缘涡稳定的原因可能不同：在低 Re 的情况下可能是翼尖涡的下洗作用减小了翅膀的有效攻角而使得前缘涡不脱离；而在高 Re 的情况下轴向流的涡量输运可能起到主要的作用。Wojcik 等[9]定量地分析了前缘涡中的涡量输运，研究结果表明轴向流作用远远不足以完成所需的涡量输入。他们认为，前缘涡的诱导作用使得翅膀附近产生了二次涡，其反向涡量与前缘涡抵消，是前缘涡稳定的原因。总而言之，对于前缘涡稳定的原因，学术界还存在争议，需要进一步地系统研究。

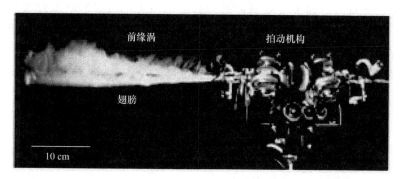

图 6.1.3　鹰蛾翅膀模型拍动运动时的前缘涡

"不失速机制"在翅膀上拍和下扑的"平动"过程中为翅膀提供高升力。Dickinson 等[10]通过果蝇模型翼试验的气动力测量，发现翅膀在拍动开始和拍动结束的翻转过程中也会产生高升力。Sun 等[11]通过数值模拟方法得到了更精细的流场结构，更好地解释了气动力成因：起始阶段的升力峰值是翅膀快速加速运动产生的，称为快速加速机制；而结束阶段的高升力是仍然在"平动"的翅膀快速上仰产生的，称为快速上仰机制。快速加速机制和快速上仰机制都是通过使翅膀不同部分在短时间内产生方向不同的强涡层，即很大的涡量矩变化率，从而产生高升力。

上述三种高升力机制是针对尺寸较大昆虫(Re 在 100 以上)的数值和试验结果得到的结论。对于微小昆虫，Re 非常小。例如，我国的台湾小黄蜂，翅长只有 0.6mm，Re 为 10～20。在如此低的 Re 下，因黏性作用太大，前缘涡很弱，不失速机制提供的升力很小，已不能平衡昆虫质量，如图 6.1.4 所示。Weis-Fogh[12]于 1973 年研究发现，该昆虫的拍动运动方式与一般昆虫有不同之处，在每一次下拍前两翅会在背部"合拢"，然后快速"打开"。进一步的理论分析和试验研究表明，这一运动可产生很大的非定常升力，被称为 Weis-Fogh

机制。数值模拟研究结果表明，翅膀在打开时会在前缘附近形成前缘涡，并与翅端涡相连接，形成一个涡环；合拢时也有类似过程，如图 6.1.5。短时间内产生的涡环对应着很大的动量变化率，即高升力。图 6.1.6 给出了我国台湾小黄蜂拍翼一个周期中的升力系数随时间变化的规律，其平均升力可以平衡昆虫的重力。可以看出在"打开"和"合拢"阶段各有一个大升力峰值，此二升力峰对平均升力的贡献约为 32%。由此可知，类似于我国台湾小黄蜂的微小昆虫为了克服极低 Re 下的黏性效应，采用了两种机制："合拢"和"打开"产生的瞬态高升力(即 Weis-Fogh 机制)与拍翼运动产生的非定常高升力(与大尺寸高 Re 飞行的昆虫产生高升力的机制相同)。需要指出的是，理想的"合拢-打开"运动需要克服的阻力较大，约为该运动所能产生升力的 6~10 倍，不利于昆虫的高效飞行。北京航空航天大学孙茂教授领导的研究小组通过实验观测和数值仿真发现，在实际飞行中，昆虫的两个翅膀往往不会完全合拢，而是保留一定的间隙，从而大幅减小"合拢-打开"过程所需要克服的阻力[13-14]。

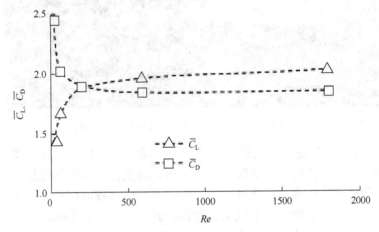

图 6.1.4　Re 对拍翼运动的平均升力和阻力系数的影响

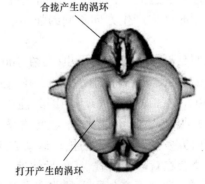

图 6.1.5　打开和合拢阶段的等涡量云图(俯视)

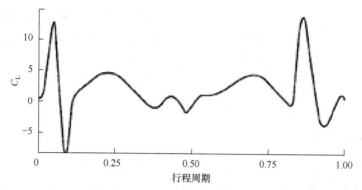

图 6.1.6　我国台湾小黄蜂拍翼一个周期中的升力系数随时间变化的规律

6.1.3　机动飞行

昆虫除了能够稳定地悬停外,还具有高超的机动飞行能力,它们能够急停、快速加速、快速转弯、起飞和着陆等。由于机动飞行的复杂性及强非定常流动效应,关于昆虫机动飞行机理方向,目前的研究还处于运动学观测阶段,对其中机理的分析很少。人们不禁猜想昆虫机动飞行中是否存在新的气动力机制。

2003 年, Wang 等[15]研究了蜻蜓前飞的快速转弯,研究发现急速勒马式(saccade)机动(悬停飞行中快速转向 90°)和前飞中快速转弯中,通过略微增大一侧翅膀的气动力同时减小另一侧翅膀的气动力,会产生较大力矩,实现机动飞行。此外,研究表明蜂蝇的起飞比较缓慢,升力只略微大于重力;果蝇的起飞十分快,但是其加速力大部分来自腿部的弹跳,无须翅膀提供高升力。以上机动飞行主要涉及变向和起飞,且结果表明这些机动飞行中并没有新的高升力机制。对于快速加速、急停、跃升等快速改变运动速度的机动飞行,目前还没有相关研究,是否有新的高升力机理还有待考察。

6.2　鸟类飞行的非定常流体力学问题

地球上飞行鸟类有 9000 多种。这些翱翔于空中的飞鸟依靠自身的主被动变形促使周围的空气反作用于自身,从而产生平衡重力的升力、前飞或机动飞行所需要的驱动力。相对于水中游动的鱼类主要考虑水产生的驱动力,飞行鸟类还需要考虑产生足够的升力来平衡重力,因而其飞行模式和非定常流动机理也更加复杂。飞行生物都是靠翅膀的运动产生动力,然而不同物种又各有自身的特色,如翅膀结构、形状和运动模式不尽相同。因而研究中需要找出其中的共性,也要注重它们的区别。

鸟类飞行的高效性和灵活性是人造飞行器无法比拟的[16]。例如,从移动速度来看，超声速飞行器"黑鸟"SR-71 的飞行速度大约为每秒 32 倍机身长度；而鸽子的飞行速度能达到每秒 75 倍身长，欧洲椋鸟的飞行速度更是能达到惊人的每秒 120 倍身长。从滚转角速度来说，飞机高空特技飞行的滚转角速度，如 A-4"天鹰"攻击机，接近 720°/s，而家燕的最大滚转角速度超过了 5000°/s，其飞行机理的研究对研制微型飞行器具有重要的启示意义。

6.2.1 鸟类的主要飞行模式

鸟类可以通过调整身体姿态，根据不同的飞行目的改变飞行高度和速度。按不同的飞行阶段，鸟类的飞行可分为起飞、空中飞行和降落等。空中飞行按照翅膀的状态和飞行的速度还可以进一步分为扑翼直飞、扑翼悬停和滑翔。其中滑翔是最简单的飞行模式，飞行中翅膀姿态基本不变，相对来流以适当攻角向前运动，从而在翅膀上产生升力。除滑翔之外，其他飞行模式都是依靠翅膀的不停拍动来完成飞行。翅膀周期性地上下拍动以及由此产生的非定常流体动力学特性，使得扑翼飞行要复杂得多。

鸟类最重要，也是受到关注最多的飞行模式是扑翼直飞。鸟类在追踪猎物、逃避敌害和长途迁徙时主要以这种模式飞行。在该飞行模式下，主要依靠扑翼产生升力和推力，平衡重力和空气阻力实现时均定值平飞。影响这种飞行模式的一个重要参数是减缩频率，定义如下：

$$k = \frac{\omega C}{2U} \tag{6.2.1}$$

其中，ω、C 和 U 分别为翅膀扑动的角速度、特征弦长和前飞速度。减缩频率是表征翅膀扑动平均速度与向前飞行速度的比值，该值越大表征鸟类飞行的非定常特征越强。飞行中的时均升力和时均推力由减缩频率决定，然而不同时刻翅膀的运动对于气动力的生成作用也不同。这里引入翅膀相对流体的运动速度 U_r，以更好地理解气动力的瞬时特征，定义如下：

$$U_r = U + U_f + w_i \tag{6.2.2}$$

其中，U_f 为翅膀扑动速度；w_i 为下洗速度。翅膀相对流体的运动速度 U_r 决定了作用于翅膀上瞬时空气动力的大小。当鸟的飞行速度较高时，下洗速度相对较小，可以忽略不计。翼展较大的鸟，U_f 也会很大，其决定着 U_r 的大小和方向。

鸟类主要靠翅膀的下拍过程产生升力，在此过程中，翅膀靠近躯干的部位产生阻力，而外侧靠近翼尖的部位产生前飞的驱动力。翅膀在下拍的同时，通过扭转获得最优相对速度。扑动前飞时，鸟类主要通过改变翅膀的运动规律来调整飞行速度。

图 6.2.1 给出了扑动飞行生物的雷诺数、扑动频率和翅膀身体质量比的关

系[17]。可以看出，在从大型鸟类到微小昆虫的变化过程中，由于飞行生物的尺寸逐渐减小，雷诺数相应地逐渐降低，然而扑动频率却逐渐增大。鸟类以平飞为主要飞行方式，扑动频率为 10～20Hz，升力主要靠前飞速度产生。由于其扑动频率较低，翅膀身体质量比高，使得气动、结构与飞行力学的耦合关系较强。昆虫的飞行模式以悬停为主，扑动频率在 20～600Hz，飞行的升力主要靠翅膀的纯扑动产生；其扑动频率较高，翅膀身体质量很小，因而机体受扑动的影响较小，气动、结构和飞行力学间耦合不突出，飞行过程中不易发生振动。

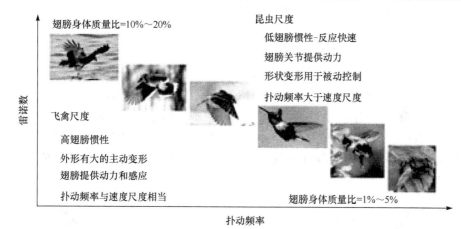

图 6.2.1　扑动飞行生物的雷诺数、扑动频率和翅膀身体质量比的关系

6.2.2　鸟类飞行的主要研究方法

　　早在 19 世纪 20 年代，当计算机还没问世之前，流体力学专家们便开始研究扑翼飞行的动力学问题。他们基于势流理论发展了一系列振荡翼型的理论分析模型，极大地加深了人们对扑翼飞行机理的认识。Wagner[18]首先提出了基于线性理论的积分模型，准确描述了启动涡的演化过程。Lighthill[19]发展了鸟类飞行振荡翼型的势流分析方法。Wu[20]提出了二维振荡翼型的非线性非定常升力线理论。Hou 等[21]进一步将非线性非定常升力线理论方法推广至三维柔性翼的流体动力学分析。他们的研究结果表明，理论模化方法时至今日仍然具有强大的生命力。

　　鸟类的飞行具有强烈的非定常特征，包括大尺度的涡结构、复杂的扑翼运动形式等。已有研究表明，定常气动力理论无法解释生物飞行中升力的形成机理，准定常模型可以在一定程度上有效地估计出飞行所需要的升力。然而，要深入研究鸟类飞行的非定常流动机理，还得采用试验测量和数值模拟手段。试验研究能够真实地再现飞行生物在自然环境中的运动状态，但是也有很大的局限性。一方面，在当前的试验条件下难以测量空气的流场，无法得到详细的流场参数；另一方面，让翼型按给定的运动形式运动十分困难，需要很强的结构和机械设计技巧。

随着计算科学的进步，数值模拟为鸟类飞行的流体力学研究提供了强大的工具，研究者更容易设定翼或鸟的运动规律，可以得到流场的详细数据，从而有利于进行动力学分析。当然，数值模拟也有其局限性，如其求解精度还有待提高，可靠性还需要加以检验；另外对于鸟类自主飞行的动边界问题处理方法还需要进一步研究。因而，需要将理论模型、数值模拟和试验研究相结合，才能逐步实现对鸟类飞行机理的探索和认识。

6.2.3　鸟类飞行的非定常流动机理

鸟类飞行主要通过翅膀的扑动产生动力。图 6.2.2 为一只白鹤飞越威尼斯海岸，翅膀一个周期的扑动历程，可以看出它仅需在竖直方向拍动翅膀，便能轻松向前飞行。与昆虫主要采用不失速机制来产生高升力不同，鸟类主要靠身体上下表面的压差提供升力，羽毛的结构可以保证流动在很大迎角的情况下不发生分离。此外，鸟类还可以通过调整翅膀的形状和运动规律，利用有利气流提高飞行效果。

图 6.2.2　白鹤飞行过程中翅膀一个周期的扑动历程

Knoller 和 Betz 最早在 1909 年发现，二维翼型在扑动过程中可以同时产生升力和推力，这一现象也被称为 Knoller-Betz 效应[22-23]。Von Karman 等[24]首次指出扑翼产生阻力或推力与尾涡的形态相关，阻力和推力分别对应于卡门涡街和反卡门涡街，如图 6.2.3 所示。Vandenberghe 等[25-26]对此进行了验证，他们设计了一个精巧的试验装置，将"仅凭上下拍动翅膀，是否能向前飞"问题转化为"杆上下运动，平板能否旋转"问题，如图 6.2.4 所示。他们发现，随着杆上下运动，平板确实会朝前运动，就像旋转木马一样，且随着拍动频率的增加，平板的运动速度在一定范围内线性增大。该现象的内在物理机制：平板上下运动时，流动对称性破坏，发生失稳，在一侧形成反卡门涡街，从而诱发一个作用于平板的反作用力，导致其向前飞行。图 6.2.5 为平板上下扑动时尾迹形成的反卡门涡街。

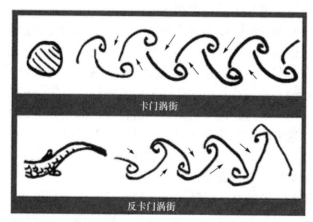

图 6.2.3　静止柱体和鱼游动时的尾迹示意图

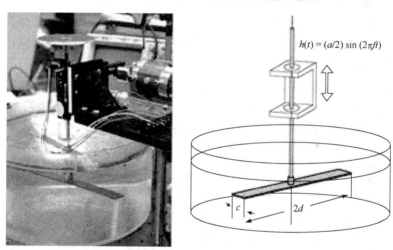

图 6.2.4　自由运动平板在水中上下扑动的试验装置

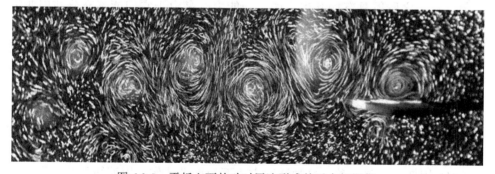

图 6.2.5　平板上下扑动时尾迹形成的反卡门涡街

如前所述，鸟类飞行的升力和驱动力主要取决于减缩频率。在向前慢速飞行时，翅膀的减缩频率和拍动幅度很大，产生非定常不稳定流场。由升力线理论可知，翅膀上的附着涡强度与升力有关，且尾涡和附着涡强度相当。在翅膀下拍的开始或结束阶段，翅膀的拍动方向会发生转变，同时附着涡也流向尾缘并与尾涡合并在一起，最后形成涡环从翅膀上脱落。在向前快速飞行时，翅膀的减缩频率和拍动幅度较小，在紧随翼尖后的尾流中出现一对连续起伏的涡管或线涡。在快速飞行且翅膀向上扬起时，翅膀外侧部分会由于适应来流和减小阻力折叠起来，这时只有靠近躯干部分的翅膀产生升力。

鸟类在扑动前飞的过程中，主要通过翅膀的扑动产生推力。拍动翅膀获得的驱动力主要分为以下三个部分。

(1) 局部射流反作用力：翅膀在特定运动参数下往复拍动时，会在尾迹产生反卡门涡街，进而在尾部诱导出局部射流，该局部射流的反作用力提供了鸟类飞行的主要推力。

(2) 惯性力：当翅膀在流体的运动中具有加速度时，会由于改变周围流体的动量而获得反作用力，称为附加质量效应，是一种惯性力，其沿向前方向的分量构成了推力的一部分。

(3) 前缘吸力：当流体流过曲率很大的翅膀前缘和头部时，局部流速增大，会形成低压区，从而产生前缘吸力；另外，当翅膀有效攻角较大时，还会在前缘形成前缘涡，诱导出一个低压区，也会提供一部分推力。

6.3　鱼类游动的非定常流体力学问题

鱼类广泛生活于地球上的所有水域，从河流、湖泊到海洋都有鱼类的身影，迄今为止已经发现了24000多种鱼类。经过长期的自然进化选择，鱼类发展出了独特非凡又十分高效的游动能力，如能够小半径快速转弯、快速启动等。鱼类之所以具有如此出色的游动能力，是由于它们能够充分利用非定常流动的机理产生推进力，以及实施机动控制。目前，人类对非定常流体力学的机理认识还不是很成熟，人造水下运载工具还远没有达到运用非定常流动机理的阶段[27-28]。因此，深入研究海洋高效巡游鱼类的推进机理具有重要的理论和工程实际意义。

6.3.1　鱼类的主要游动模式

鱼类游动过程中的运动方式按时间变化特征可分为以下两种。

(1) 周期性定常巡游：这种游动方式下的推进动作是周期往复的，是鱼类以接近恒定速度长距离游动时主要采用的游动方式。

(2) 瞬时性机动游动：包括快速启动、逃跑和转弯等，其特点是持续时间很短，通常在鱼类躲避敌害和捕捉食物时采用。

当前，流体力学研究人员多以研究周期性定常巡游为主，而对瞬时性机动游动的关注较少。但是鱼类独特非凡的水下游动能力正是体现在瞬时游动之中，因而将来应着重攻关鱼类瞬时游动的相关流体动力学机理。

按照产生推力方式的不同，鱼类游动方式又可以分为身体/尾鳍(body and/or caudal fin, BCF)推进模式和中间鳍/对鳍(median and/or paired fins, MPF)推进模式。BCF 推进模式通过将身体弯成一列传向尾鳍的推进波来产生推力；MPF 推进模式是通过身体中部的鳍来产生推力。鱼身上主要的鳍及其分布位置如图 6.3.1 所示。大部分鱼类采用 BCF 推进模式作为基本的推进方式，同时采用 MPF 推进模式作为机动游动方式。

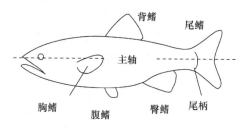

图 6.3.1　鱼身上主要的鳍及其分布位置

6.3.2　鱼类游动的主要研究方法

英国生物学家 Gray[29]在 1936 年的研究表明，一个自主游动的海豚以 15～20mile/h 速度游动时克服阻力做的功，是一个以相同速度被拖拽的刚性海豚模型的 1/7。该研究的一个重要启示是海豚必然存在着很重要的减阻机制有待揭示，人们将海豚减阻之谜推广至整个鱼类，称为 Gray 疑题。围绕 Gray 疑题，很多学者开展了相关证明或质疑研究，将生物游动的研究推向了一个高峰。

鱼类游动的主要研究方法包括试验观测、数值模拟和理论模化(theoretical modeling)。三者相互配合，不断推进人们对鱼类游动机理的认识。Lighthill 和吴耀祖在理论模化方面开展了奠基性的工作。Lighthill[30-32]运用细长体理论研究了小振幅细长体水生生物的游动规律，并将其推广应用于大振幅细长体鱼类的游动研究之中。Wu[20]进一步提出了二维波动板理论。以上两种理论都是基于势流理论和小扰动线性边界条件。以 Lighthill 的细长体理论为例，其核心思想认为鱼体是细长的，且鱼体在纵向(x 轴方向)的变形较横向平缓(z 轴方向)，在 y 向不变形。这样，细长体理论假定鱼体横向运动引起的流动在 y-z 平面近似是二维的，进而可以得到单位长度上的横向流体力为

$$L = -\left(\frac{\partial}{\partial t} + U\frac{\partial}{\partial x}\right)\left[a\left(\frac{\partial h}{\partial t} + U\frac{\partial h}{\partial x}\right)\right] \tag{6.3.1}$$

其中，U 为鱼体游动速度；a 为单位长度的局部附加质量；h 为鱼体脊柱在 x 站位处的横向位移。如果进一步假定鱼体游动产生的涡从身体收缩处脱落，则方程可简化为

$$L = -a\left(\frac{\partial h}{\partial t} + U\frac{\partial h}{\partial x}\right)^2 h \tag{6.3.2}$$

Candelier 等[33]将 Lighthill 的细长体理论推广到了三维，并与数值模拟的结果进行了对比，取得了较好的结果，如图 6.3.2 为鱼体游动三维坐标示意图。理论模化是一种传统的方法，其特点是抓住问题的主要特征，从复杂现象中抽象出简化模型，并借助数学表述做出分析，揭示鱼体自主游动的内在机理和规律。Wu 等[20]的研究表明理论模化至今仍然具有强大的生命力。

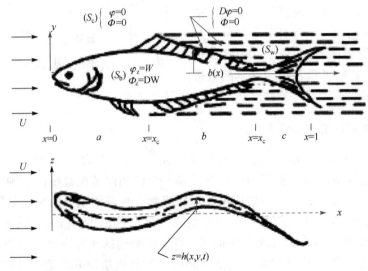

图 6.3.2　鱼体游动三维坐标示意图

然而，鱼类的游动性能与周围的非定常流动密切相关。鱼类正是由于充分利用了这种非定常流动机理，才能够具有如此高效非凡的游动能力。因而必须深入分析鱼类游动时周围的流场，尤其是定量分析三维涡结构的形成演化机制，以及其对鱼类推进效率和机动控制的影响，才有可能揭示鱼类高效游动的机制，这要借助先进的试验手段或数值模拟技术。

鱼类游动的试验研究可以为理论建模、数值模拟和水生生物运动仿生技术提供关键的参数和依据，以及检验理论模型和仿真结果的正确性和可靠性。试验观测可以分为运动学观测和动力学观测：前者是测定运动活体的身体形态和运动模式；后者主要是测定活体及其周围流场，得到流体作用于鱼体的力。借

助粒子图像测速法等流动显示技术，很多学者观测到鱼游尾迹呈现反卡门涡街流动形式，并分析了尾迹能量的组成分布情况。研究表明，鱼类能够主动控制尾迹旋涡而具有较高的游动效率。然而，因为鱼游动时的推力和阻力难以区分，鱼体肌肉做功和能量代谢的机制目前还不清楚，所以鱼游动的能耗和游动效率还很难评价。因而鱼类游动试验的一个发展趋势是力学和生物学相互结合，集运动学观测、流体动力学测量和生物能量代谢为一体，鱼类游动试验将为最终解析鱼类游动能量利用的机理提供有效途径。

随着计算机和计算技术的快速发展，数值模拟为研究生物流动提供了强大工具。相比于鱼类游动试验研究，数值模拟能够提供更加精细的流场结构，更容易分析涡的产生和演化过程，定量分析各种鱼类不同运动方式的游动行为。鱼类运动的数值模拟最初主要通过水翼或者拍动平板的简单运动，如沉浮和俯仰等，来模拟鱼鳍的运动。数值模拟的一个难点是如何考虑鱼体在运动过程中的变形问题。水生生物是柔性的而不是刚性的，在游动过程中既有主动运动变形，也有流体力和惯性力作用下的被动变形，前者和后者很难区分。一个比较好的办法是通过运动学试验测量，获得鱼类在各种运动形式下的运动参数。然后，采用数值模拟方法模拟相应运动形式下鱼体的推进机理和游动效率。近年来，随着浸没边界法等高效动边界技术的发展，鱼类的自主游动研究逐渐成为热点。鱼类在游动过程中，鱼体和周围流体相互作用，需要综合考虑流体力学方程、生物运动方程和结构本构方程，即实现鱼类的自主游动，才能更加接近生物运动的真实情况。随着计算技术的快速发展和生物实验数据的不断丰富，鱼类游动的数值模拟最终将向流体力学、运动控制和生物机能相耦合的方向发展。

6.3.3　鱼类游动的非定常流动机理

1. 鱼类巡游的流体动力学特性

鱼类游动具有很高的效率，有些鱼类还可以达到极快的游动速度。许多研究者开始关注鱼类的推进机理。一直以来，学术界主要研究的是鱼类的时均定常游动。这主要是由于瞬时运动的试验很难设计、重复和验证。

早期，流体力学学者们主要采用理论模化方法研究鱼类游动的流体动力问题。例如，Lighthill[30-32]在 20 世纪 60～70 年代应用二维无黏定常势流理论建立了细长体理论，分析了细长型鱼类的运动模式，同时发展了二维非定常刚性平板翼理论，研究了月牙尾的推进运动；Wu[20]进一步提出了二维波动板理论，分析了扁平月牙尾鱼类游动及其优化方式。20 世纪 80 年代中后期，国内学者童秉纲等[1]建立了一种半解析、半数值的三维波动板理论，研究了鱼类游动的多种模式，给出了定量的三维描述，并揭示了鱼类外形演化与游动方式之间的适应关系。

　　势流理论虽然能够定性描述鱼类游动的流体动力特性，但是由于没有考虑流体的黏性效应，且仅仅适用于小变形情形，具有很大的局限性。首先，势流理论无法描述翼前缘的流动分离效应。其次，该理论假定尾迹的形状是固定的，随着流动以相同的速度向下游传播，而尾迹的动力学特征决定了主要结构的频率和波长。最后，在细长体理论中，流动在横向平面(y-z 平面)被假定是二维的，但流动显示试验结果表明，流动在不同横截面有明显差异，在经向平面(x-y 平面)内是二维的，且流动还与摆动相位有关，这与细长体理论中的假设完全相反。若要详细了解鱼游的三维流场特征，必须借助数值模拟和鱼游试验。

　　很多学者通过试验观测和数值模拟发现鱼类通过控制身体摆动，在尾迹处形成了反卡门涡街流动，如图 6.3.3 所示。这种尾迹形式形成了局部射流，为鱼类游动提供了推力。鱼类对旋涡的控制过程如下：鱼身体的运动类似于一列行波，沿着身体向下游传播，同时身体运动产生的附着涡也向下游传播；随着身体摆动幅度的增大，附着涡的强度也增大，最终在肉柄处(鱼体横截面最小处)脱落；三维结构的脱涡进一步与鱼的尾部相互作用形成反卡门涡街，从而引导射流。

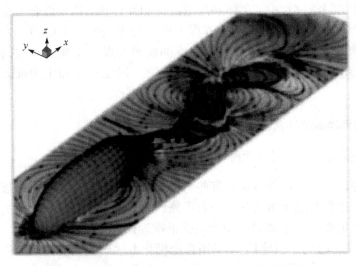

图 6.3.3　机器鱼直线游动时在 x-y 平面的尾迹

　　振荡翼型的动力学特征分析为鱼类游动的流体动力特性分析奠定了良好基础。以一定速度向前运动的翼型，在适当的参数下，沉浮和俯仰运动的有效组合可产生推力，尾迹呈现局部射流。二维流动研究显示翼型下游的流动是波状的，每个振荡周期内会在尾迹形成两个或四个大尺度的涡，而具有高推进效率的翼型在每个周期内，其尾迹通常是两个交错排列的涡，类似于反卡门涡街形式。表征翼型非定常振荡的最重要参数是 Strouhal 数，定义为

$$Sr = \frac{fA}{U} \tag{6.3.3}$$

其中，f 为翼型振荡的频率；A 为尾迹的宽度(常取为翼型尾缘的水平位移)；U 为向前游动的速度。Strouhal 数反映了尾流的动力学特性。Triantafyllou 等的研究结果表明，当翼型的振荡频率和尾迹的动力学特征一致时，推进效率最高。由于尾迹宽度事先不可知，通常用尾迹的水平运动位移来定义 Strouhal 数。

此外，翼型振荡的有效攻角也对翼型振动产生的推力和推进效率有重要影响，其定义为翼型振荡的俯仰角与沉浮运动引起的攻角之和：

$$\alpha(t) = \theta(t) - \tan^{-1}\left[\frac{1}{U_\infty}\frac{dh(t)}{dt}\right] \tag{6.3.4}$$

其中，α 为有效攻角；h 为沉浮振动位移；θ 为俯仰角。当有效攻角较大时，流动在翼型前缘分离，形成前缘涡，从而引起动态失速。6.1 节的研究表明，前缘涡能有效提高运动翼型的升力，而 Anderson 等[4]研究发现前缘涡还与高推进效率有关。综上所述，使得振荡翼型具有高推进效率的条件如下：

(1) 摆动的振幅与翼型的弦长相当；

(2) 有效攻角适中，约为 20°时较好；

(3) Sr 满足形成反卡门涡街尾迹流动的条件。

2. 鱼类机动游动机制

鱼类具有出色的机动游动能力，如快速启动、快速加速和转弯等。梭鱼的最大加速度能超过 150m/s²，鱼体先弯曲成 C 型或 S 型，然后以行波形式快速展开。研究表明，涡的形成和控制在鱼类机动游动中起到了重要作用。Ahlborn 等[34-35]通过试验研究了鱼的尾鳍在一个摆动周期内产生的流场，每半个摆动周期脱落一个旋涡，最终形成反卡门涡街，从而产生推力。两次摆动之间存在的时间延迟有利于增大推力，这主要是由于时间延迟可以使涡得到适当的增长。

Anderson 等[4]和 Wolfgang 等[36]分别通过试验和数值模拟研究了巨型达尼奥斯鱼(Giant Danio)周围的流场。图 6.3.4 给出了 Giant Danio 在做 60°机动转弯时分别通过数字 PIV 测量和数值模拟得到流场图对比，可以看出两者的结果具有较好的一致性。图 6.3.5 展示了鱼体 C 型转弯的过程。从图中可以看出，在机动游动的起始时刻，C 型转弯导致在鱼体附近的流场形成两个相对独立的涡环，一个在鱼体的头部，一个在鱼体的尾部，且方向相反。然后鱼的尾部向鱼体左侧移动，逆时针的涡向尾部移动，并在肉柄区脱落。该脱落方式与巡游状

态下的涡脱落方式基本一致，但是脱落的涡具有更高的强度。之后，脱落涡到达尾鳍处，并与尾缘脱落涡相互作用，最终流向尾迹。紧接着，尾部开始向鱼体的右侧摆动，处于头部附近的顺时针涡开始向后移动，最终脱落进入尾迹，与先前的逆时针脱落涡形成反卡门涡对。由上述分析可见，C 型转弯是通过产生一个较强的涡对，诱导流动形成局部射流。机动转弯时的涡强度比时均定常游动时的尾涡强度高 42%，涡对提供了改变鱼体动量所需的力。

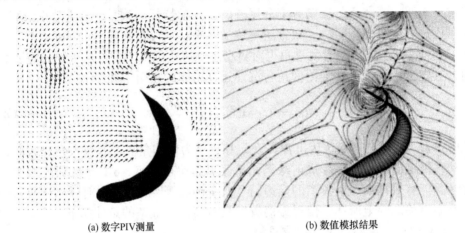

(a) 数字PIV测量　　　　　　　　　　　　　　(b) 数值模拟结果

图 6.3.4　Giant Danio 在做 60° 转弯时的流动显示图

图 6.3.5　鱼体 C 型转弯的过程示意图

　　鱼体快速转弯过程中形成的涡对很大程度上是由鱼体躯干产生，鱼体躯干产生的涡经过尾鳍控制与尾缘的涡相互作用形成两个精确控制的涡。涡的形成、脱落和调整的时机是鱼进行高效机动游动的关键。此外流动显示结果表明，该过程没有其他涡脱落过程，即没有明显的流动分离，因此也没有分离阻力。通过以上研究结果可知：鱼通过身体的弯曲快速产生一个涡对，并利用尾部对其进行控制，且该过程不产生分离阻力，从而使得鱼具有出色的机动游动能力。

参 考 文 献

[1] 童秉纲, 陆夕云. 关于飞行和游动的生物力学研究[J]. 力学进展, 2004, 34(1): 1-8.

[2] 孙茂. 昆虫飞行的空气动力学[J]. 力学进展, 2015, 45(1): 1-28.

[3] TRIANTAFYLLOU M S, TRIANTAFYLLOU G S, YUE D K P. Hydrodynamics of fishlike swimming[J]. Annual Review of Fluid Mechanics, 2000, 32(1): 33-53.

[4] ANDERSON J M, STREITLIEN K, BARRETT D S, et al. Oscillating foils of high propulsive efficiency[J]. Journal of Fluid Mechanics, 1998, 360: 41-72.

[5] WANG Z J. Vortex shedding and frequency selection in flapping flight[J]. Journal of Fluid Mechanics, 2000, 410: 323-341.

[6] TAYLOR G K, NUDDS R L, THOMAS A L R. Flying and swimming animals cruise at a Strouhal number tuned for high power efficiency[J]. Nature, 2003, 425(6959): 707-711.

[7] ELLINGTON C P. The novel aerodynamics of insect flight: Applications to micro-air vehicles[J]. Journal of Experimental Biology, 1999, 202(23): 3439-3448.

[8] BIRCH J M, DICKSON W B, Dickinson M H. Force production and flow structure of the leading edge vortex on flapping wings at high and low Reynolds numbers[J]. Journal of Experimental Biology, 2004, 207(7): 1063-1072.

[9] WOJCIK C J, BUCHHOLZ J H J. Vorticity transport in the leading-edge vortex on a rotating blade[J]. Journal of Fluid Mechanics, 2014, 743: 249-261.

[10] DICKINSON M H, LEHMANN F O, SANE S P. Wing rotation and the aerodynamic basis of insect flight[J]. Science, 1999, 284(5422): 1954-1960.

[11] SUN M, TANG J. Unsteady aerodynamic force generation by a model fruit fly wing in flapping motion[J]. Journal of Experimental Biology, 2002, 205(1): 55-70.

[12] WEIS-FOGH T. Quick estimates of flight fitness in hovering animals, including novel mechanisms for lift production[J]. Journal of Experimental Biology, 1973, 59(1): 169-230.

[13] CHENG X , SUN M . Very small insects use novel wing flapping and drag principle to generate the weight-supporting vertical force[J]. Journal of Fluid Mechanics, 2018,855:646-670.

[14] CHENG X , SUN M . Revisiting the clap-and-fling mechanism in small wasp Encarsia formosa using quantitative measurements of the wing motion[J]. Physics of Fluids, 2019, 31(10):101903.

[15] WANG H, ZENG L, LIU H, et al. Measuring wing kinematics, flight trajectory and body attitude during forward flight and turning maneuvers in dragonflies[J]. Journal of Experimental Biology, 2003, 206(4): 745-757.

[16] 朱霖霖. 仿生鸟自主飞行的数值模拟与控制[D]. 大连: 大连理工大学, 2016.

[17] SHYY W, KANG C, CHIRARATTANANON P, et al. Aerodynamics, sensing and control of insect-scale flapping-wing flight[J]. Proceedings of the Royal Society A: Mathematical, Physical and Engineering Sciences, 2016, 472(2186): 20150712.

[18] WAGNER H. Über die Entstehung des dynamischen Auftriebes von Tragflügeln[J]. ZAMM- Journal of Applied Mathematics and Mechanics/Zeitschrift für Angewandte Mathematik und Mechanik, 1925, 5(1): 17-35.

[19] LIGHTHILL M. Hydromechanics of aquatic animal propulsion[J]. Annual Review of Fluid Mechanics,1969, 1:413-446.

[20] WU T Y. Fish swimming and bird/insect flight[J]. Annual Review of Fluid Mechanics, 2011, 43: 25-58.

[21] HOU T Y, STREDIE V G, WU T Y. A 3D numerical method for studying vortex formation behind a moving plate[J]. Communications in Computational Physics, 2006, 1(2): 207-228.

[22] KNOLLER R. Die gesetze des luftwiderstandes[J]. Flug-und Motortechnik, 1909, 3(21): 1-7.

[23] BETZ A. Ein beitrag zur erklaerung des segelfluges[J]. Journal of the Aeronautical Research Institute, 1912, 3: 269-272.

[24] VON KARMAN T, BURGERSJ M. Aerodynamic Theory[M]. Berlin: Springer,1934.

[25] VANDENBERGHE N, ZHANG J, CHILDRESS S. Symmetry breaking leads to forward flapping flight[J]. Journal of Fluid Mechanics, 2004, 506: 147-155.

[26] VANDENBERGHE N, CHILDRESS S, ZHANG J. On unidirectional flight of a free flapping wing[J]. Physics of Fluids, 2006, 18(1): 014102.

[27] 王亮. 仿生鱼群自主游动及控制的研究[D]. 大连: 大连理工大学, 2007.

[28] 信志强. 三维仿生鱼自主游动数值模拟[D]. 大连: 大连理工大学, 2012.

[29] GRAY J. Studies in animal locomotion. VI. The propulsive powers of the dolphin[J]. Journal of Experimental Biology, 1936, 13(2): 192-199.

[30] LIGHTHILL M J. Note on the swimming of slender fish[J]. Journal of fluid Mechanics, 1960, 9(2): 305-317.

[31] LIGHTHILL M J. Large-amplitude elongated-body theory of fish locomotion[J]. Proceedings of the Royal Society of London, 1971, 179(1055):125-138.

[32] LIGHTHILL M J. Aquatic animal propulsion of high hydromechanical efficiency[J]. Journal of Fluid Mechanics, 1970, 44(2): 265-301.

[33] CANDELIER F, BOYER F, LEROYER A. Three-dimensional extension of Lighthill's large-amplitude elongated-body theory of fish locomotion[J]. Journal of Fluid Mechanics, 2011, 674: 196-226.

[34] AHLBORN B, CHAPMAN S, STAFFORD R, et al. Experimental simulation of the thrust phases of fast-start swimming of fish[J]. Journal of Experimental Biology, 1997, 200(17): 2301-2312.

[35] AHLBORN B, HARPER D G, BLAKE R W, et al. Fish without footprints[J]. Journal of Theoretical Biology, 1991, 148(4): 521-533.

[36] WOLFGANG M J, ANDERSON J M, GROSENBAUGH M A, et al. Near-body flow dynamics in swimming fish[J]. Journal of Experimental Biology, 1999, 202(17): 2303-2327.

第7章 流动控制基础

7.1 流动控制概述

流动控制一词最早由德国著名流体力学专家普朗特于 1904 年提出。其含义是通过对运动的流体施加力、质量、热量和电磁等物理量来改变流动状态，从而改变运动物体的受力状态或运动状态。

流动控制的研究已经有一百多年的历史。Mohamed 曾将流动控制的发展划分为 5 个阶段：①依靠经验的流动控制时代（1900 年以前），人类从大量修建灌溉系统实现对水流的控制和对流动控制的最初认识，使农业摆脱了对天气的依赖；②普朗特边界层理论的提出和抽吸气流动控制方法的使用使流动分离得到较为科学的认识，并实现了对流动分离的控制，标志着流动控制进入了科学分析的阶段；③第二次世界大战至冷战时期，军事需求促使飞行器向高机动、高速甚至超声速的方向发展，流动控制在这一时期发挥了重要作用，层流控制和聚合体减阻是该时期流动控制的标志性成果；④能源危机时期，石油危机迫使流动控制技术从军用转到民用，利用减阻剂影响湍流流场结构，从而降低石油运输过程中的阻力，增大运输量，创造了显著的经济效益；⑤1990 年至今，各种新的、复杂的反馈控制被应用于流动转捩控制、附面层分离控制和湍流剪切层相干结构的控制，同时，微机电系统(micro electro mechanical system, MEMS)、混沌控制和神经网络的发展对流动控制的进步做出了重要贡献。

流动控制是流体力学最主要的研究领域之一。流动控制的主要对象是旋涡和剪切流动，包括边界层和自由剪切层，其机理是抑制/促进分离、延迟/加速转换、减弱/加强湍流。流动控制的目的是减小阻力、提高升力、加强掺混、促进热传导和抑制流动产生的噪声等。在航空航天领域，利用流动控制可以极大地提高结构和设备的性能和效率，具有广泛的应用前景。例如，通过流动控制可以控制飞行器机翼表面的流动向湍流的转变，以降低阻力，提高飞行器的效益比；通过流动控制可以延迟涡轮机叶片上的流动分离，使泵获得更高的质量流量，推进剂获得更高的比冲，从而提高涡轮机的压强比和流率；通过流动控制可以提高火箭发动机燃料的掺混程度，进而提高燃烧效率，并减小污染气体的排放。

流动控制的分类方法有如下 3 种：①按照是否需要额外的能量输入分类，

流动控制可分为被动流动控制和主动流动控制。被动流动控制主要通过改变流动环境，如边界条件、压力梯度等实现控制目的，这种控制方式在确定控制方案后不能根据不同的情况进行更改，不需要额外的能量输入；主动流动控制是在流动环境中直接注入合适的扰动模式，使其与系统内在的模式相耦合以达到控制目的，需要辅助能量的输入。主动流动控制根据有无控制回路可进一步分为预设式控制和交互反馈式控制。预设式控制的能量输入不用考虑流动状态的不同，不需要任何传感器或探测器，属于开环控制；交互反馈式控制的输入控制信号可以基于某个测量做连续调整，属于闭环控制。②按照控制方式是否远离壁面分类，流动控制可分为直接作用于壁面的流动控制方式和远离壁面的流动控制方式。对于直接作用于壁面的流动控制方式，壁面的表面参数，如表面粗糙度、形状、曲率、壁面的刚性运动和弹性变形等，会影响壁面的流动状态，壁面的受热和冷却可以改变流动的黏性和密度，对来流进行吸气和吹气控制可以使物面附近的速度型和边界层的转捩发生变化，也可以利用聚合物、表面活性剂、液滴等通过壁面孔隙射入流体以达到不同的控制效果；对于远离壁面的流动控制方式，可以利用大涡破碎装置或从外部用声波轰击剪切层和施加电磁力等方法实现控制。③按照控制技术是直接改变瞬时或平均速度型，还是有选择性地改变小耗散涡进行分类。根据物面处的 N-S 方程，发现物面处展向和流向的涡通量可以通过不同的控制方式发生改变，这种改变既有瞬时的也有平均的，包括壁面运动或变形、吹/吸气、改变流向或展向的压强梯度和法向黏性梯度。大多数流动控制方法可按以上方式进行分类，目前常用第一种分类方式，即将流动控制分为被动流动控制和主动流动控制，如图 7.1.1 所示。表 7.1.1 为主/被动流动控制技术优缺点的对比。

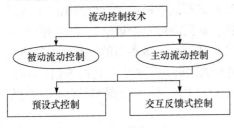

图 7.1.1　流动控制分类图

表 7.1.1　主/被动流动控制技术优缺点的对比

优缺点	被动流动控制技术	主动流动控制技术
优点	(1)机构简单、成本低廉、不会增加过大的质量； (2)工作时不需要持续的能量输入	(1)可以在不同的流动状态下达到预期的控制效果； (2)可以通过闭环控制系统对流场进行实时且精确的控制
缺点	(1)只能对单一状态进行有效的控制； (2)在非设计状态工作时，控制能力下降甚至反效，并会带来较大的型阻以及其他对流场不利的影响	(1)控制机构复杂，制造成本高，质量较大； (2)工作时需要持续的能量输入

7.2　被动流动控制手段

被动流动控制技术是目前工程界应用较为广泛的方法。其特点是控制机构简单、成本低廉、不增加过大的附加质量；工作时不需要持续的能量输入；只能对单一状态进行有效的控制；在非设计状态工作时，控制能力下降甚至反效，而且会造成较大的型阻及其他对流场不利的影响。被动流动控制技术包括固定式涡流发生器、脊状表面、壁面自激振动、超空泡、疏水/超疏水表面等。

固定式涡流发生器是以某一安装角垂直地安装在机体表面上的小展弦比机翼，在迎面气流的作用下能和常规机翼一样产生翼尖涡，由于其展弦比较小，翼尖涡的强度相对较强。这种高能量的翼尖涡与其下游的低能量边界层流动混合后，可以把能量传递给边界层，使处于逆压梯度中的边界层流场获得附加能量后能够继续贴附在机体表面而不致分离，从而实现提高飞行器操纵性和抑制噪声的目的[1]。固定式涡流发生器的常见形状如图 7.2.1 所示[2]，常见安装位置如图 7.2.2 所示[3]。固定式涡流发生器按照尺寸大小可分为普通涡流发生器（vortex generators, VG）（ $h \geqslant \delta$ ， h 表示涡流发生器的高度， δ 表示当地附面层厚度）和低高度涡流发生器（low-profile vortex generators, LPVG）（ $0.1\delta \leqslant h \leqslant 0.5\delta$ ）[2]。普通涡流发生器多布置于飞机外翼段，也布置于机翼根部和机翼中部，其优点是对附面层分离有较好的控制效果，但是由于其尺寸较大，附加阻力也相应增加，特别是在非工作状态，即在附面层不分离的情况下，会产生较大的额外形状阻力。基于上述原因，普通涡流发生器的应用存在较大局限性。低高度涡流发生器包括亚附面层涡流发生器（subsurface boundary vortex generators, SBVG）和微型涡流发生器（micro vortex generators, MVG）。大量试验结果表明，LPVG 具有与普通涡流发生器相同的控制附面层分离的效果。由于其尺寸相对较小，除了较小的附加阻力外，在非工作状态下，可以通过特殊的机构将 LPVG 收入机翼中，消除 LPVG 在非工作状态下的附加阻力和雷达截面积，如图 7.2.3 所示[4]。目前，固定式涡流发生器主要用于控制飞行器抖振、

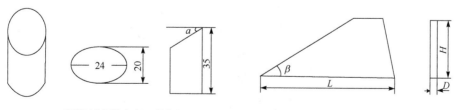

(a) 斜截圆柱涡流发生器(单位: mm)　　　　　　　　　　(b) 梯形涡流发生器

图 7.2.1　固定式涡流发生器的常见形状

上仰、摇摆和失速尾旋。

(a) 机翼前缘　　　　　　　　　　　　　　(b) 进气道

图 7.2.2　涡流发生器常见安装位置

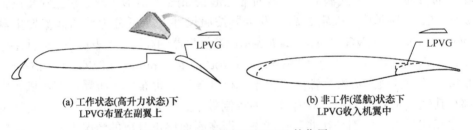

(a) 工作状态(高升力状态)下　　　　　　　　(b) 非工作(巡航)状态下
LPVG 布置在副翼上　　　　　　　　　　　　LPVG 收入机翼中

图 7.2.3　不同状态下 LPVG 的作用

图 7.2.4 为安装 LPVG 前后尾流对比图[5]，不安装涡流发生器的情况下，翼型尾流伴随有大尺寸的流动分离，而安装涡流发生器后，流动分离被抑制，阻力也相应减小。LPVG 的控制效果也与安装位置有关，如图 7.2.5 所示[5]，当布置于 25%和 33%襟翼弦线处时，LPVG 对流动分离有明显的控制效果；当 LPVG 前移至 19%襟翼弦线处时，只有梯形涡流发生器还有效果。并且当 LPVG 布

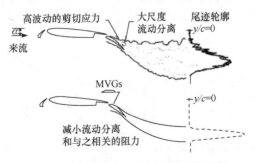

图 7.2.4　安装 LPVG 前后尾流对比图

置于主翼弦线 D 处时，流动分离加剧。LPVG 也可用于抑制进气道分离，现代战斗机为了保持低雷达可探测性，进气道大多设计成 S 型。S 型进气道转弯处会发生强烈的流动分离，安装 LPVG 后，分离消失，如图 7.2.6 所示[6]。

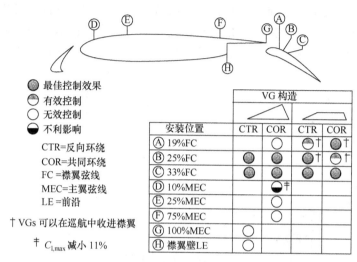

- ⬤ 最佳控制效果
- ◖ 有效控制
- ○ 无效控制
- ◑ 不利影响

CTR=反向环绕
COR=共同环绕
FC =襟翼弦线
MEC=主翼弦线
LE =前沿

† VGs 可以在巡航中收进襟翼

‡ $C_{l,max}$ 减小 11%

安装位置	三角形 VG 构造		平行四边形 VG 构造	
	CTR	COR	CTR	COR
Ⓐ 19%FC		○	◖†	⬤†
Ⓑ 25%FC	⬤	⬤	◖†	◖†
Ⓒ 33%FC	⬤	⬤	◖†	⬤
Ⓓ 10%MEC		◑‡		
Ⓔ 25%MEC		○		
Ⓕ 75%MEC		○		
Ⓖ 100%MEC	○			
Ⓗ 襟翼壁LE	○			

图 7.2.5　微型涡流发生器安装在不同位置的效果对比图

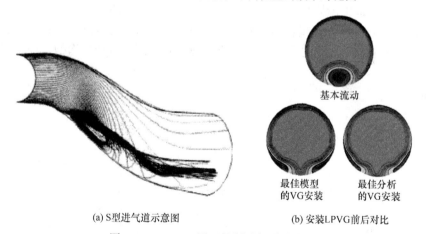

基本流动

最佳模型
的VG安装

最佳分析
的VG安装

(a) S型进气道示意图　　　　(b) 安装LPVG前后对比

图 7.2.6　LPVG 用于抑制进气道分离

　　脊状表面是通过在研究对象外物面上加工具有一定形状尺寸的脊状结构，以达到控制流体运动的效果。按脊状结构的分布规律和流体速度方向的不同可分为两类：一类是随行波表面；另一类是沟槽表面。随行波表面是从沙漠中长期经受大风洗礼的波浪状沙丘得到的启示，这种稳定的、垂直于来流方向的波浪状结构可能是阻力最小的结构。常见的随行波的形状有 V 形、半圆形、正弦波形和变异弧形等，如图 7.2.7 所示。从 20 世纪 70 年代起 Savchenka 等就开始对随行波理论进行研究[7]，研究结果表明，在随行波的每个波谷处均存在一个大小和形状基本相同的稳定涡，且这些涡的旋向全都向着有利于外流场流动的方向。随行波减阻降噪作用的机理是由来流引发一排平行人工涡，从而使自由来流在平行人工涡上流动，且只与二次流接触，不与刚性的壳体表面接触，就像在壁面与来流之间夹着一排滚柱，起到了与"滚柱轴承"一样的效果。因此水流与壁面的滑动摩擦转变成滚动摩擦，达到了减阻降噪的目的。

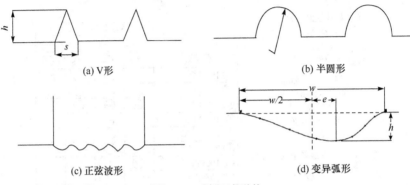

图 7.2.7　随行波形状

随行波表面的减阻效果与随行波形状有关，如图 7.2.8 所示，高度 $h=0.018$ mm 的随行波表面对跨音速超临界翼型有明显的减阻效果，阻力减小了 6%～12%。高度 $h=0.033$ mm 的随行波表面对相同的翼型没有减阻效果[8]。沟槽表面减阻技术

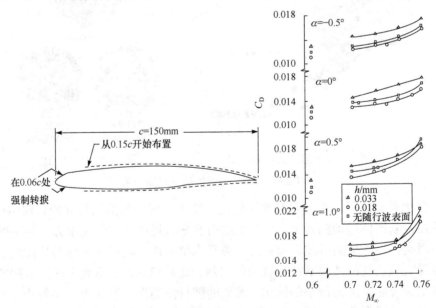

图 7.2.8　随行波表面的减阻效果对比

起源于仿生学研究，研究人员在对鲨鱼的阻力特性进行研究时，发现鲨鱼的阻力与其砂纸状粗糙表皮有关。沟槽表面减阻机理可以概括为两种观点：①针对湍流产生机理和近壁区湍流相关结构模型提出的"第二涡群"理论；②从黏性理理论出发的"突出高度"理论。

"第二涡群"理论[9]认为自由来流与沟槽结构形成的二次漩涡抑制了湍流边界层内流向涡的脉动，以及湍流边界层集结低速流体和向上抬升低速流带的能力，减小了湍流能量的损耗，削弱了流体和物体表面的摩擦效应。具有 V 形沟槽的随行波表面在 V 形沟槽内产生了"第二涡群"。V 形沟槽的尖锋能够加速和增强"第二涡群"的发展，"第二涡群"在 V 形沟槽内表现为离散的旋涡，在产生后不久就会因黏性耗散而消失。"突出高度"理论[10]认为狭窄 V 形沟槽的尖锋抬高了流向涡，谷底的流体绝大部分被黏性所阻滞，相当于增加了黏性底层的有效厚度。狭窄 V 形沟槽使纵向平均速度在展向出现速度梯度，通过黏性形成横向黏性力，此黏性力产生于沟槽的顶部，可抑制反向涡的作用，减少高速流体向边壁输运，从而使表面摩擦阻力和流动噪声降低。两种理论的示意图如图 7.2.9 所示。目前，利用脊状表面实现流动控制的方法主要用于仿生鲨鱼皮游泳衣、机翼减阻、抑制圆柱涡激力、控制附面层、抑制大攻角细长体侧向力和波纹蒙皮等方面。

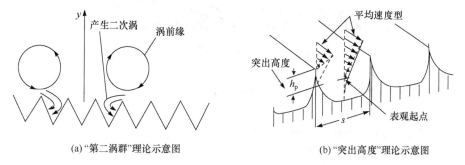

(a) "第二涡群"理论示意图　　　　(b) "突出高度"理论示意图

图 7.2.9　脊状表面减阻降噪机理

图 7.2.10 展示了大面积覆盖沟槽膜的空中客车 A320，油耗率降低了 1%～2%。李育斌等[11]在运七原型全金属模型具有湍流流动的表面上粘贴沟纹膜，

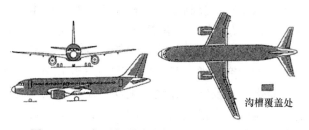

图 7.2.10　大面积覆盖沟槽膜的空中客车 A320

研究了沟纹膜对飞机阻力的影响。试验表明，顺流向将沟纹膜粘贴在飞机具有湍流的表面上，可以将飞机的阻力减少 5%～8%。

　　超空泡是通过某种方式在壁面形成一层薄的微气泡与流体的混合层，改变边界层的内部结构，即改变近壁区流体流动的运动学和动力学特性，达到降低摩擦阻力的目的。超空泡主要分为自然超空泡和通气超空泡，前者依靠提高航行体的速度生成超空泡，后者依靠人工通气增加空泡内压强生成超空泡。超空泡技术可以使运动体在水中的阻力降低 90%左右，辅以先进的推进技术，运动体在水中将可以实现超高速的"飞行"，其效果图如图 7.2.11 所示[12]。超空泡减阻技术对海战武器的研制产生了巨大的影响，俄罗斯已经研制成功了速度达 100m/s 的"暴风"超空泡鱼雷[13]。在"暴风"鱼雷头部装有空泡发生器，呈圆形或者椭圆形平盘状，向前倾斜形成一个"冲角"，以产生支持雷体前部的升力。紧靠空泡发生器后面是几个环状通气管，将鱼雷排气注入空穴气泡使其涨大，雷体表面被气泡所覆盖，形成"超空泡"。

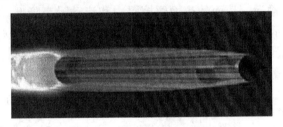

图 7.2.11　"超空泡"流动控制效果图

7.3　主动流动控制手段

　　本节介绍以运动壁面、喷流、合成射流、等离子射流和磁流体技术等为代表的各种主动流动控制手段。

　　主动流动控制是指在流场中施加适当的扰动模式并与流场的内在模式相互耦合来实现对流动的控制。相对于被动流动控制，主动流动控制具有如下特点：可以在不同的流动状态下实现预期的控制效果；可以通过闭环控制系统对流场进行实时、精确地控制；控制机构比较复杂，制造成本高；工作时需要持续的能量输入等。主动流动控制技术包括吹气和吸气技术、等离子体气动激励、合成射流激励、磁流体技术、MEMS 制动器和自适应结构等。

　　吹气和吸气技术的研究主要包括对吹气和吸气开孔方式、形状、位置的研究，对吹气强、弱变化方式及吹气和吸气主动控制机理的研究。试验表明，通过在机翼翼梢沿展向吹气，可以提高机翼的升力；对机翼表面边界层内的流动进行干预，可以有效延迟边界层内的流动分离，扩大机翼表面的层流区，实现增升减阻的目的；利用吹气可以改善战斗机机头或导弹弹体在大攻角下产生的非对称涡及非对称气动力问题。此外，吹气和吸气技术也可用于直升机旋翼、发动机进气道、涡轮叶栅等的流动控制。

等离子体是物质的第四态，包含大量与电子成对出现的离子，在电磁场力的支配下其运动会表现出显著的集体性行为，而且在空气电离时会产生温度升和压力升。等离子体气动激励是等离子体在电磁场力作用下运动或气体放电产生的压力、温度变化，对流场施加的一种可控扰动。其主要特点是没有运动部件、响应迅速、激励频带宽。利用等离子体实现流动控制的物理依据包括[14]：① "动力效应"，即等离子体在电磁场力作用下加速，通过离子与中性气体分子之间的动量输运诱导中性气体分子宏观定向运动；② "冲击效应"，即流场中的部分空气或外加气体电离时产生局部温度升和压力升(甚至产生冲击波)，对流场局部施加扰动，从而改变流场的结构和形态；③ "物性改变"，即在流场中的等离子体改变气流的物性、黏性和热传导等特性，从而改变流场特性。

等离子体气动激励的方式主要有介质阻挡放电（dielectric barrier discharge，DBD）等离子体气动激励和电弧放电等离子体气动激励两种。DBD 等离子体气动激励的典型布局如图 7.3.1 所示[15]，图中，h_d 为阻挡介质厚度；h_e 为电极厚度；d_1 为上电极宽度；d_2 为下电极宽度；Δd 为上下电极间隙。正弦波 DBD 和纳秒脉冲 DBD 是两种比较典型的 DBD 等离子体气动激励器。

正弦波 DBD 等离子体气动激励的基本原理是 "动力效应"，即诱导壁面射流，等离子体气动激励器表面电极附近的空气在外加高电压的作用下击穿电离形成离子和电子，离子在电场的驱动下运动，通过与中性气体分子的碰撞传递动量，进而诱导近壁面气流加速运动[14]。国内外发展了多种试验手段和

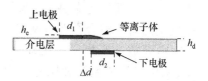

图 7.3.1　DBD 等离子体气动激励
的典型布局

仿真方法来研究 DBD 等离子体气动激励的基本原理。在试验研究方面，主要通过高速摄像和发射光谱诊断等方法，获得等离子体的时空演化过程及电子温度、电子密度和振动温度等物理参数。在诱导特性研究方面，主要通过烟线、皮托管、天平、热线、PIV 和激光多普勒测速仪等手段获得流场的演化特性和放电特性。结果表明，DBD 等离子体气动激励器在提高能量转化效率方面还有很大的空间，通过时变阻抗匹配可以提高其能量转化效率。DBD 等离子体气动激励的仿真研究主要包括唯象仿真、粒子群-蒙特卡洛仿真、基于物理原理的耦合仿真和基于电路模型的仿真。其中唯象仿真容易与流体控制方程耦合，但是电荷密度和电场的设定缺乏较好的依据；粒子群-蒙特卡洛仿真适用于揭示放电过程，但是由于其计算量较大，不适用于流动控制仿真；基于物理

原理的耦合仿真可用于揭示激励机理，但难于直接和流体仿真软件耦合；基于电路模型的仿真具有较高的精度，且仿真的体积力也容易和流体方程耦合。

纳秒脉冲 DBD 等离子体气动激励是通过激发态粒子、离子与中性分子的碰撞，产生快速加热，进而诱导压缩波和旋涡，由"冲击效应"占主导，纳秒脉冲 DBD 激励在近壁面诱导出压缩波，在放电初始时刻甚至可以诱导出超声速冲击波。在试验研究方面，对于纳秒脉冲 DBD 激励特性的认识目前尚不统一。在仿真研究方面，仿真模型主要包括唯象模型、化学反应动力学模型、流体两方程(连续方程、动量方程)模型和流体三方程(连续方程、动量方程和能量方程)模型。其中唯象模型原理简单，可直接用于流场计算，适合于探讨纳秒脉冲激励与流场相互作用的机理，但是对能量输入值、热源时空分布取值往往缺乏足够的依据，对不同激励器布局、不同气压和不同电压条件的适应性也不强，不适合探讨放电、放热的机理过程；化学反应动力学模型方程简单，可以在从纳秒到秒的全时域内研究纳秒脉冲激励所涉及的化学反应过程和粒子的变化规律，并得到能量释放与转移的特点，但是由于其研究局限在零维模型中，无法得到粒子的空间漂移扩散、离子电流等特性，也无法得到热源的空间分布；流体两方程模型用少数系数概括所有化学反应，强调了漂移扩散的特点，可用于描述放电过程中正负粒子的空间分布规律，但是由于没有考虑具体的化学反应过程，依然无法得到热源时空分布，也无法分辨纳秒脉冲激励放热与波形、激励布局之间的复杂关系；流体三方程模型是化学反应动力学模型和流体两方程模型的有机整合，兼具两者的优势，是当前仿真研究工作的主流方向。

电弧放电等离子体气动激励的基本原理是通过电弧放电产生局部能量沉积，对流场形成温度和压力的扰动。电弧放电等离子体气动激励可以分为两类：一类是阳极、阴极都裸露的表面电弧放电等离子体气动激励；另一类是在容腔内电弧放电的等离子体合成射流气动激励。

表面电弧放电等离子体气动激励器示意图如图 7.3.2 所示[15]，在静止空气条件下，电弧放电瞬间产生激波，随后快速衰减，演化为声速波；超声速气流中，表面电弧放电由小范围体积放电转化为大范围表面放电，等离子体被限制在近壁表面并被吹向下游，等离子体通道的长度逐渐增加，受电源功率的限制，电弧长度存在一定的临界值。这种激励器的优势是强度很大、频带很宽，可以从 100Hz 量级到 100kHz 量级，并且可以多个激励器同时放电或以一定的相位依次放电。

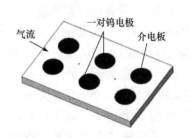

图 7.3.2　表面电弧放电等离子体
气动激励器示意图

等离子体合成射流激励器将电弧放电等

离子体与合成射流激励方式结合，利用电弧放电等离子体对腔体内的气体快速加热，从而使腔体内的压力急剧上升并驱使腔内的气体高速喷出，这样便可以产生高强度的单点激励，随后腔内的气体压力降低，再次吸入环境空气，进入下一个激励循环，其示意图如图 7.3.3。等离子体合成射流激励器放电产生在射流腔体中，解决了电弧放电在流场中容易被气流熄灭的问题，使激励更加稳定、可控；激励器在放电瞬间可以沉积较高的能量，因此产生的射流速度高、强度大，并且具有响应快、频带宽的优点。等离子体合成射流激励特性的研究主要以综合测试为主、唯象仿真为辅。

　　目前，国际上对等离子体气动激励改善气动特性的研究包括：抑制流动分离、控制附面层、控制激波与激波/附面层的干扰、控制压气机与涡轮的内部流动、控制管道流动、飞行控制、控制凹腔流动、控制传热和微尺度流动等[15-16]。

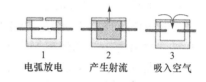

图 7.3.3　等离子体合成射流激励器示意图

1	2	3
电弧放电	产生射流	吸入空气

　　抑制流动分离可以增大升力、减小阻力、提高失速攻角并降低噪声，目前该方面的研究主要集中在抑制翼型和机翼的流动分离及抑制钝体和锥形体的流动分离等。Patel 等[17]进行了定常、非定常 DBD 等离子体气动激励抑制翼型稳态和周期性振荡失速的试验研究。结果表明，等离子体气动激励可以促进翼型分离涡的重组，增强了分离涡中的相干结构强度及涡脱落的拓扑结构，同时在吸力面诱导出一个向下游运动的小尺度旋涡，促进了高能流动与近壁面低能流动的动量交换，有利于流动的重新附着。通过对等离子体气动激励控制低雷诺数下圆柱的流动分离、非定常旋涡脱落、钝体尾缘旋涡脱落的试验研究，证明定常和非定常等离子体气动激励可以有效地抑制卡门涡街、降低尾流区流场的湍流度和噪声。基于等离子体气动激励对非流线外形的流动控制，可以有效地抑制宽带噪声辐射。对于细长圆锥体，利用等离子体气动激励控制背风面的旋涡结构，可以实现低速条件下侧向力的比例控制。

　　控制层流-湍流转捩、降低湍流附面层的湍流度对于减小阻力具有重要作用。Duchmann 等[18]首次实现了 DBD 等离子体气动激励延迟层流-湍流转捩的飞行试验。以滑翔机自然层流翼型为例，在翼型前缘产生扰动，Tollmien-Schlichting(T-S)波的特征频率在 600~800Hz，通过施加等离子体气动激励产生体积力，诱导流向气流加速流动，从而抑制 T-S 波的增长并推迟层流-湍流的转捩。等离子体气动激励推迟低速平板二维和三维附面层转捩的数值仿真结果表明，通过施加流向体积力，可以改变附面层剖面，进而有效抑制 T-S 波及层流附面层中的条带。等离子体气动激励不仅可以通过诱导流向加速来推迟转捩，还可以通过展向阵列布局，产生展向周期性反向旋转的旋涡，显著减小附面层内的总扰动能量，实现附面层条带的闭环控制。对于湍流附面层控制，展向等离子体气动激励通过在湍流附面层内诱导展向流动振荡和流向旋涡结构，可以有效降低表面摩擦阻力。

控制激波与激波/附面层的干扰，对于减小阻力、改善进气道非设计状态的性能具有重要作用。早期激波控制的试验研究表明，等离子体的化学效应(热效应)在激波减阻中占主导作用。近年来，利用纳秒脉冲 DBD 激励进行头部激波控制是等离子体流动控制的一个重要发展，在超声速或高超声速状态下，纳秒脉冲激励产生的压缩波会向上游传播，与圆柱头部的弓形波相互作用，使弓形波的脱体距离增大。电弧等离子体气动激励抑制激波/附面层干扰的试验结果表明，激励诱导的加热控制激波/附面层干扰是其抑制激波/附面层干扰的主要控制机理，而不是抑制低频非定常性[19]。不启动 DBD 等离子体气动激励控制超声速进气道的试验结果表明，DBD 激励使电极区域附面层变薄，抑制激波/附面层干扰导致的流动分离，进而推迟进气道不启动的发生[20]。通过在近壁面产生等离子体，并施加磁场加速，可以有效抑制激波/附面层干扰导致的流动分离，显著降低分离区的低频湍动能分量和下游的总湍动能[21]。

等离子体气动激励可以有效抑制低雷诺数涡轮叶栅吸力面的流动分离，降低其总压损失，增大气流转折角，施加比大尺度相干结构频率更高的脉冲等离子体气动激励，提高流动控制效果。Pak-B 低压涡轮叶栅等离子体流动控制的试验表明[22]，存在一个对应于斯特劳哈尔数为 1 的最佳非定常脉冲激励频率。稳态等离子体气动激励抑制流动分离的机制是通过触发湍流；非定常等离子体气动激励抑制流动分离的机制则是通过诱导产生展向的相干结构，促进流动掺混，进而实现增强抑制流动分离的能力。利用等离子体气动激励抑制压气机叶栅流动分离的试验结果表明，等离子体气动激励可以通过向吸力面的附面层注入能量，使其在低速条件下有效地抑制流动分离，提高叶片失速攻角，同时增大气流转折角。

等离子体气动激励控制管道流动的研究主要包括管道出口的流动控制和弯曲管道内部的流动控制，其目的是促进掺混、抑制噪声、抑制分离和减少损失。Samimy 等[23]进行了利用表面电弧放电激励器控制高速高雷诺数管道射流的研究，获得了在不同速度、雷诺数、温度和不同激励模态、斯特劳哈尔数下的流动控制机理和控制效果。研究结果表明，等离子体气动激励可以在较广的温度范围内有效促进流动掺混，增大管道出口流动的湍动能，缩短主流核心区长度，降低排气噪声；而且温度越高，流动控制效果越好。利用等离子体激励器进行弯曲管道内部流动控制的仿真结果表明[24]，等离子体气动激励可以有效抑制 S 形进气道流动分离，降低出口流场畸变，并减小损失。

通过流动控制技术实现飞行控制是等离子体流动控制研究的重要部分。无人飞翼模型等离子体流动控制的风洞试验表明[25]，在飞行器前缘和尾缘施加等离子体气动激励，可使模型在常规控制面失效的情况下有效地产生升力和操纵力。NACA0015 翼型在低速风洞的试验结果表明[26]，等离子体气动激励可以模拟飞行器前缘缝翼和尾缘襟翼的流动控制效果，低速条件下在翼尖施加等离子体气动激励，可以产生飞行控制力。对于高速飞行控制，微波、电子束等多种热源产生方式的仿真表明[27]，能量沉积位置、区域和功率等会显著影响飞行器在高速飞行时的飞行控制效果。美国空军研究实验室的研究表明[28]，等离子体气动激励由于没有机械运动部件，其响应速度快、工作可靠性高，将成为未来高超声速飞行器飞行控制的重要手段。

合成射流激励器[29]是一种小型或微型流体控制器件，作为产生合成射流的作动部件，是合成射流技术发展的一个核心问题。合成射流激励器的结构主要由两部分组成：开孔(或缝)的激励器腔体和振动部件。振动部件是激励器的核心部件，它将输入的电能转化为振动部件的动能，并通过激励器腔体转化为合成射流动能。根据激励器振动部件的振源不同，合成射流激励器的类型主要有压电膜振动式激励器、活塞振动式激励器、声激励式激励器、形状记忆合金作动式激励器和聚偏二氟乙烯(PVdF)膜振动式激励器，其基本类型如图 7.3.4 所示。活塞振动式激励器能够提供较大的合成射流能量，但是需要电机传动装置带动活塞振动；声激励式激励器在出口合成的射流能量较小，且需要发声装置；形状记忆合金作动式激励器和聚偏二氟乙烯膜振动式都能够提供较大的合成射流能量，但工作频率低，因此应用范围较窄；压电膜振动式激励器的结构简单、工作频带宽、响应迅速、可重复性好，是目前研究最多、应用前景最广的一种

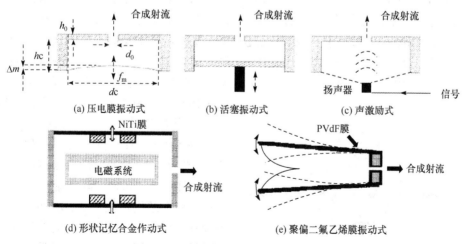

图 7.3.4　合成射流激励器的基本类型

合成射流激励器。

合成射流激励器按照激励器是否集成可分为单激励器和阵列激励器。单激励器按结构形式可分为振动膜式激励器和跳板式激励器。振动膜式激励器产生的合成射流具有很好的方向性，多用于流动方向控制；跳板式激励器主要用于物面流动控制。这两种方式激励器的结构简图如图 7.3.5 所示。阵列激励器的窄缝及腔体利用微制造技术在硅基材料上整体加工而成，其振动膜是经过金属化处理的柔性聚酰亚胺膜，主要应用于集成电路散热及增强混合，其结构简图如图 7.3.6。

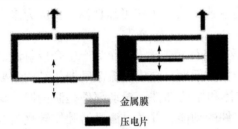

金属膜

压电片

图 7.3.5　振动膜式激励器(左)和跳板式(右)激励器的结构简图

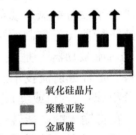

■ 氧化硅晶片

■ 聚酰亚胺

□ 金属膜

图 7.3.6　阵列激励器的结构简图

合成射流激励器的示意图如图 7.3.7[30]，该激励器的整体结构尺寸很小，采用 MEMS 技术制造，一般由压电陶瓷片振动膜和设置有开孔或窄缝的腔体组成。激励器工作时，压电陶瓷片在周期性变化的电压作用下会产生逆压电效应，腔体底面的柔性薄膜会随之产生周期性振动，即将输入的电能转化为薄膜振动的动能，从而可以在激励器的开孔或窄缝处产生非定常射流。例如，当薄膜沿 $-x$ 方向振动时，腔体内的气体压强降低，激励器附近的气体会由开孔或窄缝进入腔体；当薄膜沿 $+x$ 方向振动时，腔体内的气体受到压缩而从开孔或窄缝处排出。在这种往复的吹/吸气过程中，激励器开孔或窄缝处的气流会受到强烈的剪切作用，容易在出口的边缘处发生流动分离，从而随排出的流体向上卷起形成旋涡对。当从一个吹气过程进入下一个吸气过程时，由吹气过程形成向下游运动的旋涡对，已经远离出口，从而不影响接下来的吸气过程。因此，气体在不断吹气/吸气的交替过程中便会形成一列向下游运动的旋涡对。旋涡对在向下游运动的过程中，能量会不断耗散，相干结构逐渐消失，旋涡对会变得模糊不清，最终变为散乱的湍流流动并与周围的气体融为一体。薄膜连续的

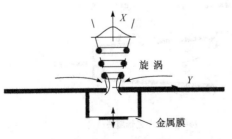

旋涡

金属膜

图 7.3.7　合成射流激励器的示意图

周期性振动不断产生旋涡对并重复旋涡对的发展过程，便形成合成射流。

合成射流激励器的工作特点[31]：无须流体供应；除振动膜振动外无其他运动部件；只需要输入电能，通过改变电参数即可改变合成射流的流场。其形成流场的主要特征包括：①独特的流场分区特征，在合成射流激励器出口附近的流场，流动方向随激励器振动膜周期性变化，并伴有流动“鞍”点，流动形式非常复杂，会出现明显的非线性特征，而且在激励器吸气过程中，激励器出口下游轴线“鞍”点将中心射流分成流向下游的迁移区和流向激励器腔体的回流区，在合成射流激励器距离出口下游较远的区域，流动方向不变，流场与常规射流相似；②合成射流是由大量微观旋涡单元集合而成的旋涡流，属于扰动控制流；③合成射流向下游运动过程中伴随着低压卷吸场的产生；④进入激励器腔体的流体沿激励器表面各个方向流动，而排出腔体的流体主要集中在出口轴线附近；⑤合成射流向下游传播经历不稳定过程和旋涡破碎并最终形成湍流射流；⑥合成射流无须流体传输，净质量流量为零，动量不为零，即合成射流是一种动量流。

合成射流以其独特的流场特征和显著的技术特点，在流动分离控制、气动力控制、增强混合控制、传热换热控制、射流矢量控制、飞行控制和微流体控制等领域都有巨大的应用潜力。

Rediniotis 等[32]利用合成射流激励器对控制二维圆柱体绕流的分离进行了试验，结果表明，合成射流激励器能够有效延迟二维圆柱体表面绕流的分离。Lee 等[33-34]利用合成射流对逆压梯度边界层的分离控制进行了试验研究，结果表明激励器的激励频率是影响边界层分离控制的重要因素，当合成射流激励器激励频率与边界层流动的不稳定频率相等时，合成射流对边界层流动的控制作用明显增强。Mittal 等[35]利用数值方法对合成射流控制平板边界层的流动分离进行了研究，研究表明，合成射流在激励器出口附近有“任意等效气动外形”的作用，可以改变平板表面压强梯度分布，从而影响和控制分离。综合各种试验研究，合成射流激励器控制流动分离的主要机制可总结如下：①动量注入效应，即合成射流增强并放大了分离区的涡结构，这种涡结构带有高动量，注入分离区可促使分离区气流较早再附；②对于层流，合成射流激励器在高频条件下工作可促使边界层提前转捩，在低频条件下工作可以通过激发 T-S 不稳定性促使层流边界层提前转捩，因为湍流边界层较难发生分离，所以提前向湍流转捩可以延迟分离；③合成射流在激励器出口附近起到“任意等效气动外形”的作用，从而影响和控制分离。合成射流激励器的可控性，使其具有任意改变物面气动外形的潜力。

Hassan 等[36]将阵列合成射流器用于翼型表面的流动控制，并进行了数值模拟，计算表明，阵列激励器产生的合成射流可以改善翼型的失速性能及升力控制。Amitay 等[37]对合成射流激励器对于二维圆柱体的气动力性能调节进行了试验研究，结果表明，合成射流产生的低压回流区会使附近的流线偏离未受扰动的边界层，从而使激励器前后模型表面的压强系数显著降低。Seifert 等[38]利用合成射流技术进行了不同马赫数下气动力控制的试验研究，研究表明，在较低马赫数下，最大升力系数可以提高 15%，失速后升力系数可提高 50%，阻力降低 50%，而且机翼尾迹区的气流变得更加平缓。在跨声速范围，合成射流技术可以较大程度地缓和颤振现象，合成射流激励器对机翼气动力控制的效果如图 7.3.8。

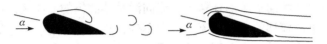

图 7.3.8　合成射流激励器对机翼气动力控制的效果图

Chen 等[39]利用合成射流激励器对提高火箭推进系统燃烧室燃料的混合控制进行了研究，结果显示，利用合成射流激励器增强燃烧室燃料混合的方法可以使燃料在边缘附近的混合程度增强。Wang 等[40]将合成射流激励器布置在燃气喷嘴内，通过增强燃气的湍流度和涡量来提高燃气与空气的混合程度。Ghosh 等[41]研究了合成射流对湍流混合层发展的影响，试验结果表明，在合成射流激励器的作用下，湍流混合层内会出现很强的流向涡，进而增强了混合层向展向歪曲和发展的增长率。综合各种试验和研究结果，合成射流激励器能增强掺混的控制机理可概括为①合成射流激励器可以控制气流的流动方向，使射流发生偏转，缩短了射流的核心区长度，达到增强掺混的作用；②合成射流激励器可以加强射流出口附近的涡结构，利用涡结构的强对流作用可以增强射流在出口附近的混合程度；③合成射流激励器对流场施加激励可以增强整个流场的脉动，增大湍流度，从而增强掺混效果。

Trávníček 等[42]初步研究了声激励合成射流激励器加强传热换热的作用，试验结果表明，合成射流激励器在对高热流率物体表面进行高效率传热换热方面具有较大的潜力。Tai[43]研究了合成射流技术对微电子集成电路进行对流冷却的问题，结果表明，合成射流流场的周期性变化明显提高了集成电路元器件的冷却效果，与常规的射流散热方式相比，在消耗同等能量的水平下，合成射流激励器的散热功率是常规射流的 3 倍。

Smith 等[44-45]利用合成射流激励器对宏观低速流矢量控制进行了试验研究，结果显示，在激励器的 10 个工作周期内，宏观主流矢量偏转便能达到最终状态，同时，宏观主流的平均偏转角度随主流速度的增大单调减小，矢量推力随主流速度的增大而增大。Pack 等[46]利用合成射流激励器对出口带有扩张段的圆管流动进行了试验研究，结果表明，主流的偏转角度对合成射流的方向非常敏感，主流矢量对合成射流控制的响应也非常迅速。合成射流实现矢量控制的机理为①合成射流激励器工作时会引起压力梯度；②合成射流激励器工作时产生的旋涡对周围流体具有卷吸作用；③合成射流激励器工作时产生的旋涡对和主流自由剪切层之间会形成相互耦合作用。

Hassan[47]探讨了合成射流在直升机上的潜在应用，认为合成射流可以提高旋转叶片的气动性能，减小中心轮毂的振动噪声，增强排气和空气的混合，提高发动机进气道的流动性能，减小升力面的折叶数量等。Mautner[48]对合成射流技术应用于低雷诺数（$Re<10$）下微细管流体流动的混合增强进行了数值研究，结果表明，合成射流的周期性动量输入和压强的周期性变化可以在微细管的流动中引起微细管流体流动的旋转，从而增强混合效果。随着合成射流技术与纳米技术、微米技术及 MEMS 技术的结合与发展，合成射流技术将被广泛应用于微流体控制[49]。

在翼型表面附近的流场中施加流向洛伦兹力，可提高翼型的升阻比。其基本原理是在翼型表面按一定方式布置电磁极板，对附近流场的导电介质施加洛伦兹力作用，通过阻止边界层厚度的增加和延缓层流向湍流的转捩来提高升力和减小阻力。由于洛伦兹力为体积力，其大小与方向可以根据实际需要进行调控，以满足不同的需求。Henoch 等[50]利用洛伦兹力对平板湍流边界层的控制进行了试验研究，研究发现，正向洛伦兹力可以增加壁面的摩擦力，减少边界层的厚度，降低边界层湍流的振荡强度。Breuer 等[51]设计制作了展向多相振荡洛伦兹力激活板，研究发现，由激活板产生的洛伦兹力诱导流体的速度增量随着电极两端的电压和频率的增加而增加，但电能向机械能转换的效率较低。Berger 等[52]对槽道湍流的展向洛伦兹力减阻效率进行了相关数值研究，计算结果显示，其功耗比减阻收益大 3 个数量级。陈耀慧等[53]以翼型绕流的流向洛伦兹力控制为例，对洛伦兹力控制期间翼型的气动特性、流场结构变化等影响进行了数值和试验研究，初步找出了洛伦兹力控制边界层的机理，为提高洛伦兹力的控制效率提供了理论依据。相关研究结果表明，流向洛伦兹力控制下翼型的升力和阻力主要受洛伦兹力推力、壁面压力和壁面摩擦力的影响，洛伦兹力推力只与流向洛伦兹力的大小有关，与流场无关；洛伦兹力主要通过改变流体边界的结构影响壁面摩擦力和壁面压力，相同功耗的洛伦兹力对不同来流速度下的控制效果随速度的增加而降低，升力的增幅和阻力的减幅与速度成反比关系，但升力增加和阻力减小的规律是升力先急剧增加随后缓慢增加，阻力先急剧减小然后缓慢增加到某一特定值；控制开始阶段，阻力和升力受洛伦兹力推力的影响，升力急剧增加，阻力急剧减小，随后翼型边界层的流体在洛伦兹力作用下进行加速，导致翼型上翼面的摩擦力增加和翼型壁面的压力下降，因为壁面摩擦力导致的升力降幅比壁面压力变化导致的升力增幅小，壁面压力变化起主导作用，而洛伦兹力推力对阻力的降幅比压差阻力的增幅大，洛伦兹力推力起主导作用，所以阻力减小。此外，日本国家航空航天实验室在超声速风洞进行了尖锲模型磁流体动力控制边界层研究[54]。试验结果表明,加速洛伦兹力可以增加边界层内的皮托压力分布,尖锲模型前斜激波的位置取决于来流边界层动量厚度,该厚度可以通过施加加速洛伦兹力控制。图 7.3.9 为风洞试验段中磁流体动力的分布。

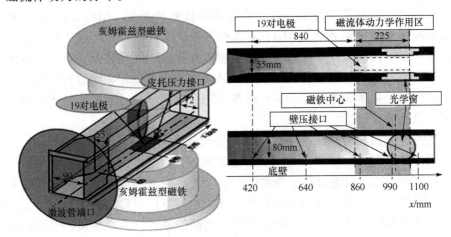

图 7.3.9　风洞试验段中磁流体动力的分布

电磁力控制作为一种主动流动控制方式,主要用于控制圆柱绕流流场特性的研究。相关研究表明,电磁力不但可以抑制圆柱绕流场的流动分离,改变其尾涡结构,还可以减小圆柱体阻力并抑制其升力脉动,但电磁极的包覆范围、宽度及其位置等对圆柱绕流场分离点位置、涡量场和升(阻)力特性等均有明显影响。尹纪富等[55]对电磁力控制湍流边界层分离圆柱绕流流场特性进行了数值研究,结果显示,电磁力可以提高圆柱体湍流边界层内的流体动能,延缓圆柱体湍流边界层的流动分离,减弱圆柱体湍流绕流场中在流向和展向上大尺度旋涡的强度,减小圆柱体阻力的时均值及其升力的脉动幅值。当电磁力作用参数大于某个临界值后,湍流边界层流动分离消失,在圆柱体尾部产生射流现象,从而电磁力对圆柱体产生净推力作用,即出现负阻力现象,而且升力脉动幅值接近于零,出现圆柱体升力消失现象。

MEMS 是通过微制造技术将微机械部件、传感器、制动器和电子电路集成在普通硅片上形成的系统。其中电子电路利用集成电路工艺制造,微机械部件通过显微机械加工工艺制造,可以在硅片上选择性的蚀刻或增加新的结构层以形成设计的机械和机电设备[56]。通过硅基微电子的显微加工技术几乎可以使所有产品变为芯片上的系统。MEMS 技术与流动控制技术的结合,给流动控制技术的发展带来了新的契机。以微加工技术和微电子技术为基础的 MEMS 技术,可以大批量地获得性能一致的微米量级的器件,能够满足流动控制的高空间分辨率、高灵敏度、高频响需求，易于实现微传感器、微电子线路和微执行器的系统集成，组成功能独立、功耗小的分布式控制单元阵列器件，使得流动精细控制成为可能。加上剪切流等不稳定流动初始阶段对扰动极为敏感，对初始扰动具有强烈的非线性放大作用，在不稳定流动发展初始位置进行细微的控制能量可以使下游流动产生可观的变化，以达到满意的控制效果，使 MEMS 用于流动控制变得非常有利。此外，基于 MEMS 的流动控制器件的阵列化、柔性化智能表皮结构，能够满足复杂气动外形的表面平齐安装，控制动作时对表面流动几乎没有干扰，也适合地面复杂流动机理试验研究的需求，为气动理论的发展、型号研制提供强有力的研究工具。

由于 MEMS 技术为流动控制技术的发展带来了巨大机遇，并且二者的结合给飞行器等流体机械效率的提高和性能的改进带来了可观前景，NASA、麻省理工学院、加州理工学院(California Institute of Technology, Caltech)和加利福尼亚大学洛杉矶分校(University of California, Los Angeles, UCLA)等研究机构和院校在飞行器减阻增升、失速控制、发动机内流、喷流控制、导弹机动性能提升、自主水下微型运载器、无人驾驶飞行器和微型飞行器等许多领域都取得了较大研究成果[57]。

20 世纪 90 年代开始，Caltech 和 UCLA 开展了基于 MEMS 技术的湍流边界层流动主动控制技术研究，主要包括边界层减阻和三角翼前沿涡控制研究。Tai 等基于传统热线原理，采用微表面加工技术，制作出了第一代多晶硅电阻热膜式剪应力传感器，其利用真空隔热腔巧妙地解决了热膜电阻基座热传导损失造成的灵敏度低的问题[58-59]。Jiang 等[60-61]实现了传感器列阵的集成和柔化，使传感器能平齐安装于三维气动表面，实现了流场参数的高空间分辨率和实时测量，并且在湍流边界层剪应力图和分离线测量中得到了成功应用。Liu 等[62-63]研制了阵列化电磁驱动片式微型执行器，采用了主动驱动方式，在执行器活动膜片四周基底上淀积了驱动线圈，实现了自主驱动；片式微型执行器在驱动电流的驱动下，作动片不仅可以离开物面偏转一定的角度，而且可以绕平衡位置按要求的频率和幅度振动，从而对原流场引入一定的干扰量，影响或改变流场的流动状态，其中驱动电流的直流分量决定了其平衡位置的偏转量，交流分量决定了振动的频率和幅度；该执行器在边界层减阻和分离流控制研究中得到了成功应用。Grosjean 等[64]研制了双向微阀和气泡组成的气泡式微执行器，该执行器在外部气源作用下，通过控制微阀进气或放气回路的开启，可以控制充气压力，即可使硅橡胶薄膜充气或放气，通过控制气泡隆起幅度，可以改变当地外形完成控制动作。Tsao 等[65]首次将微型传感器作为信号采集、处理和控制决策的数字信号处理技术(digital signal processing, DSP)芯片及微执行器进行了集成，并将其用于湍流边界层的减阻研究中，芯片上共集成了 3 个控制单元，每个单元由 2 个剪切应力传感器、1 个微执行器和 1 个微控制器组成，芯片只需外部供给电源，即可完成对湍流边界层的流动自主控制，即所谓的 M³ 芯片。由分离的微型传感器、控制器和执行器组成或 M³ 芯片组成的完整流动控制系统称为 M³ 系统。

1997 年，Tsao 等[65]在层流边界层中用涡流发生器模拟产生被控流向涡，用片式电磁执行器作为流动效应器对流向涡进行控制，然后用微热线传感器评估试验效果，片式电磁执行器的作用机制如图 7.3.10 所示。试验结果表明，执行器在 10～40Hz 频率的驱动下，阻力系数均低于无控制时的阻力系数，当采用 40Hz 的频率驱动时，阻力系数甚至低于在层流情况下的阻力系数，证明片式电磁执行器可以用于减阻研究。要对实际湍流边界层进行控制，需要实时测量、辨识流向涡，并施加合适的控制动作，这需要完整的 M³ 系统。如果要对一定区域流动进行控制，则需要大量的传感器、执行器和控制器。因此，传感器、执行器、控制器集成技术成为减阻试验研究的关键。

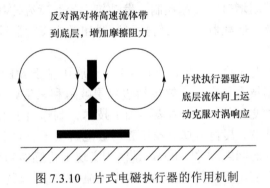

图 7.3.10 片式电磁执行器的作用机制

20 世纪 90 年代以后，美国许多研究机构开展了 MEMS 技术在航空发动机性能改进方面的应用。Shih 等[66]对矩距起飞垂直降落型(short take off and vertical landing, STOVL)发动机喷流稳定性控制和噪声抑制原理进行了研究，图 7.3.11 为其采用的超声速喷流试验装置的示意图。研究表明，STOVL 起飞降落时，强烈的超声速喷流与地面撞击，喷管出口附近的剪切层非常薄，对扰动非常敏感；在环境、撞击流回传等扰动作用下，喷流会出现震荡等不稳定现象，喷管唇边和流动耦合，同时还会激发起唇边高频振动，产生高频啸叫，并且随飞行器高度以及发动机工作状态变化而变化。Shih 等[66]在喷管出口周围均匀布置了 16 个微型喷管作为执行器，用可控的微射流与主射流边界相互作用，以达到对主射流的控制目的。

近年来，MEMS 器件技术的迅速发展为主动流动控制提供了新手段。MEMS 作动器件主要通过改变翼面局部结构或者为飞行器绕流流场提供动量、

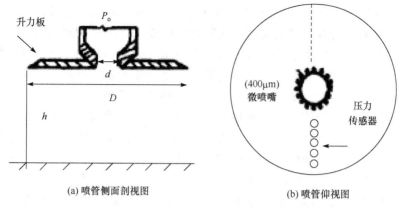

(a) 喷管侧面剖视图　　　　　　　　　(b) 喷管仰视图

图 7.3.11　超声速喷流试验装置的示意图

改变流场涡流状态或边界层分离状态，达到改善飞行器气动性能的目的。MEMS作动器由于体积微小，可以克服传统作动器大体积、大功耗的缺陷，而且具有响应快、分辨率高、材料易于分布控制等优点，因此形成了以 MEMS 为基础结合空气动力学、结构、控制等多学科为一体的先进主动流动控制技术。

电磁驱动片式微作动器是 MEMS 微作动器的一种形式，微作动器面积为 $1\sim2\mathrm{mm}^2$，可以制作成阵列。在电流驱动下，片式微作动器能离开物面偏转一定角度，绕平衡位置做一定频率、幅度的振动。当作动片向上运动时，带动底层气体与流向涡相互作用，阻止外层高动量气体进入底层，抑制流向涡的发展。试验表明，在 $10\sim40\mathrm{Hz}$ 频率作用下，模型表面阻力系数低于无控制时的阻力系数。此外，还有压电式振动梁、复合喷管等形式的微作动器。微气泡型作动器也是 MEMS 微作动器的一种。它可以安装在机翼表面，当作动器未充气时，具有与翼面平齐的外形；当通入一定压力气体后，气泡薄膜发生凸起变形，对气流产生微小扰动，进而改变流场状态或影响翼型的边界层结构，微气泡型作动器的结构和阵列结构示意图如图 7.3.12。微作动器的作动采用高压空气供气，通气槽可开在基座上，作动器膜片与基座间可采用黏接装配。MEMS 用于主动流动控制的关键在于控制元件的微型化和建立宏观物理现象与微作动器之间的耦合关系。

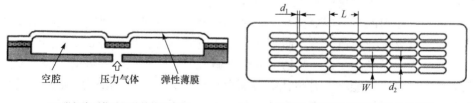

(a) 微气泡型作动器的结构示意图　　　　　(b) 微气泡型作动器的阵列结构示意图

图 7.3.12　微气泡型作动器的结构和阵列结构示意图

　　智能材料等自适应结构也被广泛应用于主动流动控制。现代高速、高机动飞行器经常采用大攻角机动飞行，往往会产生流动分离和失速的问题。机翼动态失速是由机翼前缘很强的逆压梯度或激波诱导分离引起的。控制动态失速可以通过改变机翼前、后缘弯度来改变局部马赫数和压力分布实现。国内外关于此类的研究包括动态可变形前缘、主动气动弹性机翼和智能蒙皮等。

　　自适应技术除应用于航空领域外，也可应用于其他研究领域。例如，丹麦风能部国家实验室开展了自适应后缘形状的研究，通过在风机叶片后缘安装压电作动器控制叶片后缘的变化，达到主动载荷控制的目的，同时可以使叶片载荷大幅度增加或减少。NASA 格林研究中心目前致力于紧凑型固体作动器和具有结构重构能力的高温形状记忆合金的研究，其研究范围从原子材料建模到设计、加工和各种自适应结构及基于 NiTiPd 高温形状记忆合金的试验。另外，NASA 格林研究中心正与波音公司、NASA 兰利研究中心、德克萨斯 A&M 大学等联合，在一个新成立的机构下，加速发展和认证基于高温形状记忆合金的重构航空结构。美国空军研究实验室通过一个平面柔性变形体机翼研究了作动器的分布和最优方位，以剪刀状结构为单元的组合体来模拟机翼，每个单元由 1 个作动器和 4 个铰链连接在一起，柔性蒙皮用非线性材料模拟，其可以在两个相对的端点之间延伸。研究表明，作动器的方位优化取决于载荷条件和机翼的初始结构。波音公司、美国空军、陆军、NASA、麻省理工学院、UCLA 和马里兰大学已成功完成了以智能材料为主体旋翼的风洞试验。试验件是每个叶片都带有压电作动后缘调整片的一个全尺寸 5 旋翼 MD900 直升机旋翼。试验程序评估了该系统的前飞特性，获得的数据用来验证和分析旋翼噪声的程序。NASA 的 Dryden 演示验证了飞行中感应机翼形状和实时确定结构应力的能力，将 6 根光纤放置在一个经过修形的无人机上，它们能实时提供 2000 个以上应变测量。下一步的工作计划将使用实时形状信息并把这些数据反馈到控制系统来重新分布载荷。美国宾夕法尼亚州正在用细胞结构的概念和辅助连接自适应机构研发高应变材料，这种细胞结构比没有连接的细胞结构具有更低的弯曲应力。细胞结构本身会导致高应变，但使用连接会导致其应力减小，帮助细胞结构承受更高的应变。分析表明，这种结构能承受 28 倍材料允许的应变，并且比没有连接的细胞结构能多承受 100%的应变。

　　可主动变形的自适应翼面采用智能结构技术，根据飞行状况和结构承受载荷，依靠机翼自身的扭转、弯曲等变形形式改变翼形，从而得到最佳的气动特性。同常规的操纵面相比，自适应翼面在减轻质量、降低临界载荷、改善雷达散射截面以及尽可能增大升阻比等方面存在着很大的优势和潜力。结构主动变形技术也应用于导弹中，将导弹弹翼与可主动变形元件相集成，可以使其按照预先设定的程序做随机的小范围变形以调整飞行速度与飞行姿态，从而提高机动力与突防能力，使以目标导弹飞行位置与飞行速度为目标进行拦截的拦截导弹失效，导弹末段攻击的动能和毁伤效能最大化。

飞行翼是自适应主动变形技术主要应用的结构部位之一，目前大多数飞机采用缝翼和襟翼，通过机械装置增大翼面积或增加机翼弯度，为飞机提供更多的升力，但是这种机械运动的襟翼和缝翼笨重、复杂、效率低下。要实现飞行器某个结构在飞行中形状的改变，如果继续使用传统的控制驱动系统，将会使结构变得更加复杂，有些甚至根本无法实现。飞行器中任何一个结构都只具有有限的空间和额定的质量，任何附加的结构对飞行器都是不利的。新型的变形思路力求根据简单的机械原理实现多方面的变形要求，使用智能材料，或者智能材料与结构材料相结合作为驱动器，能够使结构小型化并具有变形功能。一些智能材料本身就具有驱动材料和结构材料的双重功能，能够使结构达到最紧凑和轻质化。目前，使用最广泛的驱动材料是压电陶瓷和形状记忆合金。压电陶瓷的响应速度快、带宽较宽，形状记忆合金的能量密度高，二者在应用中往往相互结合使用。形状记忆聚合物是近期兴起的一种可产生大变形的聚合物材料，其本身的刚度和变形能力，使其具有驱动与结构的双重功能。

在飞行器主动变形结构的研究过程中，美国已成功利用电机、液压系统配合机械结构实现了机翼变后掠，如 F-111、F-14 等战机，进气道吸收面变化，如 F-15、SR-7 等。通过对智能材料本身性质的探索，利用形状记忆合金等材料高能量密度的特点，以智能材料驱动器可以产生直线或旋转运动作为基点，使用智能材料驱动器替代现有的液压等驱动结构来达到轻质、可靠的目的。例如，在智能飞机和海洋工程系统论证(smart aircraft and marine project system demonstration, SAMPSON)计划中，使用形状记忆合金丝束驱动器替代 F-15 驱动进气道变形的原有液压驱动系统，大大减小了结构的体积并减轻了质量。对于要求产生复杂变形的翼结构，传统结构的约束条件和设计方法已不能适应主动变形的要求。当一个翼结构要实现表面的连续弯曲时，既要求翼在弦向表现柔性，又要求在垂直翼面方向表现为刚性。

在地面静止状态，智能材料驱动器可以产生足够大的力和位移使结构产生预定的变形。在飞行器服役过程中，其翼面构型与气动载荷耦合，一方面，在很大气动载荷作用下，智能材料驱动产生的变形可能微乎其微；另一方面，主动变形偏离设计值会产生负面作用，甚至带来灾难性的后果。因此，主动变形飞行器的设计必须建立在气固耦合的基础之上，通过智能材料的驱动作用，借助气动载荷的作用以及配合复合材料铺层设计来达到驱动效率、结构效率和气动效率的共同发挥。

7.4　开环流动控制

　　本节以大迎角旋成体扰流、大迎角翼型扰流等问题为代表，介绍典型开环流动主动控制手段的控制效果。

　　开环控制系统是指系统的输出端与输入端之间不存在反馈，即控制系统的输出量不对系统的控制产生任何影响，结构如图 7.4.1 所示。开环控制系统由控制器与被控对象组成，其中控制器通常具有功率放大的功能。同闭环控制系统相比，开环控制系统结构简单、成本较低，主要用于增强型系统。

图 7.4.1　开环控制系统的结构

　　为了提高战斗机和导弹飞行的机动性和敏捷性，利用开环流动主动控制技术控制大迎角下非对称涡系的产生来提高细长旋成体的机动性得到了广泛的关注和研究。顾蕴松等[67]发展了一种可以对细长旋成体非对称背涡的非对称程度进行比例控制的技术，该控制技术通过在细长体头部施加非定常小扰动来控制前体背涡，不仅可以完全消除背涡的非对称性及其产生的侧向力，而且可以连续改变侧向力的大小，同时控制所需要的能量非常小，其有效控制迎角为 $30°\sim70°$。试验时，在模型头部尖顶处安装了一个形状为条形的小扰动片，该扰动片由装在模型内部的非定常摆振机构带动，可绕模型体轴旋转摆动或固定在任一周向角度位置。非定常小扰动产生机构由小扰动片、摆振机构、微型电动机、轴编码器和电机驱动器组成。测量装置为六分量天平测力系统和粒子图像激光测速仪，模型和测量装置安装示意图如图 7.4.2。试验结果显示，小扰动摆振平衡位置周向角在 $\phi_s = 0°$ 位置时，模型所受到的侧向力在 $30°\sim70°$ 迎角内都可以很好地被消除；当 $\phi_s > 0°$ 时，在 $30°\sim70°$ 迎角内改变 ϕ_s 都可以相应地改变侧向力的大小，侧向力为正值，指向模型右舷，并且随着迎角的增加，侧向力逐渐增大，迎角在 $50°$ 附近时，侧向力达到峰值，迎角继续增加时，侧向力逐渐减小，迎角 $\alpha > 70°$ 后侧向力趋近于零；当 ϕ_s 在 $0°\sim16°$ 时，侧向力系数的大小逐渐递增；当 $\phi_s < 0°$ 时，侧向力为负值，指向模型左舷，侧向力系数随迎角的变化规律与 $\phi_s > 0°$ 时相似，并关于横坐标轴对称。不同 ϕ_s 对应的侧向力与迎角之间的变化如图 7.4.3。当 $\alpha = 45°$ 时，改变吹气量大小可以连续改变侧向力，但侧向力的幅值随输入吹气量系数 C_μ 的变化非常迅速，不易实现对侧向力的精确控制[68]，如图 7.4.4 (a)。当 $\alpha = 55°$ 时，脉动吹气的控制方式可以改变侧向力的方向，但不能连续改变侧向力的大小。控制输入参数吹气量系数 C_μ

从正到负变化和从负到正变化进行控制时，侧向力的变化趋势表现为迟滞环特性，并且在关闭控制输入后涡系不回到原来无扰动的初始状态，而保持控制时的状态，这是背涡系双稳态流动的典型特征[68]，如图 7.4.4 (b)。目前，以改变吹气量大小来控制侧向力方式存在的主要问题是，所需吹气量大小与来流速度密切相关，来流速度增加，吹气量增加所需的能量也将大大增加，而非定常摆

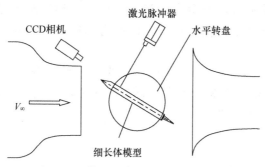

图 7.4.2 模型和测量装置安装示意图

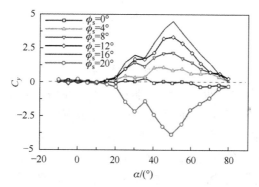

图 7.4.3 不同 ϕ_s 对应的侧向力与迎角之间的变化

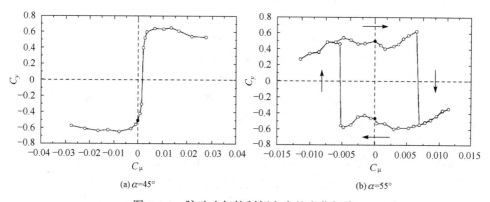

(a) $\alpha=45°$ (b) $\alpha=55°$

图 7.4.4 脉动吹气控制侧向力的变化规律

振小扰动片尺度和质量都非常小，对飞行器的气动外形影响很小，控制小扰动片运动所消耗的能量也很小；旋转摆振机构和控制系统也可做到微型模块化，并且随着来流速度的增加，摆振片提供的非定常扰动强度以自适应方式增加，因此该控制技术有较大的工程实用价值和应用潜力。

孟宣市等[69]利用介质阻挡放电等离子体激励器对半顶角为10°的圆锥-圆柱组合体圆锥前体的双稳态分离涡流场进行了流动控制研究。结合占空循环控制，对圆锥前体双稳态流场中出现的侧力和偏航力矩实现了近似线性的比例控制。

试验风速为5m/s，基于圆锥底面直径的雷诺数为5×10^4，迎角为35°～45°，侧滑角为零，激励器在模型上的安装方式如图7.4.5所示。在具体试验过程中，等离子体激励器包括三种工作模式。

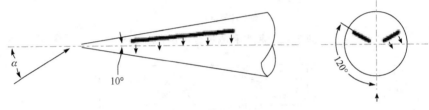

图 7.4.5　激励器在模型上的安装方式

(1) 激励器关模式：两个激励器都不工作。在该模式下分别进行了零度迎角下 U_∞=5m/s、10m/s 风速下的试验，用于校验模型加工与安装精度。

(2) 激励器开模式：左右两边有且只有一个激励器工作，分别称为左/右舷等离子体激励器开，圆锥表面的每个激励器分别由交流电源单独驱动。

(3) 占空循环模式：指两个激励器以占空比 τ 交替工作，τ 定义为一个占空循环周期内右舷等离子体激励器工作时间所占的比例，左舷激励器工作所占时间比例为 $1-\tau$。

如图 7.4.6 为两台等离子体发生器占空循环控制原理图。

零迎角下风速为 5m/s 和 10m/s 时各截面压力分布比较如图 7.4.7。由图可以看出，当风速为 5m/s 时，测压截面的少数测压孔处出现了不规则压力跳动；当风速为 10m/s 时，各截面的结果均接近常值曲线。分析认为，5m/s 风速下压力跳动比 10m/s 风速下大是低风速下湍流度较高引起的。

等离子体激励器开/关控制模式，对应执行激励器关、左舷激励器开、右舷激励器开三种试验操作。图 7.4.8 为在三种不同操作的情况下，由截面压力积分得到的组合体圆锥段侧力和偏航力矩随迎角的变化曲线。可以看出，随着迎角的增大，激励器关状态下模型上的侧力和力矩增大，意味着分离涡的不对称性在增强。侧力始终为正值说明在该状态下，右舷涡比左舷涡更靠近圆锥表

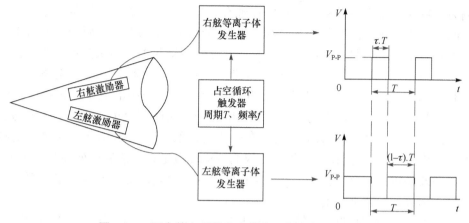

图 7.4.6　两台等离子体发生器占空循环控制原理图

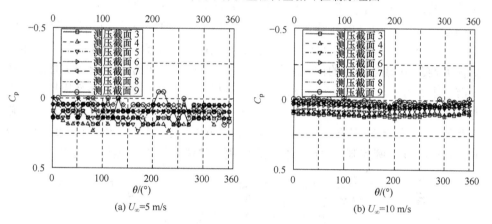

(a) U_∞=5 m/s

(b) U_∞=10 m/s

图 7.4.7　零迎角下风速为 5m/s 和 10m/s 时各截面压力分布比较

面。在一个典型的双稳态模式下，受圆锥顶点附近微小加工误差或者自由来流的微小扰动影响，不对称力产生的侧力可以指向左也可以指向右。图 7.4.8 中

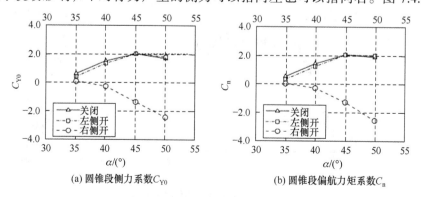

(a) 圆锥段侧力系数C_{Y0}

(b) 圆锥段偏航力矩系数C_n

图 7.4.8　等离子体激励器开/关状态下圆锥段侧力和偏航力矩系数随迎角的变化曲线

侧力系数和偏航力矩系数为正说明在现有试验条件下，等离子体激励器手工加工的不完善和流场品质的不均匀给了流场一个确定的扰动，从而产生了为正的侧力和力矩。图中曲线显示，左舷激励器开的结果和关的结果基本一致，这是由于左舷激励器开启带来的非对称扰动仅仅使得激励器关模式下流场的非对称状态达到稳态；而右舷激励器的开启则得到了期望中的流场非对称性的转换，侧力和偏航力矩都出现反号。图 7.4.9 给出了迎角为 50°时等离子体激励器开/关状态下所有测量截面上压力分布的变化，可以看出，尽管等离子体激励器长度仅为 20mm，距离模型尖端处也仅为 9mm，但是在目前研究的迎角范围内，控制的效果贯穿了整个圆锥段，说明在圆锥尖端处利用等离子体对整个圆锥前体涡流场进行控制非常有效。

加入占空循环控制，选择适当的占空循环频率，使左/右舷等离子体激励器在给定的占空比 τ 下交替开、关工作。$\tau = 0$ 和 $\tau = 100\%$ 的情况分别对应上述提到的左舷和右舷激励器连续工作，产生完全相反的控制效果。试验的目的是期望利用占空比 τ 从 $0\sim100\%$ 的变化实现流动在两个稳态之间线性的转换，即细长体大迎角下稳态流场的比例控制。图 7.4.10 给出了迎角为 35°$\sim$50°时侧力和偏航力矩随着 τ 从 $0\sim100\%$ 变化的曲线。可以看出，在整个占空循环周期内结果并不是严格的线性变化。但是曲线的变化清楚地显示，可以通过改变 τ 值控制侧力和偏航力矩，使其达到双稳态两个峰值之间的任何一个中间值。试验结果出现非严格的线性比例控制，可能是模型及等离子体激励器加工误差造成的。

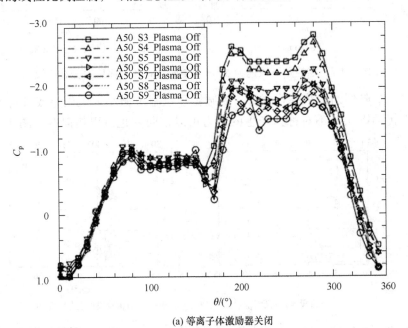

(a) 等离子体激励器关闭

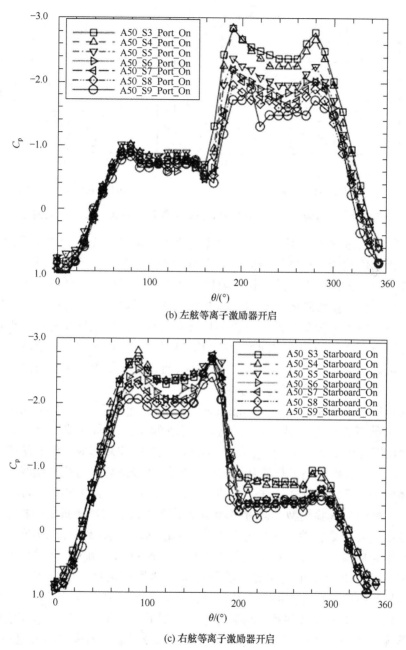

(b) 左舷等离子激励器开启

(c) 右舷等离子激励器开启

图 7.4.9　迎角为 50°时等离子体激励器开/关状态下所有测量截面上压力分布的变化

Plasma_Off 表示等离子激励器关闭；Port_On 表示左舷等离子体激励器开启；Starboard_On 表示右舷等离子体激
励器开启

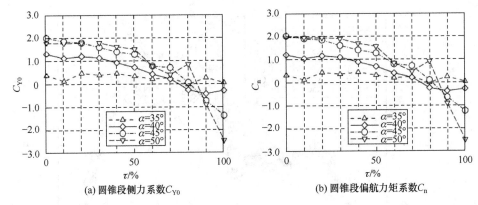

(a) 圆锥段侧力系数 C_{Y0}　　　　　　　　(b) 圆锥段偏航力矩系数 C_n

图 7.4.10　迎角为 35°～50°时侧力和偏航力矩随着 τ 从 0～100% 变化的曲线

　　实际控制过程中，等离子体激励器为当地流动注入动量，但无质量注入。只要等离子体激励器在圆锥表面设置得当，激励出的等离子流就可以改变流动在圆锥表面的分离位置，从而控制前体分离涡的相对位置。利用双稳态流场对左、右舷等离子体激励的动态响应的有利条件，可以使左、右舷等离子体激励器在适当的频率下按适当的占空比循环交替转换，得到流场双稳态下出现的侧力与力矩极值之间的任意中间值。试验结果表明，使用介质阻挡放电等离子体激励器可以避免不可预知的侧力/力矩出现，而且证实了等离子体对大迎角下细长圆锥前体侧力/力矩控制的可行性。

　　跨声速抖振现象最早由 Humphreys[70]在 1951 年的试验中发现。Lee[71]提出一种自维持反馈模型，认为由激波运动形成的压力波向激波下游的分离区传播，并在尾缘处诱导产生向上游逆流的声波，如此往复形成激波和尾缘声波的反馈，其中抖振周期是下行波从激波位置向尾缘传播和上行波从尾缘向激波位置传播所用时间之和。Doerffer 等[72]和 Jacquin 等[73]分别以 NACA0012 翼型和 OAT15A 翼型为试验模型，通过多种测量手段得到了跨声速抖振的抖振边界、抖振强度及其频率特性。以上试验均提供了较详尽的试验条件和丰富的试验结果，可作为检验计算程序和研究抖振现象的标准算例。由 Lee[71]采用的模型可以发现，翼型上表面附面层和尾缘的环境在抖振作用过程中扮演了重要的角色，因此跨声速抖振控制的主要思路是改变附面层或者尾缘的环境。改变附面层的思路主要是采用某些被动抑制方法，如附面层凹槽、控制鼓包和前缘涡流发生器等。这些策略可以在一定程度上延迟或减缓激波附面层的大范围分离，达到控制抖振的目的，但是仅在某些预设的状态下具有一定的控制效果，而在非预设状态可能会影响其他方面的气动性能。尾缘偏流装置（trailing edge deflector, TED）试图通过改变翼型尾缘的环境来达到控制抖振的目的，这是一种主动控制策略，在以压力信号为反馈的闭环控制下可以有效减小抖振引起的非定常载荷,本质上 TED 可以被认为是操作舵面的演化。Doerffer 等[72]和 Barbut 等[74]研究了 22.6%弦长的舵面周期性振荡对抖振流动的影响,发现当舵面振荡频率接近抖振频率时,载荷响应幅值会稍微增加。由于试验条件所限,对相关控制参数的分析较少,给出的两个状态的控制效果也一般,仅使升力系数幅值减小了 30%左右。

高传强等[75]以 NACA0012 翼型为模型,首先从抖振边界及其频率特性等角度研究静止翼型的跨声速抖振特性,然后探索采用开环策略的谐振舵面对跨声速抖振抑制的可能性。计算模型为以 NACA0012 翼型为剖面的矩形翼段,弦长 c 为 180mm,展长为 596mm,舵面长度为 $0.226c$,舵轴位于距前缘 $0.8c$ 处,舵面间隙为 $0.0017c$。相关数值仿真结果表明,在较大来流迎角下(大于 3°,一般抖振发生状态),有无间隙对仿真结果影响较小。为了简化模拟,采用无间隙舵面,即将翼型尾缘 20%弦长部分看作舵面,舵轴位置在 80%弦长处。选取状态 $Ma=0.7$,$Re=3\times10^6$,$\alpha=5.5°$ 为标准状态,并在该状态下研究舵面周期性振荡对跨声速抖振的抑制作用。规定舵面上偏为正,采用开环主动控制,舵面的作动规律为 $\beta=\beta_0+A\sin(\omega_{flap}\tau+\varphi)=\beta_0+A\sin(n\omega_{flow}\tau+\varphi)$。其中,$\beta_0$ 是平衡舵偏;A 是振荡幅值;ω_{flap} 是舵面振荡频率;ω_{flow} 是静止翼型在上述状态下的抖振频率,为一定值,通过 n 改变舵偏频率与抖振频率的关系;φ 是相角;τ 为无量纲时间。定义升力系数穿过平衡位置向高于平衡位置方向运动为初始位置,舵面在此时开始作动。

首先考虑平衡舵偏的影响,令 $A=0$,β_0 分别取 0°、2°、3.5°和 6°。图 7.4.11

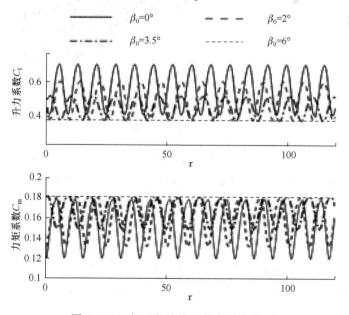

图 7.4.11 各平衡舵偏下的力系数响应

为上述各平衡舵偏下的力系数响应,可以看出,随着平衡舵偏的增加,力系数幅值逐渐减小,当平衡舵偏达到 6° 时,抖振消失,流动呈现定常特性。进一步对平衡舵偏为 0°、2° 和 3.5° 的三个状态的升力系数响应进行功率谱分析,结果如图 7.4.12 所示,发现随着平衡舵偏的增加,响应频率逐渐减小。这实际上是翼型的有效迎角降低造成的,由于舵面上偏,等同于翼型的低头效应,使实际的来流迎角降低。从抖振载荷强度和抖振频率来看,2° 平衡舵偏的升力幅值和减缩频率均与静止翼型在 5° 迎角下的结果相当,而 6° 平衡舵偏引起的低头效应已经低于抖振的起始边界,因此流动是定常的。但是平衡舵偏会引起其他气动性能的变化,其中最主要的是平均升力系数降低,这在飞行器设计中是不允许出现的。

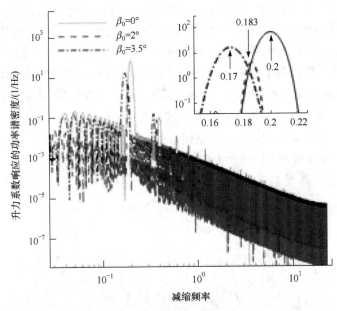

图 7.4.12　各平衡舵偏下的功率谱分析

考察舵面简谐振荡对抖振特性的影响,令 $\beta_0=0°$,$\varphi=0$,A 和 n 取适当的值。首先在 2° 幅值下分析不同振荡频率对抖振的控制效果,图 7.4.13 给出了几种典型振荡频率下的响应,图 7.4.14 是相应的功率谱分析结果。可以发现当舵面振荡频率与静止翼型的抖振频率相近时,升力系数幅值明显增大,即发生共振效应。当舵面振荡频率与抖振频率远离时($\omega_{\text{flap}}=0.8\omega_{\text{flow}}$ 和 $\omega_{\text{flap}}=1.2\omega_{\text{flow}}$),升力系数幅值与静止机翼的幅值基本相等,在这两个振荡频率下看不出明显的抑制作用。从功率谱分析结果看,响应频率存在两个峰值,分别与舵面振荡频率和抖振频率接近。

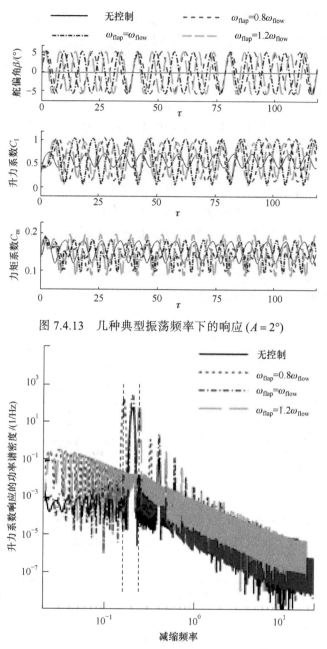

图 7.4.13　几种典型振荡频率下的响应 $(A = 2°)$

图 7.4.14　典型振荡频率下响应的功率谱分析 $(A = 2°)$

　　下面分析更大的幅值和频率范围下的控制效果。图 7.4.15 给出了舵偏振荡幅值分别为 2°、2.5°、3.5° 和 6° 时的力系数响应幅值随振荡频率的关系，其中振荡频率 ω_{flap} 为 $0.2\omega_{flow} \sim 5\omega_{flow}$。在大部分频率范围内，升力系数响应幅值大于静止翼型的抖振幅值，仅在 $\omega_{\text{flap}}=1.5\omega_{\text{flow}}$ 附近时幅值较小，$A=3.5°$ 时的幅值仅为静止翼型时的 30%。在 $\omega_{\text{flap}}=\omega_{\text{flow}}$ 附近发生明显的共振效应，升力系数响应幅值远大于静止翼型的抖振幅值，并且舵面振荡幅值越大，共振效应越明显。图 7.4.16 给出了不同振荡幅值下升力系数响应的频率特性，其中"O"表示响应的主峰频率，"×"表示响应的次峰频率。对于较小的舵面振荡幅值（$A=2°$ 和 $A=2.5°$），主峰频率主要跟随抖振频率，而对于大振荡幅值（$A=3.5°$ 和 $A=6°$），主峰频率主要跟随舵面振荡频率。这是由于舵面的小振幅振荡对流场的影响较弱，流动仍以抖振响应为主；对于大振幅情形，舵面的影响占主导，甚至已经完全掩盖抖振本身的流动特性，因此响应频率跟随舵面振荡频率。另外注意到，在 $\omega_{\text{flap}}/\omega_{\text{flow}}=1$ 附近时，不管舵面振荡幅值大小，响应频率仅有一个，且跟随舵面振荡频率，这说明共振时舵面的大幅振荡主导了流动特性。从控制效果来看，仅在较窄的舵偏幅值和频率范围下具有一定的控制效果，而在其他状态下对流场本身的特性影响较大。因此，仅从改变振荡舵面的幅值和频率的角度很难达到理想的控制效果。

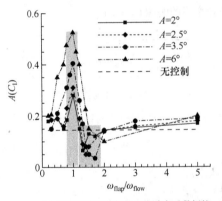
(a) 不同舵偏振荡幅值下的升力系数幅值

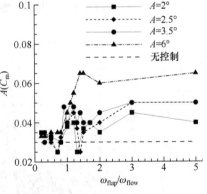
(b) 不同舵偏振荡幅值下的力矩系数幅值

图 7.4.15　不同舵偏振荡幅值下力系数响应幅值随振荡频率的关系

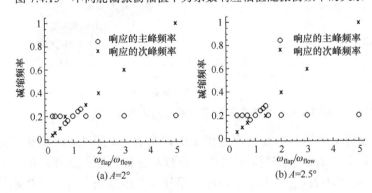
(a) $A=2°$　　　　　　　　　　　　(b) $A=2.5°$

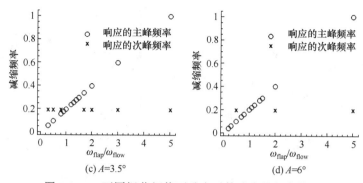

图 7.4.16　不同振荡幅值下升力系数响应的频率特性

选取 $\omega_{\text{flap}} = 1.5\omega_{\text{flow}}$ 作为分析相角影响的状态,令 $\beta_0 = 0°$, $A = 2°$, $n = 1.5$。图 7.4.17 给出了该状态下几个典型相角下的响应曲线, $\varphi = 90°$ 和 $\varphi = 270°$ 时在舵面作动初始时刻即达到最大偏转角度,对流场影响较大。此处需要说明的是,对于非简谐响应,以最大升力系数与最小升力系数之差的一半作为其幅值。图 7.4.18 给出了该状态下升力系数幅值和平均升力系数随相角的变化关系,其中相角变化步长为 $30°$,在 $270°$ 附近适当加密。图 7.4.19 是其相应的频率分布随相角的变化关系。可以发现,升力系数幅值在相角为 $90°$ 和 $270°$ 附近存在两个"凹坑",但是 $90°$

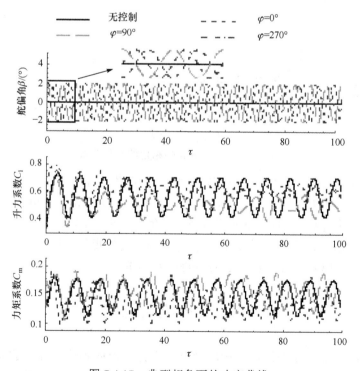

图 7.4.17　典型相角下的响应曲线

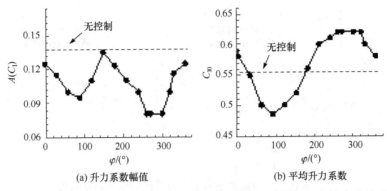

(a) 升力系数幅值　　　　　　　　　(b) 平均升力系数

图 7.4.18　不同相角下的升力系数幅值和平均升力系数随相角的变化关系

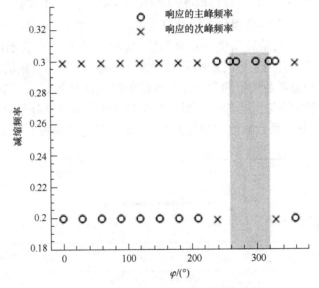

图 7.4.19　频率分布随相角的变化关系

附近的平均升力系数低于静止翼型在该状态下的平均升力系数，而 270° 附近的平均升力系数较大。另外从图 7.4.19 中的频率分布可看出，相角 270° 附近的响应只有一个响应频率，即舵面振荡频率。相角对抖振的控制效果有一定的影响，在相角 270° 附近，升力系数幅值减小近 60%。更理想的控制相角与舵偏幅值、频率的组合，以及其控制机理还有待进一步研究。

7.5　闭环流动控制

闭环控制是指作为被控的输出量以一定方式返回到作为控制的输入端，并对输入端施加控制影响的一种控制关系。闭环控制与开环控制最大的区别是，闭环控制存在由输出端到输入端的反馈,因此控制方式是实时更新的。同开环控制相比,闭环控制的精度和稳定性更高,可以自动校正输出量。

一个流动的闭环控制系统由传感器、控制器和作动器三个部分组成。其中,传感器从流体系统中获取信息,既可以利用热线风速仪或压力计进行局部参数测量,也可以采用天平进行集中力测量。传感器将这些信息转化为电信号传递给控制器;控制器储存控制律算法,控制作动器的运作,是整个闭环流体控制系统的核心;作动器对流体系统进行控制,可以是飞行器传统控制面,也可以是喷流、等离子体射流、智能蒙皮等新兴作动器。

闭环流动控制的示意图如图 7.5.1,图 7.5.2 为闭环流动控制需要考虑的问题。

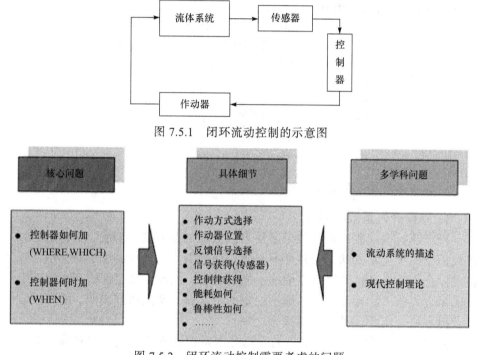

图 7.5.1　闭环流动控制的示意图

图 7.5.2　闭环流动控制需要考虑的问题

在上述闭环控制过程中,控制律起到至关重要的作用。控制律的设计方法有很多,既可以采用试凑法获得简单控制律,也可以在动力学系统精细化建模的基础上进行最优控制律的设计,还可以借用现代控制理论中自适应控制、智能控制等新方法实现在线控制律的设计。本节以跨声速抖振这种经典不稳定流动为例,介绍具体的闭环流动控制实现过程。7.5.1 小节介绍简单的试凑法是如何实现闭环控制律的设计;7.5.2 小节在构建非定常流动降阶模型的基础上,运用现代控制律设计方法,实现抖振的主动闭环控制。并结合流动的动力学特征,讨论控制律与流动特征的关联性。

7.5.1　基于 CFD 仿真的闭环控制

本小节以振荡舵面对跨声速抖振的控制问题为代表，介绍闭环流动主动控制手段的控制效果[76]。

闭环流动控制框图如图 7.5.3 所示。根据前述开环控制经验，相位差在抖振控制中起到了重要作用，因此，在闭环控制律的确定过程中，通过引入延迟时间来实现相位差的改变。延迟反馈控制律可以通过经验定位为

$$\beta = \lambda[C_1(t - \Delta t) - C_{10}] \tag{7.5.1}$$

其中，β 为舵偏角；λ 为增益；t 为时间；Δt 为延迟时间；C_1 为当前时刻的升力系数响应；C_{10} 为平衡升力系数。

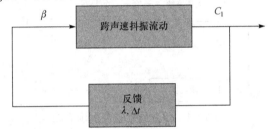

图 7.5.3　闭环流动控制框图

1. 各项参数对控制效果的影响

1) 平衡升力系数的影响

跨声速抖振控制的最佳效果是使自激振荡的激波变得静止，不稳定的流场最终趋于一个定常的状态，并且不改变流动的来流条件和翼型形状，一旦反馈控制停止，流场又将恢复到之前的不稳定状态。因此，该定常状态在数学上严格满足边界条件和控制方程，即不稳定的定常解。文献研究表明，闭环控制正是获得不稳定定常流动的主要途径之一。

由式(7.5.1)可以发现，最佳的平衡升力系数是不稳定定常解对应的升力系数，但在实际仿真中，这样的定常解（平衡升力系数）并不能先验得到。平衡升力系数也不能直接取非定常状态下的时均解，这是由于系统闭环控制后的稳定状态和非定常状态下的时均状态并不一致。这里可以通过迭代方法获得平衡升力系数。具体方法是先给定时均升力系数，然后根据控制稳定之后的舵面偏转情况进行调整，经过多次迭代可以找到给定状态下的定常解，并将其作为最佳的平衡升力系数。

2) 增益的影响

从式(7.5.1)可以看出，反馈增益对舵面的扑动幅值影响较大，起到放大的

作用，将升力信号直接转化成舵面的作动幅值，随着增益 λ 的增大，舵面作动幅值以及升力系数和力矩系数幅值逐渐减小。另外，在控制初始阶段，由于反馈控制开始，舵面的突然运动对流场造成的冲击会引起输出信号的波动，增益越大，这种冲击作用越明显。当增益大到一定程度时，这种冲击作用会破坏真实的流动过程，造成解的持续振荡。在实际操作中应该尽量保证增益 λ 在一个合理的范围内。

总体来讲，在不考虑延迟时间的闭环反馈控制中，在一定范围内增大增益 λ 可以显著改善抖振控制效果。但是并不是增益 λ 越大越好，太大的 λ 会对流场造成较大的冲击，形成振荡，失去控制作用。

3) 延迟时间的影响

在闭环控制前，系统达到稳定的近似简谐的抖振响应，其周期是固定的，定义该周期为 T_0。为了便于描述，这里将延迟时间转换成角度的形式，如延迟二分之一周期，则表示为 $\Delta t = \dfrac{18}{36}T_0 = \dfrac{1}{2}2\pi = 180°$，即舵面响应滞后升力响应二分之一周期(180°)，如此类推。如果延迟相角超过 180°，则可以进一步转化为舵面对升力响应的相角超前，用 φ_{lead} 表示。例如，延迟时间 $\Delta\tau = 31/36T_0$ 与相角超前 $\varphi_{\text{lead}} = 50°$ 是一致的。

图 7.5.4 给出了当增益 $\lambda = 0.15$ 时，几种典型延迟时间条件下的闭环控制响应历程比较。由图中曲线可以发现，延迟时间对闭环控制效果影响较大，甚至可以完全改变闭环控制系统的稳定性。当延迟时间 $\Delta t = 9/36T_0$ 时，闭环控制系统不稳定，升力系数响应幅值较无控制时增加了近 50%；当延迟时间 $\Delta t = 0$ 和 $\Delta t = 27/$

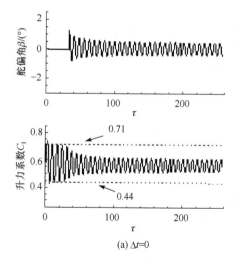

(a) $\Delta t=0$

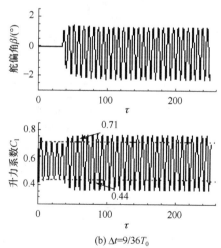

(b) $\Delta t=9/36T_0$

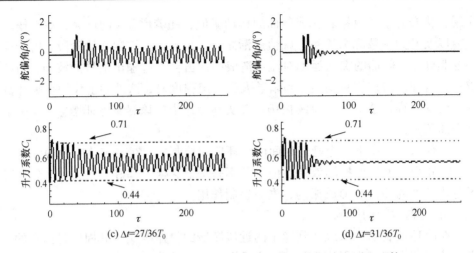

(c) $\Delta t=27/36T_0$　　　　　　　　(d) $\Delta t=31/36T_0$

图 7.5.4　几种典型延迟时间条件下的闭环控制响应历程比较

$36T_0$ 时，闭环控制已经起作用，升力系数幅值明显小于无控制时的结果，减小了近 2/3，但是依然没有达到完全控制的效果；当延迟时间 $\Delta t=31/36T_0$（$\varphi_{lead}=50°$）时，闭环系统稳定，抖振被完全控制，获得的流场是定常的，升力系数等于平衡升力系数 0.553。

进一步对增益 $\lambda=0.15$ 时的延迟时间进行更详细的讨论，仿真间隔为 $3/36T_0$。图 7.5.5 给出了 12 个响应对应的升力系数对舵偏角的迟滞环，并对稳定后的响应结果折算出升力系数响应与舵面响应的相角。为了直观比较，所有的相图都以同一个尺度显示。对比发现，从 $\Delta t=3/36T_0$ 到 $\Delta t=24/36T_0$ 范围内，

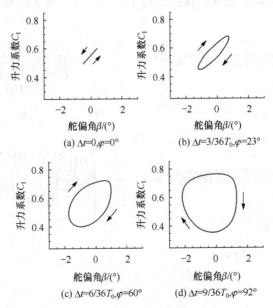

(a) $\Delta t=0, \varphi=0°$　　　　　　　(b) $\Delta t=3/36T_0, \varphi=23°$

(c) $\Delta t=6/36T_0, \varphi=60°$　　　　　(d) $\Delta t=9/36T_0, \varphi=92°$

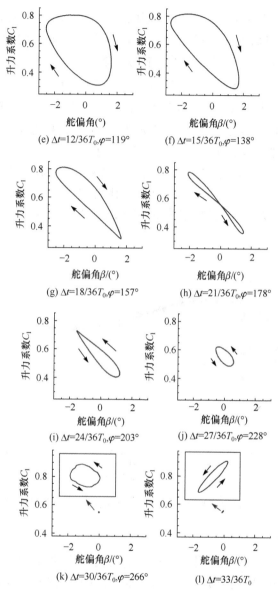

(e) $\Delta t=12/36T_0, \varphi=119°$　　(f) $\Delta t=15/36T_0, \varphi=138°$

(g) $\Delta t=18/36T_0, \varphi=157°$　　(h) $\Delta t=21/36T_0, \varphi=178°$

(i) $\Delta t=24/36T_0, \varphi=203°$　　(j) $\Delta t=27/36T_0, \varphi=228°$

(k) $\Delta t=30/36T_0, \varphi=266°$　　(l) $\Delta t=33/36T_0$

图 7.5.5　不同延迟时间条件下的升力迟滞环比较

迟滞环都比较狭长,这意味着在这段范围内,升力系数幅值较大,尤其是图 7.5.5(f) 中,当 $\Delta t=15/36T_0$ 时,升力系数较无控制时增加了近 1 倍。

在 $\Delta t=0$ 和 $\Delta t=27/36T_0$ 时,环的面积比较小,说明在该延迟时间范围内闭环反馈有效,但是没有完全抑制抖振,这与图 7.5.4 的结论一致;当 $\Delta t=30/36T_0$ 和 $\Delta t=33/36T_0$ (从 $\varphi_{\text{lead}}=60°$ 到 $\varphi_{\text{lead}}=30°$)时,在以上显示尺度下,环基

本收缩为一个点，说明在这段延迟时间内闭环控制可以有效地抑制抖振。图 7.5.5 中还标出了稳定以后两响应的相角，可以看出稳定前后的相角是不同的。当 $\Delta t = 0$ 时，如图 7.5.5 (a)所示，环收缩为一条线段，这是由于无延迟控制时，稳定后相角 $\varphi = 0°$；当 $\Delta t = 9/36 T_0$ 时，如图 7.5.5 (d)所示，稳定后相角为 $\varphi = 92°$，接近 90°，因此迟滞环近似为一个圆；当 $\Delta t = 21/36 T_0$ 时，如图 7.5.5 (h)所示，相环为 "8" 字形，这是由于此时的相角为 $\varphi = 178°$，接近 180°。并且在这之后环的方向发生改变，由顺时针变为逆时针方向。

图 7.5.6 给出了不同延迟时间下的升力系数响应频率随延迟时间的变化，可以看出响应频率随延迟时间的增加在较小的范围内波动（ 0.18~0.22 ）。虽然该频段与抖振频率接近，但是由于控制反馈的调幅作用，并不会出现类似开环中的气动力共振现象。

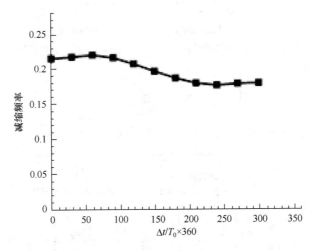

图 7.5.6　不同延迟时间下的升力系数响应频率随延迟时间的变化

2. 控制机理讨论

为什么较优的延迟时间是在舵偏超前升力响应约 50° 时获得？为了弄清楚该问题，先分析单独舵偏引起的升力系数响应的延迟效应，状态选取亚临界抖振状态，即 $Ma = 0.7$，$\alpha = 4.5°$。在抖振状态下，抖振运动引起的升力系数脉动幅值较大，小的舵偏难以对升力系数产生影响，而大幅舵偏容易造成系统的非线性。因此选择亚临界状态可以避免这些问题，能够直接反映出升力系数对舵偏响应的滞后效应。

图 7.5.7 给出了亚临界状态下升力系数响应与强迫简谐振荡舵面的关系，其中舵偏幅值为 0.5°，无量纲振荡频率为 0.2。从图中可以看出，升力系数响

应滞后舵偏 $\varphi_{C_1-\beta}=\dfrac{\Delta t}{T_0}\times 2\pi=\dfrac{8.14}{22.41}\times 360°\approx 131°$，定义该滞后相角为物理滞后环节。另外，考虑到最优控制相角在升力系数响应滞后舵偏 50° 左右时获得，并且该相角是人为设置的，因此定义该滞后为人工滞后环节。最终有效的滞后相角是物理滞后和人工滞后之和，即升力系数响应滞后舵偏约 180°。

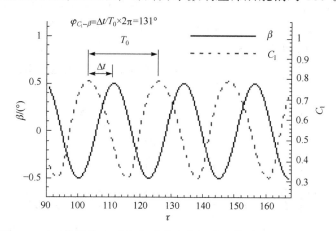

图 7.5.7　亚临界状态下升力系数响应与强迫简谐振荡舵面的关系

也就是说，最优控制效果在舵偏响应和升力系数响应反相时获得，实现的是反相控制。这可以从以下过程解释：假设某时刻升力达到最大值（激波处于最后），由于两者反相，舵偏处于最小值，为负值，由舵偏定义可知，此时舵偏向上，对机翼等效一种低头效应，使升力系数减小；类似的，当升力系数在最小值时，舵面下偏，等效机翼抬头效应，使升力系数有增大趋势。这也是在 120° 延迟附近时控制效果变差的原因，如图 7.5.5（d）～（f）所示。在这些状态下，最终有效相角延迟为零，即实现同相控制。同相控制总是有放大升力响应幅值的趋势，进而使系统的不稳定性进一步放大。

对于本小节的控制器，为了实现最优控制，物理滞后环节和人工滞后环节需要满足如下关系：

$$\varphi_{\text{lead}}+\varphi_{C_1-\beta}\approx \pi \tag{7.5.2}$$

进一步考虑相角和延迟时间的转换关系，延迟时间可表示为

$$\Delta t\approx \frac{\pi+\varphi_{C_1-\beta}}{2\pi}T_0 \tag{7.5.3}$$

通过式(7.5.3)设计的延迟时间可实现反相控制，确保舵面振荡始终对流动系统做负功，这也是本小节控制律能实现抖振控制的本质机理。

3. 闭环控制效果

由以上分析可知，延迟时间对闭环控制效果影响较大。图 7.5.8 给出了不同增益和延迟时间的控制效果比较，其中"×"表示控制无效甚至使系统不稳定性加剧；"□"表示控制有效但是仅使力系数幅值减小而没有完全控制；"○"表示完全抑制抖振，是理想的控制状态。从图 7.5.8 中可以发现，当增益 $\lambda > 0$ 时，理想控制区在 $\Delta t = 29/36T_0$ 到 $\Delta t = 34/36T_0$ 内，相角为 70°~20°，其中平均相角约 50°，这与之前的控制机理讨论结果一致。当 $\lambda < 0$ 时，虽然可控制区较 $\lambda > 0$ 时向左移动了 180°，但是可控制范围基本相同，增益 λ 的正负仅决定了舵面起始偏转的方向。

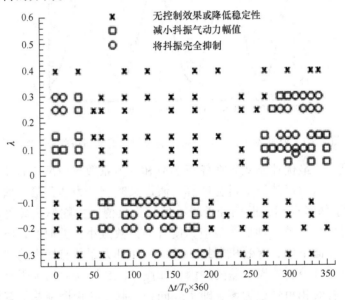

图 7.5.8   不同增益和延迟时间的控制效果比较

延迟时间可以有效地提高控制效果，在无延迟的状态下，理想控制的最小增益 $\lambda = 0.25$；而在有延迟状态下，理想控制的最小增益 $\lambda = 0.08$。由前文讨论可知，大的增益在控制开始阶段对系统冲击较大，因此有延迟的闭环控制有利于系统的稳定。另外，注意到当 $\lambda = 0.05$ 时，在所有延迟时间内都不能达到理想的控制状态，而当 $\lambda = 0.4$ 时，由于冲击较大，达不到有效的控制状态，闭环控制的增益应取在合适的范围。

上述算例的参数均设定在状态 $Ma = 0.7$，$\alpha = 5.5°$。为了说明本小节控制方法的有效性，对在其他迎角（$Ma = 0.7$，$\alpha = 5.0°$）和马赫数（$Ma = 0.7$，$\alpha = 3.5°$）状态下的抖振作相似分析。仿真结果表明，在合适的控制参数组合下，这两个状态下的抖振也可以被完全抑制。也就是说，本小节通过经验确定的闭环控制律有效，在较宽的马赫数和迎角范围内都可以有效地抑制跨声速抖振的非定常载荷脉动幅值。

7.5.2　基于 ROM 的闭环控制律设计

基于 CFD 仿真方法开展的闭环控制虽然实现了抖振的完全抑制，但是控制律的确定对研究者经验的要求较高，更需要大量的数值仿真。本小节介绍基于降阶模型的闭环控制律设计和最优控制的机理[77]，降阶模型为 4.2.2 小节中建立的 ARX-ROM 平衡截断降阶模型(balance ROM, BROM)。基于升力系数和力矩系数反馈的线性闭环控制示意图如图 7.5.9 所示，与 7.5.1 小节中的非线性延迟控制律不同，本小节设计基于升力系数和力矩系数反馈的线性控制律，其中的反馈增益 $\boldsymbol{\Gamma}$ 分别通过极点配置和线性二次型调节器(linear quadratic regulator, LQR)方法确定。

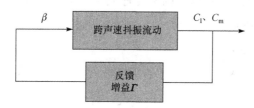

β　　　跨声速抖振流动　　　C_l、C_m

反馈增益$\boldsymbol{\Gamma}$

图 7.5.9　基于升力系数和力矩系数反馈的线性闭环控制示意图

1. 极点配置

极点配置是一种经典的闭环控制手段，其本质是特征值设计反问题[78-79]。该方法的基本原理是寻找合适的反馈增益矩阵使闭环系统全部或部分极点位于研究者期望的位置。对于不稳定系统的控制，极点配置的目的是使系统的不稳定主模态的极点(特征值)全部位于左半平面，从而使系统稳定。

由于平衡截断并不改变系统的可控性，截断后的平衡系统与原系统的可控性相同。因此，平衡截断 BROM 系统$(\boldsymbol{A}, \boldsymbol{B}, \boldsymbol{C}, \boldsymbol{D})$也是可控的，其状态方程为

$$\begin{cases}\dot{\boldsymbol{x}}_{\mathrm{ar}}=\boldsymbol{A}_{\mathrm{ar}}\boldsymbol{x}_{\mathrm{ar}}+\boldsymbol{B}_{\mathrm{ar}}\boldsymbol{u} \\ \boldsymbol{y}=\boldsymbol{C}_{\mathrm{ar}}\boldsymbol{x}_{\mathrm{ar}}+\boldsymbol{D}_{\mathrm{ar}}\boldsymbol{u}\end{cases} \tag{7.5.4}$$

其中，ar 为气动力。基于气动力输出的线性反馈控制律定义如下：

$$\beta(t)=\boldsymbol{u}(t)=\boldsymbol{\Gamma}\boldsymbol{y}(t) \tag{7.5.5}$$

其中，反馈增益 $\boldsymbol{\Gamma} \in \mathbf{R}^{m \times p}$，$m$ 和 p 分别为系统输入和输出阶数；β 为舵偏角。将输出方程(7.5.4)代入方程(7.5.5)，可得

$$\boldsymbol{u}(t)=\boldsymbol{\Gamma}(\boldsymbol{I}-\boldsymbol{D}\boldsymbol{\Gamma})^{-1}\boldsymbol{C}\boldsymbol{x}(t) \tag{7.5.6}$$

进一步将方程(7.5.6)代入开环系统方程(7.5.4)，得到闭环系统的状态方程：

$$\dot{x}(t)=[A+B\boldsymbol{\Gamma}(I-D\boldsymbol{\Gamma})^{-1}C]x(t) \tag{7.5.7}$$

定义 $A_c=A+B\boldsymbol{\Gamma}(I-D\boldsymbol{\Gamma})^{-1}C$ ，则闭环系统的特性由状态矩阵 A_c 的特征值表示，而 A_c 是反馈增益 $\boldsymbol{\Gamma}$ 的函数，因此，闭环系统的极点由反馈增益 $\boldsymbol{\Gamma}$ 决定。

因为跨声速抖振流动的不稳定特性仅由不稳定的子系统决定，子系统的维数为 2。所以可以通过部分极点配置方法，即仅配置不稳定极点的方式来改变流动系统的稳定性。对于静态输出反馈，可配置极点的个数为

$$q = \min(n, m + p - 1) \tag{7.5.8}$$

其中，n、m 和 p 分别为系统状态、输入和输出的维度。部分极点配置方法的过程如下。

(1) 定义 q 个自共轭的期望的极点序列 $\boldsymbol{\Lambda}$ ，$\tilde{\lambda}_1, \tilde{\lambda}_2, \cdots, \tilde{\lambda}_q \in \mathbb{C}$ ；

(2) 计算输出反馈增益矩阵 $\boldsymbol{\Gamma} \in \mathbf{R}^{m \times p}$ ，确保闭环系统的特征值谱满足 $\lambda_i(A_c(\boldsymbol{\Gamma})) = \tilde{\lambda}_i$，$i = 1, 2, \cdots, q$ 。

反馈增益通过非线性最小二乘法确定，定义函数 f 为

$$f(\boldsymbol{\Gamma}) = \begin{bmatrix} \lambda_1[A_c(\boldsymbol{\Gamma})] - \tilde{\lambda}_1 \\ \cdots \\ \lambda_q[A_c(\boldsymbol{\Gamma})] - \tilde{\lambda}_q \end{bmatrix} \tag{7.5.9}$$

则极点配置问题转化为如下的非线性最小二乘问题：

$$\min_{K \in \mathbf{R}^{m \times p}} \hat{f}(\boldsymbol{\Gamma}) := \frac{1}{2}\|f(\boldsymbol{\Gamma})\|^2 = \frac{1}{2}\sum_{i=1}^{q}\left\{\lambda_i[A_c(\boldsymbol{\Gamma})] - \tilde{\lambda}_i\right\}^*\left\{\lambda_i[A_c(\boldsymbol{\Gamma})] - \tilde{\lambda}_i\right\} \tag{7.5.10}$$

其中，上标*为复共轭转置。

由上述极点配置方法，得到可以配置的极点个数为 $q = 2$ ，与不稳定的极点个数刚好相等。因此这里仅配置系统中从右半平面到左半平面的一对不稳定极点，而不精确配置其他稳定的极点，只需要保证这些极点稳定。

一般来说，配置的极点选择需要考虑系统的稳态特性，太稳定的极点往往意味着较大的反馈增益，有可能造成系统的振荡。因此，本小节参考了亚临界状态系统最不稳定极点的特性，配置了两对共轭极点，即 PA1 和 PA2，如图 7.5.10。通过非线性最小二乘法，可以求得反馈增益 $\boldsymbol{\Gamma}$ ，如表 7.5.1 所示，反馈控制律表示为

$$\begin{cases} \text{PA1}: \ \beta(t) = 0.054[C_1(t) - C_{10}] + 1.080[C_m(t) - C_{m0}] \\ \text{PA2}: \ \beta(t) = 0.18[C_1(t) - C_{10}] + 0.90[C_m(t) - C_{m0}] \end{cases} \tag{7.5.11}$$

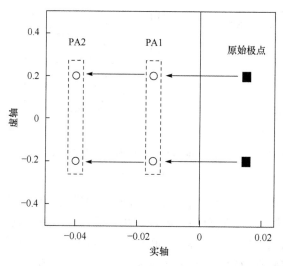

图 7.5.10 系统原极点和配置极点的分布

表 7.5.1 配置极点及对应的反馈增益

极点类型	极点坐标	反馈增益 Γ
原始极点	0.015±0.2j	—
PA1	−0.015±0.2j	$k_1 = 0.054$, $k_2 = 1.080$
PA2	−0.040±0.2j	$k_1 = 0.180$, $k_2 = 0.900$

图 7.5.11 给出了 PA1 和 PA2 控制律下控制舵偏角、升力系数和力矩系数响

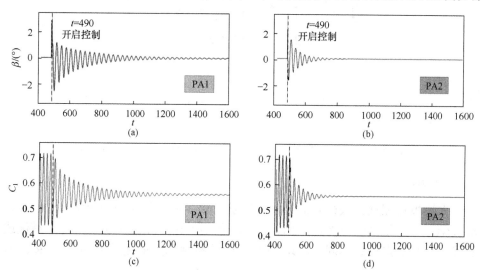

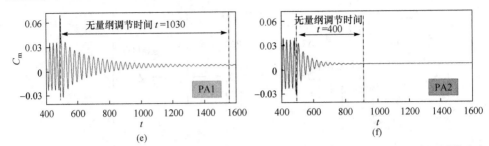

图 7.5.11　PA1 和 PA2 控制律下控制舵偏角（(a)、(b)）、升力系数（(c)、(d)）和力矩系数响应
（(e)、(f)）

应。针对完全发展的进入极限环状态的抖振流动进行控制，在 $t=490$ 时施加反馈控制。一旦控制开始，舵面开始响应，并且流动的气动力脉动幅值迅速减小。最终舵面趋于初始的零偏角位置，同时气动力收敛到不稳定定常状态的值。这表明两种反馈控制律 PA1 和 PA2 都能完全抑制抖振流动。然而，PA2 作用的无量纲调节时间是 400，低于 PA1 的 1030，这与 PA2 配置的极点本身就比 PA1 要稳定相符。

　　进一步计算仿真响应曲线的幅频特性，并与配置的极点进行比较，如图 7.5.12 所示。可以发现，从 CFD 仿真响应反算的系统收敛特性与配置极点的实部相符，进一步证明了极点配置方法得到的控制律是有效的。

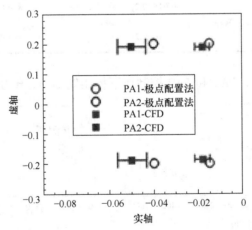

图 7.5.12　CFD 仿真响应反算的系统收敛特性与配置极点的比较

2. LQR 控制

　　上述极点配置方法得到的控制律能够有效地抑制抖振的非定常特性，并且从数学上可以得到任意多这样的控制律，然而，这些控制律并不一定是最优或次优的。与极点配置不同，LQR 方法得到的控制律是最优/次优的。LQR 的对

象是现代控制理论中以状态空间形式给出的线性系统，而目标函数为研究对象的状态和控制输入的二次型函数。通过求解过程的规范化，可以将其最优解写成统一的解析表达式，并采用状态线性反馈构成闭环最优控制系统。该方法能够兼顾多项性能指标，因此得到学术界的重视，是现代控制理论中发展较为成熟的一部分。该方法已被用于多种不稳定流动的控制律设计[80-83]。

在 LQR 最优控制框架下，通过控制后的气动力与不稳定定常解的气动力间的极小差构建惩罚函数 J，即

$$J_m = \int_0^\infty (\boldsymbol{x}^T \boldsymbol{Q}\boldsymbol{x} + \boldsymbol{u}^T \boldsymbol{R}\boldsymbol{u})\mathrm{d}t \tag{7.5.12}$$

其中，$\boldsymbol{Q}$ 和 $\boldsymbol{R}$ 都为对称正定对角实矩阵。$\boldsymbol{Q}$ 为性能指标函数对于状态量的权重，其对角元素越大，意味着该变量在性能函数中越重要。$\boldsymbol{R}$ 为控制量的权重，对应的对角元素越大，意味着控制约束越大

假设该方法得到的反馈控制律 $\boldsymbol{u} = \boldsymbol{\Gamma}_o \boldsymbol{x}$，其中 $\boldsymbol{\Gamma}_o = \boldsymbol{R}^{-1}\boldsymbol{B}^T \tilde{\boldsymbol{\Gamma}}_o$。$\tilde{\boldsymbol{\Gamma}}_o$ 可以通过求解里卡蒂方程得到：

$$\boldsymbol{A}^T \tilde{\boldsymbol{\Gamma}}_o + \tilde{\boldsymbol{\Gamma}}_o \boldsymbol{A} - \tilde{\boldsymbol{\Gamma}}_o \boldsymbol{B}\boldsymbol{R}^{-1}\boldsymbol{B}^T \tilde{\boldsymbol{\Gamma}}_o + \boldsymbol{Q} = 0 \tag{7.5.13}$$

由于不通过状态观测器很难得到状态量，上述的最优控制过程在实际中难以实现。但是考虑到系统的输出是已知且明确的，借此依然可以基于上述框架构建静态输出反馈下的闭环控制 $\boldsymbol{u} = \boldsymbol{\Gamma}_s \boldsymbol{y}$，其惩罚函数定义为

$$J_s = \int_0^\infty \left[C_1(t) - C_{10}\right]^2 + w_m \left[C_m(t) - C_{m0}\right]^2 + w_c u(t)^2 \mathrm{d}t \tag{7.5.14}$$

其中，w_m 和 w_c 为常权重系数。虽然基于输出反馈的控制过程往往达到的是次优控制，但是依然可以实现不稳定系统的控制。

在此算例中，为了避免控制律的不稳定，取 $w_m = 1$ 和 $w_c = 100$。求解上述最小化方程得到反馈增益 $k_1 = 0.2$ 和 $k_2 = 1.2$，因此基于输出反馈的次优控制律为

$$\beta(t) = 0.20[C_1(t) - C_{10}] + 1.20[C_m(t) - C_{m0}] \tag{7.5.15}$$

图 7.5.13 给出了完全发展的抖振流动在 LQR 次优控制律下通过 CFD 仿真计算得到的时间响应历程，失稳的流动很快稳定下来并收敛到不稳定定常解，响应的无量纲调节时间为 220，与极点配置得到的 PA2 控制律的响应时间较接近。同时两控制律的反馈增益也比较接近，因此，两控制律本质上都是次优控制律。与状态反馈相比，这里采用的输出反馈不需要设计状态观测器，并且反馈信号具有明确的物理意义。因此，这种闭环控制同样适用于其他不稳定流动，甚至在风洞试验中也比较容易实现。

另外，记录系统在 $t = 500 \sim 750$ 的流动快照并开展 DMD 分析后，抖振衰减流动的前 4 阶模态云图如图 7.5.14 所示，同时表 7.5.2 给出了前 4 阶模态的增长率和频率。与完全发展的抖振流动的模态类似，第 1 阶模态是静模态，与

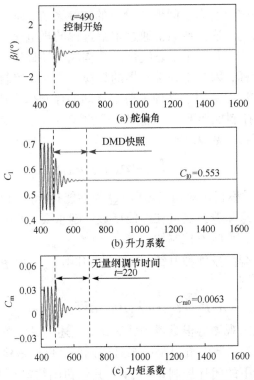

图 7.5.13　抖振流动在 LQR 次优控制律下的时间响应历程

不稳定定常流动基本一致。第 3 阶模态是具有负增长率的转换模态，表明激波运动范围在控制过程中逐渐衰减，其衰减率与图 7.5.13 中通过 CFD 响应反算的阻尼接近。第 2 阶和第 4 阶模态具有类似的流场结构和频率，并且都与抖振频率接近。它们本质上都是抖振主导模态在控制作用下的相关模态，并且都具有负的增长率，这与图 7.5.13 中的衰减响应一致。因此，DMD 模态能够很好地表现抖振流动在控制作用下的动力学特性。此外，该结果进一步表明，跨声速抖振本质上是流动的全局模态失稳造成的，与文献[84]和[85]的观点是一致的，而不是 Lee 等[86]的自维持反馈模型的机理解释。

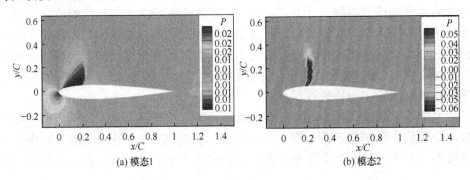

(a) 模态1　　　　　　　　　　　　　　(b) 模态2

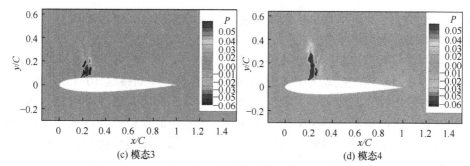

(c) 模态3　　　　　　　　　　　　(d) 模态4

图 7.5.14　控制作用下抖振衰减流动的前 4 阶模态云图

表 7.5.2　前 4 阶模态的增长率和频率

模态	增长率	k
1	0	0
2	-2.32×10^{-2}	0.183
3	-5.42×10^{-2}	0
4	-8.26×10^{-2}	0.204

3. 控制鲁棒性检验

鲁棒性是评判控制律性能的重要指标,好的控制律应当对非期望的扰动或非设计状态依然有效。本小节以 LQR 得到的次优控制律为例开展鲁棒性检验。

从图 7.5.13 可知,闭环控制在流动进入极限环状态后才运行,也就是说该控制律对于这种完全发展的非线性流动依然具有理想的控制效果。可以预测,它也同样适用于其他抖振流动还未完全激发的状态。图 7.5.15 给出了分别在无量纲时

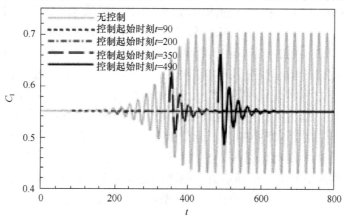

图 7.5.15　不同时刻施加控制的系统响应历程

间 $t=90$ 、200、350 和 490 时施加控制的系统响应历程，可以发现不同激发程度下的抖振流动都能被完全抑制，并都趋于不稳定定常解。

进一步分析该控制律对非线性扰动的适应性。非线性扰动是在完全发展的抖振流动基础上施加振幅为−2.5°的舵面阶跃扰动，扰动持续 10 个无量纲时间步长，如图 7.5.16(a)所示。在阶跃扰动的影响下，升力系数存在明显的高频非线性波动。当控制器在 $t=597$ 开始作动时，该复杂流动依然能够被完全抑制并收敛到不稳定定常解。因此，本小节设计的控制律对非线性扰动也具有较好的鲁棒性。

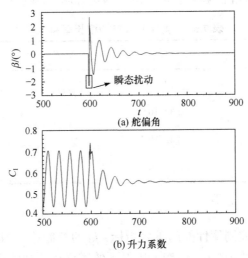

图 7.5.16　施加非线性扰动后控制系统的响应

为进一步验证本小节的控制律对非设计状态下的抖振流动的鲁棒性，这里再验证两组抖振流动，如图 7.5.17 所示，第一组是对设计状态点（ $Ma=0.70$ ， $\alpha=5.5°$ ）的马赫数和来流迎角的微小波动，即状态 $Ma=0.702$ ， $\alpha=5.5°$ 和 $Ma=0.70$ ， $\alpha=5.56°$ 。第二组比较远离设计的抖振状态点，即状态 $Ma=0.70$ ， $\alpha=5.0°$ ； $Ma=0.72$ ， $\alpha=4.5°$ 和 $Ma=0.75$ ， $\alpha=3.5°$ 。对于第一组抖振流动，由于来流状态的微小变化并不会造成相应流动特性上质的改变，如激波范围和气动力幅值的明显变化。因此，针对 $Ma=0.70$ ， $\alpha=5.5°$ 状态设计的控制律依然能够很好控制这些状态下的抖振流动。对于第二组算例，控制律的反馈增益依然有效，但是控制律中的若干调节参数——C_{l0} 和 C_{m0} 需要根据新的抖振状态重新设定。这些值可以通过 7.5.1 小节中的迭代法确定。如图 7.5.18 所示，一旦确定这些调节参数，更新后的控制律则能够完全抑制第二组的抖振流动，并收敛到各自的不稳定定常解。因此，本小节设计的控制律对非设计状态也是有效的。

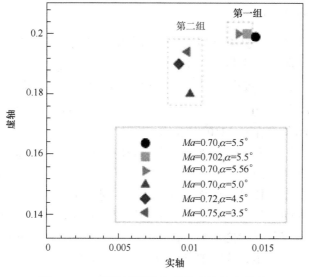

图 7.5.17 不同抖振状态下的系统极点分布

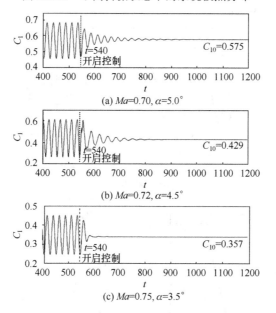

图 7.5.18 抖振流动在各自控制律下的时间响应

尽管没有专门开展鲁棒控制律设计，但上文的分析表明该控制律的鲁棒性依然较好——对于非线性扰动或者某些非设计抖振状态，该控制律依然能够有效工作。对于远离设计点的抖振状态，本小节的控制律框架虽然有效，但是需要事先获得这些抖振状态下的调节参数(C_{l0} 和 C_{m0})。

4. 最优控制律的讨论

通过上述不同方法独立获得的控制律都能完全抑制跨声速抖振，本小节探究这些控制律本质的物理机理，即进一步回答以下几个问题：

(1) 为什么分别通过极点配置和 LQR 方法获得类似的次优控制律？

(2) 为什么 7.5 节中开环控制的最优参数是在 $\eta \approx 1.6$ 和 $\varphi \approx 290°$ 时获得，闭环控制的最优相角也在 $\varphi \approx 310°$ 时获得？

(3) 通过以上几种主动控制律的分析，是否能够总结出适用于不稳定流动最优控制律设计的一般规律？

由于相角在闭环控制中的作用非常重要，对于第一个问题，需要计算控制信号和升力系数间的相角。并且，为了获得较好的周期性，升力系数和力矩系数响应采用抖振充分发展之后稳定的响应。重构之后 PA1、PA2 和 LQR 的控制信号如图 7.5.19 所示，从图中可以看出，各控制信号对升力系数的相角分别为 270°、290° 和 300°。PA2 和 LQR 的相角非常接近，因此，两者具有相近的控制响应过程和作用时间。

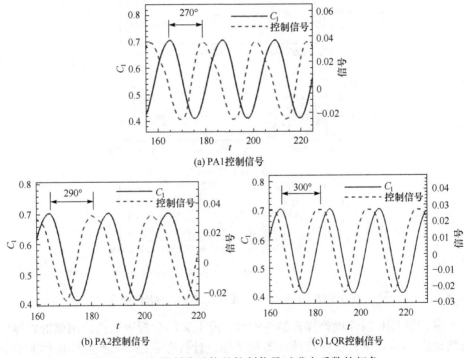

图 7.5.19　各控制律重构的控制信号对升力系数的相角

进一步，通过开环系统的伯德图解释为什么在相角为 290° 左右时能够获得次优控制，这是由于该相角近似等于开环系统零点对应的频率。图 7.5.20 给出了开环系统升力系数对舵面偏角的伯德图，降阶模型结果与 CFD 反算的典型状态点的结果基本吻合。幅频曲线显示了系统的两个关键频率。较低的频率位于 $k = k_b = 0.2$ 处，即系统不稳定极点对应的频率；另一个为 $k = 1.7k_b = 0.34$，是系统零点对应的频率。当 $k = 0.2$ 时，幅频曲线达到极大值，这表明即使很微幅的系统输入也将引起系统极大的输出响应，即共振现象，这里定义该关键频率为"共振频率"。在开环控制中，当 $\eta \approx 1$ 时系统出现大幅的响应是共振造成的，因此，在开环控制律设计中应尽量避免共振频率范围。另一个关键频率对应系统的极小值点，且为负的极小值，这表明系统即使在大幅的输入激励下也仅能引起微小的输出响应。这与共振现象相反，此处将其定义为"反共振"，该频率称为"反共振频率"，对应的相角为 296°，如图 7.5.20 (b)所示，可以发现 PA2 和 LQR 控制律的相角与反共振频率的相角很接近，这是这两种控制律都是次优控制律的根本原因。因为控制律 PA1 的相角(270°)虽然接近反共振频率的相角，但是不如 PA2 更接近，所以 PA1 虽然能够抑制抖振，但是作用时间明显长于 PA2。因此，反共振频率对应的相角在最优闭环控制律设计中扮演了重要的角色，控制律的相角越接近 296°，控制作用时间越短。并且在此相角参数下，系统实现了反相控制，即控制器始终对流动作负功，抑制了流动的非定常效应。

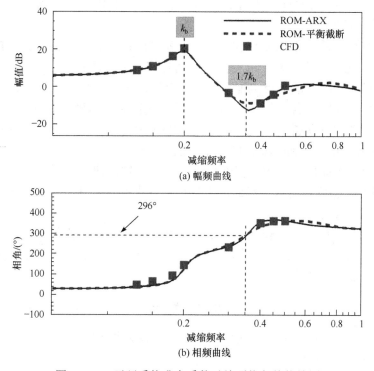

图 7.5.20　开环系统升力系数对舵面偏角的伯德图

　　7.5.1 小节和 7.4 节中基于 CFD 仿真的开环控制和闭环控制也依赖反共振频率及其相角。例如，7.4 节中的开环控制，最优的舵偏频率近似等于反共振频率，最优相角也与反共振对应的相角接近。因此，开环控制系统的特性完全由伯德图决定，反共振频率及其相角是最优控制参数组合。此外，7.5.1 小节中闭环控制设计的延迟反馈控制律的最优相角为 310°，也与伯德图 7.5.20 中的反共振相角接近。因此，不管是基于 CFD 仿真的控制律设计还是基于 ROM 方法的控制律设计，最佳控制参数都在反共振频率附近获得。

　　反共振对应的频率和相角可以用来指导最优控制律的设计，也就是说最佳控制效果在反共振参数组合下实现，反共振本质上是开环系统的零点。根据自动控制原理，极点表征流动系统本身的动力学特性，而零点与作动模式相关，即不同的控制作动器可能导致系统的零点不同，相应的反共振频率和相角也不同。然而，一旦确定了新的控制作动模式下的零点及其对应的频率和相角，就能据此设计近似最优的控制律。该准则不仅对本小节的跨声速抖振流动算例适用，也同样适用于其他一般的不稳定流动。

　　5. 结论

　　本小节基于 BROM 介绍了跨声速抖振的闭环控制律设计和最优控制律，可以得到如下结论：

　　(1) 平衡截断后的 BROM 仅需要 4 阶就可以在状态空间精确表征抖振流动系统的输入输出特性，易于进一步开展闭环控制律设计；

　　(2) 基于输出反馈的极点配置方法能够实现跨声速抖振的完全抑制，并且从数学上可以配置任意多个这样的闭环极点，但是很难保证它们是最优或次优的；

　　(3) LQR 方法获得的次优控制律也能够实现抖振的完全抑制，并且该控制律与极点配置方法得到的较好控制律接近；

　　(4) 针对次优控制律的鲁棒性检验表明，该控制律对非线性扰动或者某些非设计抖振状态依然有效。然而对于远离设计点的抖振状态，需要事先获得这些状态下的调节参数(C_{l0} 和 C_{m0})；

　　(5) 几种控制方式中较优的控制效果都由开环系统的伯德图决定，并且最佳控制效果在反共振点得到。因此，反共振及其相关参数是对不稳定流动最优控制律设计的重要指导。

参 考 文 献

[1] 黄红波, 陆芳. 涡流发生器应用发展进展[J]. 武汉理工大学学报(交通科学与工程版), 2011, 35(3): 611-614.

[2] LIN J C. Review of research on low-profile vortex generators to control boundary-layer

separation[J]. Progress in Aerospace Sciences, 2002, 38(4): 389-420.

[3] ZHANG E. 拂去历史的尘埃——别样芭提雅[EB/OL]. (2014-03-08)[2020-04-03]. http://www.afwing.info/pics/u-tapao-rtnaf_5.html.

[4] LIN J C, ROBINSON S K, MCGHEE R J, et al. Separation control on high-lift airfoils via micro-vortex generators[J]. Journal of Aircraft, 2015, 31(6): 1317-1323.

[5] LIN J. Control of turbulent boundary-layer separation using micro-vortex generators[C]. 30th Fluid Dynamics Conference, Norfolk, 1999: 3404.

[6] GIBB J, ANDERSON B H. Vortex flow control applied to aircraft intake ducts[C]. Proceedings of the Royal Aeronautical Society Conference High Lift and Separation Control, Bath, 1995.

[7] 柯贵喜, 潘光, 黄桥高, 等. 水下减阻技术研究综述[J]. 力学进展, 2009, 39(5): 546-554.

[8] VISWANATH P R, MUKUND R. Turbulent drag reduction using riblets on a supercritical airfoil at transonic speeds[J]. AIAA Journal, 1995, 33(5): 945-947.

[9] BACHER E V, SMITH C R. Turbulent boundary-layer modification by surface riblets[J]. AIAA Journal, 1986, 24(8): 1382-1385.

[10] BECHERT D, REIF W. On the drag reduction of the shark skin[C]. 23rd Aerospace sciences meeting, Reno, 1985: 546.

[11] 李育斌, 乔志德, 王志歧. 运七飞机外表面沟纹膜减阻的实验研究[J]. 气动实验与测量控制, 1995, 19(3): 21-26.

[12] 丛敏, 刘乐华. 德国 BARRACUDA 超空泡高速水下导弹的制导与控制[J]. 飞航导弹, 2007(5): 38-43.

[13] 曹伟, 魏英杰, 王聪, 等. 超空泡技术现状, 问题与应用[J]. 力学进展, 2006, 36(4): 571-579.

[14] 吴云, 李应红. 等离子体流动控制与点火助燃研究进展[J]. 高电压技术, 2014, 40(7): 2024-2038.

[15] 吴云, 李应红. 等离子体流动控制研究进展与展望[J]. 航空学报, 2015, 36(2): 381-405.

[16] GANIEV Y C, GORDEEV V P, KRASILNIKOV A V, et al. Aerodynamic drag reduction by plasma and hot-gas injection[J]. Journal of Thermophysics and Heat Transfer, 2000, 14(1): 10-17.

[17] PATEL M P, SOWLE Z H, CORKE T C, et al. Autonomous sensing and control of wing stall using a smart plasma slat[J]. Journal of Aircraft, 2007, 44(2): 516-527.

[18] DUCHMANN A, SIMON B, TROPEA C, et al. Dielectric barrier discharge plasma actuators for in-flight transition delay[J]. AIAA Journal, 2014, 52(2): 358-367.

[19] WEBB N, CLIFFORD C, SAMIMY M. Control of oblique shock wave/boundary layer interactions using plasma actuators[J]. Experiments in Fluids, 2013, 54(6): 1545-1558.

[20] IM S, DO H, CAPPELLI M A. The manipulation of an unstarting supersonic flow by plasma actuator[J]. Journal of Physics D: Applied Physics, 2012, 45(48): 485202.

[21] ATKINSON M D, POGGIE J, CAMBEROS J A. Control of separated flow in a reflected shock interaction using a magnetically-accelerated surface discharge[J]. Physics of Fluids, 2012, 24(12): 126102.

[22] NESS D V, CORKE T C, MORRIS S C. Plasma actuator blade tip clearance flow control in

a linear turbine cascade[J]. Journal of Propulsion and Power, 2012, 28(3): 504-516.

[23] SAMIMY M, KIM J H, KASTNER J, et al. Active control of high-speed and high-Reynolds-number jets using plasma actuators[J]. Journal of Fluid Mechanics, 2007, 578: 305-330.

[24] YANG H, LI F, SONG Y Y, et al. Numerical investigation of electrohydrodynamic (EHD) flow control in an s-shaped duct[J]. Plasma Science and Technology, 2012, 14(10): 897-904.

[25] PATEL M P, NG T T, VASUDEVAN S, et al. Plasma actuators for hingeless aerodynamic control of an unmanned air vehicle[J]. Journal of Aircraft, 2007, 44(4): 1264-1274.

[26] HE C, CORKE T C, PATEL M P. Plasma flaps and slats: An application of weakly ionized plasma actuators[J]. Journal of Aircraft, 2009, 46(3): 864-873.

[27] ANDERSON K V, KNIGHT D D. Plasma jet for flight control[J]. AIAA Journal, 2012, 50(9): 1855-1872.

[28] Plans and Programs Directorate.AFRL proves feasibility of plasma actuators[EB/OL]. (2006-10-02)[2019-11-28]. http://www.wpafb.af.mil/news/story_print.asp?id=123035000.

[29] 罗振兵, 夏智勋. 合成射流技术及其在流动控制中应用的进展[J]. 力学进展, 2005, 35(2): 221-234.

[30] SMITH B L, GLEZER A. The formation and evolution of synthetic jets[J]. Physics of Fluids, 1998, 10(9): 2281-2297.

[31] 罗振兵. 合成射流流动机理及应用技术研究[D]. 长沙: 国防科学技术大学, 2002.

[32] REDINIOTIS O, KO J, YUE X, et al. Synthetic jets, their reduced order modeling and applications to flow control[C]. 37th Aerospace Sciences Meeting and Exhibit, Rone, 1999: 1000.

[33] LEE C, HONG G, HA Q P, et al. A piezoelectrically actuated micro synthetic jet for active flow control[J]. Sensors and Actuators A: Physical, 2003, 108(1-3): 168-174.

[34] HONG G, LEE C, HA Q P, et al. Effectiveness of synthetic jets enhanced by instability of Tollmien-Schlichting waves[C]. 1st Flow Control Conference, Saint Louis, 2002: 2832.

[35] MITTAL R, RAMPUNGGOON P. On the virtual aeroshaping effect of synthetic jets[J]. Physics of Fluids, 2002, 14(4): 1533-1536.

[36] HASSAN A, MUNTS E. Transverse and near-tangent synthetic jets for aerodynamic flow control[C]. 18th Applied Aerodynamics Conference, Denver, 2000: 4334.

[37] AMITAY M, SMITH B, GLEZER A. Aerodynamic flow control using synthetic jet technology[C]. 36th AIAA Aerospace Sciences Meeting and Exhibit, Rone, 1998: 208.

[38] SEIFERT A, PACK L T. Oscillatory excitation of unsteady compressible flows over airfoils at flight Reynolds numbers[C]. 37th Aerospace Sciences Meeting and Exhibit, Rone, 1999: 925.

[39] CHEN Y, LIANG S, AUNG K, et al. Enhanced mixing in a simulated combustor using synthetic jet actuators[C]. 37th Aerospace Sciences Meeting and Exhibit, Rone, 1999: 449.

[40] WANG H, MENON S. Fuel-air mixing enhancement by synthetic microjets[J]. AIAA Journal, 2001, 39(12): 2308-2319.

[41] GHOSH S, SMITH D. The effect of a synthetic jet on the near-field development of a turbulent mixing layer[C]. 1st Flow Control Conference, Saint Louis, 2002: 2824.

[42] TRÁVNÍČEK Z, TESAŘ V. Annular synthetic jet used for impinging flow mass-transfer[J]. International Journal of Heat and Mass Transfer, 2003, 46(17): 3291-3297.

[43] TAI Y. Micro heat exchanger using MEMS impinging jets[EB/OL].(2004-03-14) [2018-03-24]. http://www.arpa.mil/mto/MEMS/projects.

[44] SMITH B, GLEZER A, SMITH B, et al. Vectoring and small-scale motions effected in free shear flows using synthetic jet actuators[C]. 35th Aerospace Sciences Meeting and Exhibit, Rone, 1997: 213.

[45] SMITH B L, GLEZER A. Jet vectoring using synthetic jets[J]. Journal of Fluid Mechanics, 2002, 458: 1-34.

[46] PACK L T G, SEIFERT A. Periodic excitation for jet vectoring and enhanced spreading[J]. Journal of Aircraft, 2001, 38(3): 486-495.

[47] HASSAN A. Numerical simulations and potential applications of zero-mass jets for enhanced rotorcraft aerodynamic performance[C]. 36th AIAA Aerospace Sciences Meeting and Exhibit, Rone, 1998: 211.

[48] MAUTNER T. Application of the synthetic jet concept to low Reynolds number biosensor microfluidic flows for enhanced mixing: A numerical study using the lattice Boltzmann method[J]. Biosensors and Bioelectronics, 2004, 19(11): 1409-1419.

[49] 程忠宇, 吴学忠, 李圣怡. 基于 MEMS 的流动主动控制技术及其研究进展[J]. 力学进展, 2005, 35(4): 577-584.

[50] HENOCH C, STACE J. Experimental investigation of a salt water turbulent boundary layer modified by an applied streamwise magnetohydrodynamic body force[J]. Physics of Fluids, 1995, 7(6): 1371-1383.

[51] BREUER K S , PARK J , HENOCH C . Actuation and control of a turbulent channel flow using Lorentz forces[J]. Physics of Fluids, 2004, 16(4): 897.

[52] BERGER T W , KIM J , LEE C , et al. Turbulent boundary layer control utilizing the Lorentz force[J]. Physics of Fluids, 2000, 12(3): 631-649.

[53] 陈耀慧, 董祥瑞, 陈志华, 等. 翼型绕流的洛伦兹力控制机理[J]. 物理学报, 2014, 63(3): 34701.

[54] UDAGAWA K, KAWAGUCHI K, SAITO S, et al. Experimental study on supersonic flow control by MHD interaction[C]. 39th Plasmadynamics and Lasers Conference, Seattle, 2008: 4222.

[55] 尹纪富, 龙云祥, 李巍, 等. 电磁力控制湍流边界层分离圆柱绕流场特性教值分析[J]. 物理学报, 2014, 63(4): 210-224.

[56] 张威, 张大成. MEMS 概况及发展趋势[J]. 微纳电子技术, 2002, 39(1): 22-27.

[57] FRANK F R, SINGER R, CARSON K, et al. Technology transition: Lessons from the DARPA MEMS program[R]. Alexandria: Institute for Defense Analyses, 2000.

[58] TAI Y C, HO C M. Silicon micromachining and its applications[C]. Smart Structures and Materials 1995: Smart Electronics. International Society for Optics and Photonics, San

Diego, 1995, 2448: 141-152.

[59] HUANG J B, HO C M, TUNG S, et al. Micro thermal shear stress sensor with and without cavity underneath[C]. Proceedings of the 1995 IEEE Instrumentation and Measurement Technology Conference, New York, 1995: 171-174.

[60] JIANG F, TAI Y C, GUPTA B, et al. A surface-micromachined shear stress imager[C]. Proceedings of Ninth International Workshop on Micro Electromechanical Systems, San Diego, 1996: 110-115.

[61] JIANG F, TAI Y C, WALSH K, et al. A flexible MEMS technology and its first application to shear stress sensor skin[C]. Proceedings IEEE The Tenth Annual International Workshop on Micro Electro Mechanical Systems, Nagoya, 1997: 465-470.

[62] LIU C, TSAO T, TAI Y C, et al. Surface micromachined magnetic actuators[C]. Proceedings IEEE Micro Electro Mechanical Systems, Oiso, 1994: 57-62.

[63] TSAO T, LIU C, TAI Y C, et al. Micromachined magnetic actuator for active fluid control[C]. Proceedings of the 1994 International Mechanical Engineering Congress and Exposition, Chicago, 1994: 31-38.

[64] GROSJEAN C, LEE G B, HONG W, et al. Micro balloon actuators for aerodynamic control[C]. Proceedings of IEEE Eleventh Annual International Workshop on Micro Electro Mechanical Systems, Heidelberg, 1998: 166-171.

[65] TSAO T, JIANG F, MILLER R, et al. An integrated MEMS system for turbulent boundary layer control[C]. Proceedings of International Solid State Sensors and Actuators Conference, Chicago, 1997, 1: 315-318.

[66] SHIH C, HO C M. Recent advances of MEMS applications in flow control[C]. Proceedings of International Symposium on Recent Advances in Experimental Fluid Mechanics, India, 2000: 234-246.

[67] 顾蕴松, 明晓. 大迎角细长体侧向力的比例控制[J]. 航空学报, 2006, 27(5): 746-750.

[68] BERNHARDT J E, WILLIAMS D R. Proportional control of asymmetric forebody vortices[J]. AIAA Journal, 1998, 36(11): 2087-2093.

[69] 孟宣市, 郭志鑫, 罗时钧, 等. 细长圆锥前体非对称涡流场的等离子体控制[J]. 航空学报, 2010, 31(3): 500-505.

[70] HUMPHREYS M D. Pressure pulsations on rigid airfoils at transonic speeds, NACA RM L51I12[R]. Washington D C: NACA, 1951.

[71] LEE B H K. Oscillatory shock motion caused by transonic shock boundary-layer interaction[J]. AIAA Journal, 1990, 28(5): 942-944.

[72] DOERFFER P, HIRSCH C, DUSSAUGE J P, et al. NACA0012 with Aileron (Marianna Braza)[M]//DOERFFER P. Unsteady Effects of Shock Wave Induced Separation. Heidelberg: Springer, 2010.

[73] JACQUIN L, MOLTON P, DECK S, et al. Experimental study of shock oscillation over a transonic supercritical profile[J]. AIAA Journal, 2009, 47(9): 1985-1994.

[74] BARBUT G, BRAZA M, HOARAU Y, et al. Prediction of transonic buffet around a wing with flap[M]//PENG S, DOERFFER P, HAASE W. Progress in Hybrid RANS-LES Modelling.

Heidelberg: Springer, 2010.

[75] 高传强, 张伟伟, 叶正寅. 基于谐振舵面的跨声速抖振抑制探究[J]. 航空学报, 2015, 36(10): 3208-3217.

[76] GAO C Q, ZHANG W W, YE Z Y. Numerical study on closed-loop control of transonic buffet suppression by trailing edge flap[J]. Computers & Fluids, 2016, 132: 32-45.

[77] GAO C Q, ZHANG W W, KOU J Q, et al. Active control of transonic buffet flow[J]. Journal of Fluid Mechanics, 2017, 824: 312-351.

[78] KIMURA H. A further result on the problem of pole assignment by output feedback[J]. IEEE Transactions on Automatic Control, 1977, 22(3): 458-463.

[79] FRANKE M. Eigenvalue assignment by static output feedback-on a new solvability condition and the computation of low gain feedback matrices[J]. International Journal of Control, 2014, 87(1): 64-75.

[80] BARBAGALLO A, SIPP D, SCHMID P J. Closed-loop control of an open cavity flow using reduced-order models[J]. Journal of Fluid Mechanics, 2009, 641: 1-50.

[81] ÅKERVIK E, BRANDT L, DAN S H, et al. Steady solutions of the Navier-Stokes equations by selective frequency damping[J]. Physics of Fluids, 2006, 18(6): 249-253.

[82] JORDI B, COTTER C, SHERWIN S. Encapsulated formulation of the selective frequency damping method[J]. Physics of Fluids, 2014, 26(3): 750-761.

[83] ILLINGWORTH S J, MORGANS A S, ROWLEY C W. Feedback control of cavity flow oscillations using simple linear models[J]. Journal of Fluid Mechanics, 2012, 709(4): 223-248.

[84] CROUCH J D, GARBARUK A, MAGIDOV D, et al. Origin of transonic buffet on aerofoils [J]. Journal of Fluid Mechanics, 2009, 628: 357-369.

[85] SARTOR F, METTOT C, SIPP D. Stability, receptivity, and sensitivity analyses of buffeting transonic flow over a profile [J]. AIAA Journal, 2015, 53(7): 1980-1993.

[86] LEE B H K, MURTY H, JIANG H. Role of Kutta waves on oscillatory shock motion on an airfoil [J]. AIAA Journal, 1994, 32(4): 789-796.